甘肃省社会科学院河西分院招标课题

河西走廊生态城市建设研究

王丁宏　石贵琴　等　编著

东北大学出版社

·沈阳·

图书在版编目（CIP）数据

河西走廊生态城市建设研究／王丁宏等编著. —沈阳：东北大学出版社，2014.9
ISBN 978 – 7 – 5517 – 0706 – 0

Ⅰ. ①河… Ⅱ. ①王… Ⅲ. ①河西走廊—生态城市—城市建设—研究 Ⅳ. ①X321.242

中国版本图书馆 CIP 数据核字（2014）第 160415 号

出 版 者：东北大学出版社
　　　　　地址：沈阳市和平区文化路 3 号巷 11 号
　　　　　邮编：110819
　　　　　电话：024 – 83687331（市场部）　83680267（社务室）
　　　　　传真：024 – 83680180（市场部）　83680265（社务室）
　　　　　E-mail：neuph@ neupress. com
　　　　　http：∥www. neupress. com
印 刷 者：廊坊市文峰档案印务有限公司
发 行 者：东北大学出版社
幅面尺寸：170mm × 240mm
印　　张：16
字　　数：322 千字
出版时间：2014 年 9 月第 1 版
印刷时间：2014 年 9 月第 1 次印刷
组稿编辑：石玉玲
责任编辑：杨俊岩　潘佳宁　　　　　　　　　责任校对：叶 子
封面设计：刘江旸　　　　　　　　　　　　　责任出版：唐敏志

ISBN 978-7 – 5517 – 0706 – 0　　　　　　　定　价：45.00 元

目 录
Mu Lu

绪 论 ……………………………………………………………… 1

第一章 生态城市产生的时代背景、思想渊源和理论基础 ……… 9

　一、生态城市产生的时代背景——城市问题或"城市病" ……… 9

　二、生态城市的思想渊源 …………………………………… 16

　　（一）中国古代天人合一思想及其对城市建设的影响 ……… 17

　　（二）理想城市与乌托邦 ………………………………… 20

　　（三）田园城市 …………………………………………… 22

　　（四）有机疏散论与新城建设运动 ……………………… 23

　　（五）城市社会学与芝加哥学派 ………………………… 24

　　（六）人居环境科学与城市规划思想的新进展 ………… 26

　三、生态城市的理论基础 ………………………………… 28

　　（一）城市生态系统理论 ………………………………… 28

　　（二）可持续发展战略 …………………………………… 36

　　（三）区域整体性和城乡协调发展理论 ………………… 39

　　（四）经济、社会、文化、环境综合发展理论 ………… 42

　四、城市的生态目标与经济目标 ………………………… 45

第二章 国内外生态城市建设实践与总结 ………………… 49

　一、国外生态城市建设的实践 …………………………… 49

　　（一）美国生态城市建设 ………………………………… 49

　　（二）大洋洲生态城市建设 ……………………………… 51

（三）欧洲生态城市建设 ·········· 54

（四）南美洲生态城市建设 ·········· 57

（五）亚洲生态城市建设 ·········· 60

（六）国外生态城市建设的经验总结 ·········· 64

二、国内生态城市建设实践 ·········· 70

（一）2009 年以前中国生态城市建设的回顾与总结 ·········· 70

（二）2009 年以来中国低碳生态城市建设 ·········· 74

第三章　河西走廊自然环境、经济发展特征与生态城市建设 ······ 81

一、河西走廊自然生态系统特征 ·········· 81

（一）总体特征 ·········· 81

（二）嘉峪关市自然生态系统特征 ·········· 92

（三）酒泉市自然生态系统特征 ·········· 93

（四）张掖市自然生态系统特征 ·········· 95

（五）金昌市自然生态系统特征 ·········· 97

（六）武威市自然生态系统特征 ·········· 99

二、河西走廊的经济生态系统特征 ·········· 102

（一）总体状况 ·········· 102

（二）戈壁明珠、西北钢城——嘉峪关 ·········· 107

（三）新能源之都——酒泉 ·········· 113

（四）湿地之城、塞上江南——张掖 ·········· 118

（五）镍都——金昌 ·········· 121

（六）宝马故里、丝路明珠——武威 ·········· 125

三、生态城市建设是河西走廊城市发展的必然选择 ·········· 128

第四章　水资源约束下的河西走廊生态城市建设 ·········· 133

一、水资源短缺：河西走廊自然、经济、社会协调发展的共同约束

·········· 133

（一）水资源短缺的表征 ·········· 133

（二）河西走廊三大流域水资源问题产生的根源 ·········· 135

二、实现节水型社会、循环经济和生态城市的耦合发展 ·········· 138

（一）节水型社会建设 ·········· 138

（二）用循环经济思维破解经济发展中的环境难题 ·············· 141

（三）生态城市、循环经济、节水型社会的耦合发展 ············ 146

三、以流域为单元的河西走廊生态城市发展模式探索

——以张掖市为例

·············· 148

（一）制订生态城市规划 ················· 148

（二）搞好生态示范工程 153

（三）构建城乡一体的绿色生态网络 ············ 155

（四）发展城市生态产业 156

（五）培育生态文化道德 ················ 161

（六）改善城市生态环境 ················ 162

（七）建立生态保护机制 163

第五章　河西五市生态城市建设的实证分析 ·············· 167

一、嘉峪关市生态城市建设现状的实证分析 ··········· 167

（一）嘉峪关市自然生态支持子系统 ············ 167

（二）嘉峪关市经济生态支持子系统 ············ 168

（三）嘉峪关市社会生态支持子系统 ············ 170

（四）结　论 ···················· 172

二、酒泉市生态城市建设现状的实证分析 ··········· 172

（一）酒泉市自然生态支持子系统 ············· 172

（二）酒泉市经济生态支持子系统 ············· 174

（三）酒泉市社会生态支持子系统 ············· 175

（四）结　论 ···················· 176

三、张掖市生态城市建设现状的实证分析 ··········· 177

（一）张掖市自然生态支持子系统 ············· 177

（二）张掖市经济生态支持子系统 ············· 178

（三）张掖市社会生态支持子系统 ············· 180

（四）结　论 ···················· 181

四、金昌市生态城市建设现状的实证分析 ··········· 182

（一）金昌市自然生态支持子系统 ············· 182

（二）金昌市经济生态支持子系统 ············· 183

（三）金昌市社会生态支持子系统 ·················· 185

（四）结　论 ·································· 186

五、武威市生态城市建设现状的实证分析·················· 187

（一）武威市自然生态支持子系统 ·················· 187

（二）武威市经济生态支持子系统 ·················· 188

（三）武威市社会生态支持子系统 ·················· 190

（四）结　论 ·································· 191

第六章　河西走廊生态城市建设中的产业转型与产业生态化 ··· 193

一、金昌、嘉峪关资源型城市产业转型与产业生态化·········· 193

（一）资源型城市产业转型的一般理论概括与实践总结 ········ 193

（二）金昌市资源型产业转型与产业生态化 ·········· 205

（三）嘉峪关市资源型产业转型与产业生态化 ·········· 211

二、酒、张、武生态产业布局与循环经济发展·········· 215

（一）酒、张、武地区循环经济发展的核心问题分析 ········ 215

（二）酒、张、武地区循环模式与产业生态化 ·········· 216

第七章　河西走廊生态城市建设中的政府职责 ·········· 225

一、政府履行生态城市建设职责的必要性·········· 225

（一）从生态城市建设的系统性看政府履行责任的必要性

·································· 225

（二）从生态文明的重要性看政府履行责任的必要性 ·········· 226

（三）从可持续发展的战略实施看政府履行责任的必要性 ········ 228

（四）生态系统的脆弱性和严重性决定了政府职责的艰巨任务

·································· 229

二、政府履行生态城市建设职责的内容 ·········· 231

三、政府环境管理的经济手段及其设计 ·········· 234

（一）城市环境管理的基本手段选择 ·········· 235

（二）城市环境管理的经济手段 ·········· 239

参考文献 ···································· 244

绪　论

一

　　城市是人类文明进步的产物，是与工业文明相伴而生的人类新的生产、生活方式以及相互交往形式的重要载体。城市最初的功能是贸易的便利性，后来其功能逐步拓展到生产的便利性、生活的便利性、发展的便利性上。生产方面，城市有利于获取规模化的生产要素，包括劳动、资本、技术、信息等，以及规模化的需求市场；生活方面，人们得以共享水、电、道路等基础设施，方便的消费品市场等；发展方面，人们得到优质教育、消费文化产品、信息共享的机会更多。

　　然而，资源的有限性与人的欲望的无限性之间必然会存在矛盾甚至冲突。这一矛盾和冲突在城市发展史上集中体现在各种城市问题或"城市病"上。城市本身的资源和满足日益扩张的城市需求的资源都是有限的，而人类的需求却是无限的，更主要的是随着城市人口的急剧膨胀，人类的需求必然以几何级数增长，矛盾和冲突也就在所难免。"城市病"的主要症状是：城市环境污染加剧（包括水体污染、大气污染、噪音污染、视角污染等），交通拥堵不堪，绿地减少与城市热岛效应，住房价格上升，就业压力增大，生活成本增加，公害频发，居民生活条件恶劣，道德观念剧变，犯罪率上升，居民无安全感，等等。"城市病"的主要后果是居民生活质量和幸福指数下降，人类可持续发展的能力不断降低。人类的一切奋斗、创造和进步的努力，最后走向了其愿望的反面。

　　"城市病"产生的根本原因是人类在追求物质文明的过程中，没有正确认识和处理好人、自然、社会之间的关系。在很长一段时间里，人类还陶醉于自己的聪明才智，还在为对自然的每一个胜利而沾沾自喜。难怪有人说："20世纪既是伟大而进步的时代，又是患难与迷惘的时代。"恩格斯早在19世纪80年代就曾发出警告："我们不要过分陶醉于我们人类对自然界的胜利。对于每一次这样的胜利，自然界都对我们进行报复。每一次胜利，起初确实取得了我们预期的结果，但是往后和再往后却发生完全不同的、出乎预料的影响，常常把最初的结果又消除了……"

　　无论从理论上还是在实践中，人类从未间断对城市未来的探索。城市将何去何从？如何建设一个高效、健康、平等的城市社会？这是许多的学者及普通人都在思考的问题。从人文主义先驱者设想的"理想国"、乌托邦、太阳城、新协和村、公社新村，到 20 世纪初的田园城市、"新城"，一直到后来的卫星城、立体城市、绿色城市、山水城市、生态城市等，人们提出了种种理想的城市模式。这些理想城市模式，既表达了人类对未来的追求与憧憬，也是人类对自身历史和现实反思的结果。在对城市及人类未来的思考和探索中，虽然人们并未在具体的目标和设想上取得完全的一致，但已经逐渐地至少在新的发展观上达成了共识：发展不仅仅是一个经济概念，而应是包括社会活动的一切方面进步的完整现象，是人类生存质量及自然和人文环境的全面优化；发展的意义不仅仅在于为了眼前的利益，不能仅仅考虑当代人甚至少数人的舒适和享受，而且要顾及全人类可持续的长久的生存。在这种新发展观的背景之下，一种新的城市建设理念应运而生，即城市建设要以保护环境、维护生态平衡和社会和谐以及宜人居住为先决条件，走可持续的城市发展之路，建设一个高效、健康、公正的城市社会。于是"建设宜人居住的城市"成为若干年来城市规划思想的主流。"生态城市"正是这种思想的具体体现。生态城市就是一种宜人居住的城市，这是生态城市的基本目标。这一目标是人类经历痛苦和失望之后的经验总结，以及重新建立起的对城市未来的憧憬。

　　从生态学的角度看，城市是一种生态系统。首先，城市的物质基础是自然生态系统；其次，城市的整体是一种自然—人文复合生态系统，人类活动与其物质环境之间是一个不可分割的有机体。城市生态系统是以人为核心的生态系统。人是城市的主体，城市的各项建设都要以满足人的生理、心理需要为宗旨来进行。城市环境是服务于人的，而不是相反。当然，人并不是被动地接受环境的服务，而是要主动地利用环境，改善环境，要避免对城市环境的掠夺、损坏和污染，保持城市自然、社会、经济生态的平衡。与此同时，城市生态系统又是一个自然—社会—经济复合生态系统。城市生态系统从总体上看属于人文生态系统，是以人的社会经济活动为其主要内容的，但它仍是以自然生态系统为基础的，是人类活动在自然基础上的叠加。因此，城市生态系统的运行既遵守社会经济规律，也遵循自然演化规律。城市生态系统的内涵是极其丰富的，城市中的大气、土地、水、动植物、各种产业、文化、建筑、邻里关系、民俗风情等，都属于城市生态系统的构成要素。生态城市是一个经济高度发达、社会繁荣昌盛、人民安居乐业、生态良性循环四者保持高度和谐，城市环境及人居环境清洁、优美、舒适、安全，失业率低，社会保障体系完善，高新技术占主导地位，技术与自然达到充分融合，最大限度地发挥人的创造力和生产力，有利于提高城市文明程度的稳定、协调、持续发展的人工复合生态系统。

　　生态城市是人类文明发展的又一个关键节点和新的高度，建设生态城市也是一项庞大的系统工程，仅仅靠增加一些水域、种植几片草坪等，就认为已经建成了生态城市，这是对生态城市的一种严重误解。世界上有许多生态城市建设的典范值得我们去学习，我国自己的生态城市建设不管是从舆论还是从实践上，都取得了前所未有的进步。当然，有些学者对我国目前的生态城市发展现状还是持悲观态度的。

所谓"生态城市"，是一种经济高效、环境宜人、社会和谐的人类住区。因此，"生态城市"最基本也是最深刻的思想渊源就是人与自然和谐相处的思想。

中国古代"天人合一"论的核心思想就是强调人与自然的和谐统一。这种思想在我国古代城市规划和建设中产生了很大的影响。1898 年，英国人埃比尼泽·霍华德出版的《明日：一条通往真正改革的和平道路》（1902 年修订本改名为《明日的田园城市》）一书，是城市发展理论研究的一个重要里程碑。受到霍华德田园城市思想及沙里宁的"有机疏散论"的影响，"新城"建设运动强调城市建设以居民为中心，始终把合乎人情与方便生活作为主题，设想使城市既符合人类工作与交往的要求又不脱离自然，使人们居住在一个城市和乡村优点兼备的环境中。芝加哥学派把城市看作一个由内在过程将各个组成部分结合在一起的社会有机体，并将生态学原理（竞争、淘汰、演替和优势）引入城市研究，提出了城市空间结构发展的同心圆模式、城市扇形模式及多中心模式等。人居环境科学着重研究人与环境之间的相互关系，强调把人居作为一个整体，从政治、经济、社会、文化、技术等各个方面，全面、系统、综合地加以研究。人居环境科学特别强调城乡的整体性，认为城市与乡村是一个经济和社会体系中的两个部分，二者之间相互支持、相互作用。人居环境科学的宗旨是建设符合人类理想的聚居环境，这与生态城市的宗旨是基本一致的，因此人居环境科学的发展为生态城市建设提供了重要的理论基础。

从对生态城市概念的探讨、对其思想渊源的追溯及对城市生态问题的分析中可以看出，生态城市的理论基础有城市生态系统理论、可持续发展理论、区域整体化发展和城乡协调发展理论以及经济、社会、文化、环境综合发展理论等，但最基本的还是城市生态系统理论。

城市生态系统理论是指将城市作为一个生态系统来研究，用生态学和系统论的思想、方法来分析和研究城市问题，指导城市规划、建设和发展的理论体系，它是生态城市最基本的理论基础。城市生态系统是以人为核心的生态系统。与其他生态系统一样，城市生态系统也是生物与环境相互作用而形成的统一体，只不过这里的生物主要是人，这里的环境也成了包括自然环境和人工环境的城市环境。"城市人"和城市环境相互依赖、相互适应而形成一个共生整体。

二

人类探索生态城市建设的思想源远流长，但自觉的生态城市的实践则发端于工业革命之后，特别是 20 世纪中期以后，进行了不断探索和实践。目前，美国、巴西、新西兰、澳大利亚、南非以及欧盟的一些国家，都已成功地进行了生态城市建设。这些生态城市，从土地利用模式、交通运输方式、社区管理模式、城市空间绿化等方面，为世界其他国家的生态城市建设提供了范例。研究这些生态城市的规划和管理经验，无疑会对我国的生态城市建设产生积极的借鉴意义。

库里蒂巴是巴西东南部的一座大城市，该市以其可持续发展的城市规划受到世界的赞誉，尤其是公共交通发展受到国际公共交通联合会的推崇，世界银行和世界卫生组织也给予库里蒂巴极高的评价。该市的废物回收和循环使用措施以及能源节约措施，也分别得到联合国环境署和国际节约能源机构的嘉奖。

美国生态学家理查德·雷吉斯特在美国西海岸的伯克利组织开展了一系列的生态城市建设活动。在其影响下，美国政府非常重视发展生态农业和建设生态工业园。这有力地促进了城市可持续发展，伯克利也因此被认为是全球生态城市建设的样板。他们认为生态城市应该是三维、一体化的复合模式，而不是平面的、随意的。同生态系统一样，城市应该是紧凑的，是为人类而设计的；而不是为汽车设计的，而且在建设生态城市中，应该大幅度减少对自然的"边缘破坏"，从而防止城市蔓延，使城市回归自然。

澳大利亚阿德莱德"影子规划"是在理查德·雷吉斯特思想的基础上提出的。1992 年，雷吉斯特在阿德莱德参加第二次生态城市会议时，惊奇地发现澳大利亚政府的部长和内阁被称为"影子部长""影子内阁"，于是提出了"影子规划"的设想。"影子规划"向我们展示了在具有非常清晰的城市生态规划和发展框架下，应该如何创建生态城。阿德莱德就是"影子规划"一个成功的实践案例，它的时间跨度为 300 年，从 1836 年早期的欧洲移民来到澳大利亚，到 2136 年生态城市建成，描述了 300 年来澳大利亚阿德莱德地区的变化过程。

日本北九州市从 20 世纪 90 年代开始开展以减少垃圾、实现循环型社会为主要内容的生态城市建设，提出了"从某种产业产生的废弃物为别的产业所利用，地区整体的废弃物排放为零"的生态城市建设构想。其具体规划包括：环境产业的建设（建设包括家电、废玻璃、废塑料等回收再利用的综合环境产业区）、环境新技术的开发（建设以开发环境新技术并对所开发技术进行实践研究为主的研究中心）、社会综合开发（建设以培养环境政策、环境技术方面的人才为主的基础研究及教育基地）。市民积极参与，政府鼓励引导，是北九州生态建设的经验之一。为了提高市民的环保意识，北九州开展了各种层次的宣传活动。例如，政府组织开展的汽车"无空转活动"，制作宣传标志，控制汽车尾气排放；居民自发的"家庭记账本"活动，将家庭生活费用与二氧化硫的削减联系起来；开展以美化环境为主题的"清洁城市活动"等。

提到"花园城市"，人们最先反映在脑海中的就是新加坡。新加坡之所以能够成为世界瞩目的花园城市，与人们对自然的关爱和人与自然的和谐共处，追求天人合一的观念是分不开的。园林城市和花园城市的本质应是"天人合一"，而非人为第一位，无限制地向自然索取。新加坡在规划和建设中，特别注意建设更多的公园和开放空间，并将各主要公园用绿色廊道相连；充分利用海岸线，并使岛内的水系适合休闲的需求。在这个蓬勃发展的城市，是植物创造了凉爽的环境，弱化了钢筋混凝土构架和玻璃幕墙僵硬的线条，增加了城市的色彩。新加坡城市建设的目标是让人们在走出办公室、家庭或学校时，感到自己身处于一个花园式的城市之中。

早在1984年，江西省宜春市就进行了生态城市的规划与建设。后来相继有广州、扬州、宁波、厦门、常熟等不同级别和规模的城市，也纷纷进行了生态城市的规划和建设。2002年，国家环保总局颁布了生态县、生态市、生态省建设指标（试行）标准，极大地推动了国内生态城市建设。截至2004年底，中国已有海南、吉林、黑龙江、江苏、浙江、福建、山东、安徽、陕西、云南10个省，先后提出建设生态省的战略目标；北京、上海、杭州、深圳、苏州、无锡、南京、扬州、常州、厦门、宁波等近40个大中城市，提出或正在着手进行各自生态城市的规划与建设；300多个村镇提出建设生态村镇或生态示范区的计划。无论是政府提出的建设目标，还是正在开展的建设实践，生态城市的发展热潮已经席卷中国大地。

当前，生态城市建设尚处于探索阶段，其建设和发展中所表露出的问题也同样不容忽视。例如，建设过程中存在着动机不够明确，盲目跟风，一味强调政绩工程的现象。很多生态城市的规划提出了低碳、宜居、智慧、绿色等理念作为生态城市的建设原则和目标，但这些生态城市的发展目标以及相关的规划过于理想化，缺乏实质性的城市建设操作内容。有相当一些地方的生态城市建设并不是真正意义的生态城市建设，很多是借生态城市的名义在进行"圈地运动"，破坏了当地良好的生态环境，这是打着生态城市的旗帜做着反生态、破坏生态的事情。生态城市规划和建设过程中更多的是依据现有理论与方法，缺乏对生态城市规划、建设理论与方法的创新。生态城市建设实践热衷于追求技术的新、奇、特，热衷于追求立竿见影的效果，建设过程中还缺乏成本控制的考量，导致生态城市的建设没有形成良性的运营和发展。

当前开展生态城市实践活动最为积极的，多是经济较为发达的城市，如北京、上海、天津、无锡、武汉、深圳等。而对于生态城市的相关宣传和报道中，中小城镇却鲜有提及，这就造成了"生态城市等于经济发展水平高"的一种错误认识。另外,当前的生态城市建设除了多分布于东部沿海地区以外,还具有多数属于新城开发的特点。尽管新建地区的生态城市实践投入成本高,但是具有见效快的特点。因此,很多城市在进行生态城市实践时,选择了"新城运动",而见效慢、推动慢的建成区生态化改造,则处于被冷落的境地。殊不知,建成区的生态化改造才是当前中国进行生态城市建设实践的重中之重,这也是未来生态城市实践的发展趋势。

三

河西走廊东西长 1000 多千米,南北宽 10 千米到 100 余千米不等。总面积 27.55 万平方千米,占甘肃省土地总面积的 60.4%。现置张掖、酒泉、嘉峪关、金昌、武威五市。生态城市建设是河西走廊城市发展的必然选择。

生态环境原生不稳定决定了河西走廊生态环境天然具有脆弱性特质。河西走廊是一种典型的高山—绿洲—荒漠复合生态系统,其中水资源在很大程度上决定着这一系统的运转机制和运转效率。水资源在人口、环境、经济各要素中居于主导和支配地位,客观上存在着以水定人口、定环境质量、定经济发展水平和模式的特殊机理。河西走廊区域经济发展中出现了人口、环境、经济发展与水资源关系的失调,造成严重的可持续发展问题。河西走廊建设生态城市,战略规划上应该确定节水型社会建设目标和循环经济发展模式,着力推进发展方式转变,调整优化产业结构,改变传统的生产、生活消费模式与观念,用生态城市建设统领人口、资源、环境、经济协调可持续发展。

河西走廊经济发展的模式是:以生态城市建设为统领,加快建设节水型社会,走循环经济发展之路,实现节水型社会、循环经济和生态城市的耦合发展。包括制订生态城市规划,搞好生态示范工程,构建城乡一体化绿色生态网络,发展城市生态产业,培育生态文化道德,改善城市生态环境,建立生态保护机制等。

在河西走廊五市中,金昌和嘉峪关两市属资源型城市,两市共同面临的问题是资源型产业转型与生态产业建设。金昌市经济发展的制约因素主要是工业经济产业单一,接续替代产业发育迟缓,农业和服务业发展严重滞后,城市处于"孤岛"状态,职工转岗就业困难,社会问题突出,生态环境恶化等。该市经济转型的战略重点是发展接续产业,做大做强优势资源产业,大力发展新材料产业,培育和发展现代农业和服务业。

嘉峪关市经济发展的劣势主要表现在经济结构矛盾突出,第二产业比重较大,高耗能企业较多,资源型城市的投资环境约束加大,后备资源不足,资源枯竭的约束大,水资源不足,利用率低等。该市经济转型与可持续发展战略应侧重于加快产业结构优化,引导产业向多元方向转变;注意资源开发,延长工业产业链条;大力发展第三产业,积极培育新兴产业;积极发展节水农业和高效农业。

　　酒泉、张掖、武威是典型的内陆干旱区绿洲农业城市。由于特殊的自然地理环境及不合理的人类活动，导致河西地区草场退化，土地沙化严重，加剧了自然生态环境的脆弱性。同时，水资源紧缺成为制约本区自然资源合理利用与经济持续发展的主要限制因素。水资源紧缺，导致该地区生态环境恶化。综合开发利用河西地区优越的光热条件和丰富的矿产资源，突破水资源紧缺的限制，形成以"绿洲农业＋工矿城市"为特色的区域循环经济复合模式，把本区建成全省重要的商品粮基地和商品蔬菜基地、新能源开发利用基地、农畜产品加工基地、金属冶炼基地，并带动周围地区经济实现循环型发展。主要方向是：发展生态农业，建立节水型特色农业模式；发展生态工业；发展以旅游业为重要支持产业的现代服务业。

　　生态城市不仅涉及城市的生态环境系统（包括自然环境和人工环境），也涉及城市的经济和社会，是一个以人的行为为主导，以自然环境系统为依托，以资源和能源流动为命脉，以社会体制为经络的"社会—经济—自然"的复合系统，是社会、经济和环境的统一体。因此，各级政府应义不容辞地承担起协调内部矛盾、建设生态城市的重任。

　　本书除绪论部分外，共有七章内容。各章的标题和撰稿人是：第一章，生态城市产生的时代背景、思想渊源和理论基础（王丁宏）；第二章，国内外生态城市建设实践与总结（王丁宏，石贵琴）；第三章，河西走廊自然环境、经济发展特征与生态城市建设（李振东，潘从银）；第四章，水资源约束下的河西走廊生态城市建设（唐志强，王丁宏）；第五章，河西五市生态城市建设的实证分析（石贵琴）；第六章，河西走廊生态城市建设中的产业转型与产业生态化（王丁宏，石贵琴）；第七章，河西走廊生态城市建设中的政府职责（王丁宏）。最后全书由王丁宏统稿。

第一章
生态城市产生的时代背景、思想渊源和理论基础

一、生态城市产生的时代背景——城市问题或"城市病"

　　如果要用一句话来概括人类 20 世纪的历史，也许最恰当的莫过于说它是城市发展的历史，是城市化的历史。在整个 19 世纪，世界城市人口占总人口的比重，不过由 1800 年的 3%，增长到 1900 年的 13%。而到 2000 年，这一比例已达到 50%，而且仍呈强劲的增长之势。我国是个城市化后进国家，1978 年城市人口比重只有 17%，但 30 多年来，我国的城市化水平突飞猛进，中国社会科学院发布的 2012 社会蓝皮书《2012 年中国社会形势分析与预测》称，2011 年城镇人口占总人口的比重将首次超过 50%。这意味着中国从一个具有几千年农业文明历史的农民大国，进入到以城市社会为主的新成长阶段。从城市人口的绝对数来说，21 世纪城市化的进程更加显著。1800 年世界城市人口只有 0.29 亿，1900 年也只有 2 亿左右，而到 1990 年已达 22.34 亿，2000 年则超过了 30 亿。美国北卡罗来纳州立大学和佐治亚大学的专家统计显示，在 2007 年 5 月 23 日这一天，世界城市人口为3303992253人，农村人口为3303866404人。他们将这一天定为"分水岭"，标志着城市人口有史以来首次超过农村人口。从城市的规模来看，1800 年世界 100 个最大城市的平均人口还不到 20 万，而到 1950 年，这一数字已达 210 万，1990 年则超过 500 万。可见，城市正成为越来越多人的生存空间，而且目前已成为人类主要的生存空间。因此，说 20 世纪是"城市化的世纪"是毫不为过的。吴良镛先生认为，世界正在由"城市化世纪"走向"城市世纪"，一语道出了 20 和 21 两个世纪的鲜明特点。道萨迪斯（Doxiadis，又译为杜克塞迪斯，1913—1975，希腊建筑师和城市规划专家）甚至预言了"普世城"的出现。因此可以毫不夸张地说，人类的发展将取决于城市的发展，城市的未来就是人类的未来。

　　但是，城市化就像一把双刃剑，福与祸、利与弊交融在一起，在带来巨大效益、推动社会进步、创造并使人类享受城市文明的同时，也造成了以环境污染、社会失序为主的负面影响，即人们常说的"城市病"。正如国际建筑师协会的"北京宪章"所说的："20 世纪既是伟大而进步的时代，又是患难与迷惘的时代。"西方发达国家在城市化过程中都曾经历过环境恶化、公害频发、居民生活条件恶劣、道德观念剧变、犯罪率上升、居民无安全感等城市问题。后来经过长期的、艰苦的整治，虽然环境污染基本得到控制，环境质量已有所好转，但离城市生态环境的高层次优化还有很大的差距，而且城市的人文环境继续恶化的趋势仍未得到有效遏止。城市已成为人们追逐金钱、名利、权力的争斗场，成为犯罪行为的主要发源地。

我国作为城市化后进的国家，本应吸取发达国家在城市化过程中的经验和教训。但遗憾的是，在片面追求经济增长的思想指导下，在缺乏科学的城市建设和管理理念的情况下，我国的城市发展在很大程度上重蹈了发达国家城市化初期的覆辙，许多城市出现了严重的城市病，尤其是城市环境污染已达到甚至超过发达国家城市污染最严重时期（20 世纪 50—60 年代）的水平。1998 年世界卫生组织评出了全球十大空气污染城市，其中我国占了 8 席。环境污染成为我国许多城市所面临的严重困扰。交通拥堵、用地紧张、供水不足等问题日益突出；多年前早已绝迹的色情服务、贩毒吸毒、封建迷信活动乃至邪教等社会问题，也在我国许多城市中卷土重来；而近几年城市中的失业、贫困、治安、教育、医疗卫生和防疫等问题，也逐渐成为城市建设和管理中的热点、难点问题。虽然这些年来各级政府加大了对城市问题的治理力度，但收效甚微。

城市问题，或称城市病，是指较普遍存在于城市中的诸如用地紧张、住房短缺、基础设施滞后、交通堵塞、供水不足、环境污染以及失业、生活贫困、社会不安定等不利于城市自然环境和社会稳定的非正常状况。这些非正常状况对城市中居民的正常生活和身心健康构成极大的威胁。早在 19 世纪中后期，西方的许多城市就成为各种生理、社会疾病的渊薮。到了 20 世纪中叶，随着城市化的进一步发展和蔓延，城市问题成为一个世界性的、直接威胁着人类生存和发展的大问题。从 20 世纪中期开始，许多国家特别是发达国家，纷纷采取措施治理城市问题，虽然也取得一些成就，但从全球范围来看，城市问题继续恶化的趋势并没有停止，人类的城市正面临着日益严重的发展危机。

面对日益严重的城市问题，一些人采取了逃避的态度，特别是在发达国家，一些上流阶层纷纷举家逃离城市而迁往郊区或乡村，以求获得清洁的空气和宁静的生活，这就是所谓的"逆城市化"（或称"反城市化"）现象。这种现象既体现了一种积极的、健康的追求，又具有极大的消极性的影响。它一方面造成"富人住郊区、穷人住市区"的局面，其结果是都市区的空心化加快了城区的衰退，加剧了城市社会的失序和城市文化的扭曲，实质上是对城市的破坏；另一方面，逆城市化实际上是城市空间和文化的扩张，往往造成对耕地的侵占和土地资源的浪费，引发城市文化与乡村文化的冲突，使城市问题演化为更大范围的区域问题。因此，面对城市问题，逃避不是最终的解决办法，那只能造成更多、更严重的城市问题。

所谓"逆城市化"现象，并不是真正意义上否定城市、重返田园的行动，它仍是以城市为依托的，甚至可以认为是城市的继续扩张和发展。但是，城市作为人类伟大的创造，凝聚着世世代代人的理想和追求，而现在许多人又在逃避城市这种不适于人生存的环境，的确值得人们深思。英国学者舒马赫认为，"逆城市化"现象说明"城市生活正在崩溃。数以百万计的人民用他们的双脚投票证实这种崩溃，他们收拾行李，断然离去。假设他们没有能够割断与城市的联系，至少他们已经作了尝试。作为一种社会现象，这种努力是意义深远的"[1]。逆城市化至少表明了对城市文明的一种怀疑和反叛，也促使人们对城市的发展进行深刻的反思。

城市问题可以概括为以下 5 类。

（1）人口问题

即由于人口数量过多而产生的问题以及人口的素质问题。对于城市而言，人口的数量问题，一方面是指城市本身人口膨胀过快，超过了城市自然环境的承载能力，使城市自然生态环境受到人类强烈的干扰、改变和破坏，造成城市生态平衡失调；人与自然环境的矛盾日益尖锐，也使得城市基础设施超负荷运转（如交通拥挤、公共场所人满为患等）；人工环境也不堪重负，居民有一种紧张感和压迫感；还使得就业压力过大，造成长期失业人口，产生城市贫困问题等。另一方面，周边区域（农村）人口压力也对城市生态环境造成直接和间接影响。密集的人口必然造成对自然环境的过度开发，从而破坏了城市生态环境的区域基础，大量农村剩余劳动力的存在也必然对城市形成冲击。因此解决城市的人口数量问题，不能仅仅限制农民进城、把农民堵在城外，而必须从保护区域生态环境的角度考虑这一问题。人口问题还有个素质方面的问题。人口密集是几乎所有城市共同的特征，但各个城市之间发展水平和生态状况是不同的，其中人口素质是决定性因素。人口素质不仅直接决定了城市经济和社会的运行状况，而且也影响着城市环境的管理和建设，对城市生态系统具有综合性的影响。

（2）资源问题

即由于城市人口过于密集以及对资源的不合理使用（如浪费、污染、分配不均等），造成城市的资源短缺，直接影响了生产和生活。例如用地紧张、地价飞涨、住房困难、供水不足、清洁空气稀少等，实际上都是资源短缺的表现。资源问题是一个综合性的问题，会造成一系列的不良后果。例如住房紧张和大多数居民居住面积狭窄是世界大城市的共同问题。大量的城市贫困人口栖息在拥挤、肮脏、治安极差的贫民窟里，甚至露宿街头、公园和其他公共场所。这不仅影响了城市环境，而且是城市社会的一种病态，对整个城市生态系统的运行都产生了不良影响。

城市的资源问题不仅影响了城市本身，而且影响了城市的周边地区乃至整个区域。以水资源为例，当今世界，城市越来越多、越来越大，城市人口迅速增加，经济规模也日益扩大，因此城市工业和生活用水也就不断增多，淡水资源供不应求。另一方面，城市生产和生活对水的污染日益严重，使许多水体已失去使用价值，这更加剧了水资源的紧张。中国目前有 2/3 的城市缺水，1/3 的城市严重缺水。城市淡水资源的缺乏不仅直接影响到城市的生态环境，而且挤占了农业用水，造成农村生态环境的恶化，农业生产力下降，从而又进一步加剧了城市的人口问题和环境问题。

（3）环境问题

这里指狭义的环境问题。即由于城市人口密集、工业集中、交通拥挤，各种废弃物大量排放，造成空气和水体污浊，垃圾遍地，环境恶化，许多城市出现了严重的环境公害，不仅危害人体健康，而且对动植物的生长也构成威胁。传统的城市环境问题主要包括 4 个方面：大气污染、水污染、固体废弃物污染和噪声污染。近些年又出现一些新的环境污染，如电磁污染、视觉污染等。其中最严重、危害最大的还是大气污染和水污染，对人类的身体健康构成了严重威胁。城市污水除排入江河湖海外，一部分还直接渗入地下。据调查，我国华北地区的浅水层均已受到污染，南方许多城市的地下水污染也日益严重。全世界每年有 1000 万人因饮水不洁而死亡。城市污水和固体废弃物还会造成土壤及其他污染。城市商业的发展，也带来一系列的视觉、味觉和听觉上的污染，有人称之为"商业污染"。这种污染不仅是一种环境问题，而且还引发一系列的社会问题。

（4）社会问题

即城市生活的高压力、快节奏、强竞争性、隔离性及其非人格化的特征，造成城市中人的心理失衡，情绪压抑，性格变态，群体意识淡漠，社会责任感降低。人们普遍感到孤独，缺乏安全感，每个人都有一种戒备、封闭的心理倾向，处于一种违反其自然天性的孤立、自锢心理状态。从而使得整个城市社会发育不健全、不健康，出现人际关系功利化，道德约束力下降，排他情绪增强，心理疾病增加，犯罪率上升等社会问题。据国家卫生部提供的资料显示，精神障碍疾病在我国呈逐年上升趋势，发病率已由 20 世纪 50 年代的 2.7‰ 上升到 90 年代的 13.47‰，病人总数已达 1600 万人，主要是城市人口。心理疾病增加与犯罪率上升是有一定联系的，犯罪往往是心理状态失调的结果；反过来，犯罪率上升又会引起更多的心理障碍和疾病。有人认为，城市特别是大城市，是各种犯罪的温床，是社会秩序最混乱的地方。"暴力犯罪在城市更加明显，这些犯罪活动促使了不安全感的产生，而这种不安全感又导致了不信任、不宽容、个人退出社区活动，并且在某些情况下，它还会引起暴力性的反作用。"[2] 因此，有人认为"城市中最大的危险是社会分崩离析，人人只顾个人的安危。除非我们在所有城市的居民间建立起联系，否则城市就会走向分裂，按阶层、种族、文化和宗教形成无数集团。"[3] 如果说上述的人口、资源、环境等问题是显而易见的外在的城市问题，那么社会问题则是城市的内在的问题。社会问题主要是人类自身精神上的问题，因此有人把这些社会问题统称为工业社会中的"精神贫困"现象。

（5）交通问题

以上4个方面基本概括了主要的城市问题。而交通问题则是上述4个方面城市问题的综合反映，或者说交通问题对上述4个方面都有影响，并体现在这4个方面之中。由于交通问题已成为几乎所有城市中的焦点和难点问题，直接、深刻地影响着居民的生活，也是生态城市建设中要重点解决的问题，因此应当引起特别的重视。交通问题主要是指与汽车交通方式有关的一些问题，包括：车辆拥堵，公共交通滞后，交通不畅，尾气污染严重，停车设施不足，交通事故增加，当然还有管理上的不合理、不完善。城市交通问题由来已久，甚至在某些城市已积重难返。究其根源，就我国的城市而言，一是现行体制不适应现代城市交通发展的要求；二是城市的总体规划本身就不合理。

从以上可以看出，城市问题具有这样几个特点：一是扩散性和传播性，即城市问题具有由其发源地——城市向乡村地区扩散、传播和转移的趋势。沙里宁就强调："即使是乡村的居民，也是跟城镇经常直接或间接地发生接触的，所以城市的问题不仅跟城镇社区内的居民有关，而且跟住在任何地方的每一个人都有关"[4]。二是区域性。一方面，城市问题的影响范围由于其传播性而具有区域性；另一方面，受区域宏观的自然和社会环境的影响，也具有区域性特征。三是持久性，即城市问题一旦产生就很难在短时间内消除，这是由于生态环境的惯性使然，特别是在社会生态方面表现得更为明显。四是交织性或系统性，即许多城市问题是相互影响和交织在一起的，人口问题、资源问题、环境问题和社会问题乃至每一个具体的问题都不是孤立的，它们可归结为一个问题——城市问题。换句话说，城市问题已经形成了一个系统或称网络，或者说城市问题就是城市生态系统的问题。

关于城市问题产生的原因，有人从历史进程出发，认为是工业文明造成了城市问题。我们认为这一结论有其一定的道理；但是，从人类发展的历史来看，城市问题的产生具有一定的社会历史必然性，不能将其完全归罪于工业文明。工业文明之前已经出现一些城市问题，在所谓的后工业文明时期，许多城市还会受到多种城市问题的困扰。特别是就单个城市而言，城市问题的产生往往有其具体的、特殊的原因。我们认为，城市问题从本质上讲都属于城市生态问题，都直接或间接地与城市生态系统的失调有关，是城市社会经济发展与其环境承载力不平衡，导致城市生态系统失调的具体表现。正如联合国人居中心的一份报告中所说的："虽然快速的人口增长通常被认为是造成城市问题的原因，但是很显然，主要的问题并不是城市发展的速度，而是城市住房和环境问题的严重程度，以及供水、卫生、排水、道路、学校、健康中心及其他形式的基础设施和服务设施不足的问题。这些问题的严重程度与城市的发展速度之间的联系往往无关紧要。"[5] 从生态学的观点看，城市问题产生的原因可分为两大类5个方面。

第一类是普遍性原因，即几乎所有的城市都难以避免的原因，包括两个方面：① 城市的集聚性。即城市是人类各种活动的集聚地，人类在城市中的影响力远远超过了其他生物，这从城市中人与植物的生物量对比中可见一斑（见表1-1）。② 环境资源的稀缺性。即城市中的自然环境因素和人工设施，相对于人类的需要是稀缺的和紧缺的。集聚性和稀缺性的结合被认为是城市问题产生的普遍性原因。

表1-1　　　　　　　　城市中人与植物的生物量对比

城　市	人类生物量 a / (t/km^3)	植物生物量 b / (t/km^3)	a/b
东京（23个区）	610	60	10
北京（城区）	976	130	8
伦敦	410	250	1.6

第二类是特殊性原因，即由于一些特殊的情况（人类活动的失误）而造成城市问题的出现，包括3个方面：① 资源开发利用不当造成的生态问题。城市是一个完全开放并且极度人工化的生态系统，它缺乏自然生态系统那种自我调节、循环再生的结构功能关系，而其中居于主导地位的人类，有时又缺乏生态平衡意识和生态调控手段，对资源的开发利用强度过大或者利用不经济，这就必然造成城市生态的失调。② 城市结构与布局不合理造成的生态问题。城市社会是一个由各种网络纵横交织组成的多维空间。在这个空间里，有些格局从微观、局部、短期的眼光看是合理的，但从宏观、全局、长远的眼光看却是不合理的，从而导致了诸如产业结构、工业布局、道路系统、土地利用、管理体制等方面的不合理现象。③ 城市功能不健全造成的生态问题。一个城市要实现其生态的可持续发展，就必须具备良好的生产、生活、还原和文化功能。生产功能为社会提供丰富的物质和信息产品；生活功能为市民提供舒适优美的栖息环境和方便的生活条件；还原功能则要消除和缓冲人类自身发展给自然造成的不良影响或自然界本身发生的不良变化，确保城市生产和生活的正常进行；文化功能是指城市在文化记录、创新和交融方面的功能，是城市个性的深层次的表现，也是城市生态统区别于其他生态系统的最主要的功能。四项功能缺一不可，而且应当相互协调。但是人们往往过于强调生产功能和生活功能，而忽视还原功能和文化功能，从而导致城市生态系统紊乱。

从城市问题的源头看，城市问题产生的原因无外乎自然原因和人为原因两个方面。对于城市来说，自然影响已经是极其次要的，人的影响则是城市发展和演化的主导力量。人口的过度拥挤使城市绿地减少，生活垃圾大量产生，城市基础设施不足，交通阻塞，空气污染严重，疾病传播迅速。这种情况不仅损害人的身体健康，而且容易使人产生心理疾病。在城市之外，大量的人口存在也对生态环境造成很大的压力，其对生态环境的破坏也间接地影响着城市的生态环境。人对生态环境的破坏有些是由于对城市生态系统的无知，因此并不是必然的，有些是可以加以补救。至于城市社会问题，则是出于人类自身的问题，也是可以通过人类自身的调节加以解决的。

从某种意义上说，城市问题实际上是城市中人的问题，但不是由人的先天生物学本性产生的问题，而主要是由人的后天性的行为方式产生的问题。正像国外一位研究城市犯罪问题的专家所说的："并不是城市产生了暴力，而是贫困、政治和社会排斥以及经济剥削，破坏了本能使城市居民和平相处的（尽管有时会冲突）团结。"[6]因此，只有改变人的思维方式和生活方式，才能找到解决问题的办法，而且也一定能够找到解决问题的出路。既然城市病实质上是生态问题，那么要治愈城市病就要从生态入手，从协调城市发展与自然环境及自然生态系统的关系角度来着手。正如沙里宁所说的："人们通常采取的那种折中性的补救措施，对城市的改进却无济于事。应当对城市的弊病，从其最深的根源处进行研究，因为只有那样，才能得到持久的效果。"[4]要以城市生态学理论为指导，分析、研究城市生态系统的结构、功能及其调控机制，协调好城市人口、资源、环境之间的关系，不断地进行城市生态建设，发展生态城市。可以说，城市的生态问题使人类社会面临着某种深渊，而生态城市的思想和实践则使人看到了隧道尽头的亮光。

城市是政治、经济、文化和社会生活的主要载体，"城市的发展要比乡村迅速得多，城市是经济、政治和人民的精神生活的中心，是前进的主要动力"。因此，城市是国家的象征和希望，没有城市的繁荣就没有国家的繁荣，甚至可以说没有城市就没有国家。历史地看，城市是记载人类文明的史书，城市文明是人类文明的主体和精华。斯宾格勒认为，人类所有的伟大文化都是由城市产生的，"世界历史，即是城市的历史"。布罗代尔通过研究历史得出结论："城市的跌宕起伏显现着世界的命运。"古今中外的社会发展史表明，凡是城市文明比较发达的国家，其在政治、经济、科技、军事等方面都相应地显示出强大、昌盛、文明和先进，"因而城市就成为现代的一种象征"。

今天，我们衡量一个国家或地区的发达与否，最重要的指标之一也是它的城市化的程度和城市文明的水平。可以说，城市是一个国家或地区发展不可缺少的主要动力源，城市化是任何国家和地区都不可回避的必然趋势。所以我们必须正视城市问题，不能因噎废食。逃离城市是一种消极的、不负责任的做法。我们要以积极的态度、无限的勇气、进取的精神和大胆的设想，反思过去、面对现实、展望未来，去努力寻求减少和消除城市病，营造清洁、健康、宜人的城市环境和社会的途径。前景虽然不容乐观，道路也必将坎坷不平，但正像许多科学家所坚信的，人类的智慧能够最终解决人类社会特别是城市所面临的种种危机，因此应该满怀信心地去创造美好的未来。"生态城市"的提出就是这种观点的典型代表。

对城市生态问题要有辩证的认识。城市的生态问题是不可能完全消除的。正如19世纪末法国著名社会学家迪尔凯姆提出的社会学上的"正常现象"概念，他举例说犯罪就是一种"正常现象"，但这并不是企图宽容犯罪，因为对犯罪给予惩罚同样也是正常现象。要想犯罪不存在，除非把每个人的意识全部拉得整整齐齐，然而这是不可能的，也不是人们期望看到的事情。迪尔凯姆的意思很明确：一种对社会有害的现象出现并不可怕，关键是要有另一种与之相反的影响，有规则地对其中和。同样，城市的生态问题也是"正常现象"，只要我们能够找到有效抵消其影响的规则，整个城市生态系统就不会失去平衡，仍然可以正常地运转。有些人面对形形色色的城市问题，对城市乃至人类社会的前途产生了悲观的看法，这是由于对城市问题缺乏辩证的认识。城市问题很多，也已经非常严重，但人类终究可以自救。这就是我们对城市问题的基本态度，也是生态城市得以产生和发展的最终"底牌"。

二、生态城市的思想渊源

实际上，无论从理论上还是在实践中，人类从未间断对城市未来的探索。城市将何去何从？如何建设一个高效、健康、平等的城市社会？这是许多的学者及普通人都在思考的问题。从人文主义先驱者设想的"理想国"、乌托邦、太阳城、新协和村、公社新村，到20世纪初的田园城市、"新城"，一直到后来的卫星城、立体城市、绿色城市、山水城市、生态城市等，人们提出了种种理想的城市模式。这些理想城市模式，既表达了人类对未来的追求与憧憬，也是人类对自身历史和现实反思的结果。在对城市及人类未来的思考和探索中，虽然人们并未在具体的目标和设想上取得完全的一致，但已经逐渐地至少在新的发展观上达成了共识：发展不仅仅是一个经济概念，而是包括社会活动的一切方面进步的完整现象，是人类生存质量及自然和人文环境的全面优化；发展的意义不仅仅在于为了眼前的利益，不能仅仅考虑当代人甚至少数人的舒适和享受，而且要顾及全人类可持续的长久的生存。

在这种新发展观的背景之下，一种新的城市建设理念应运而生，即城市建设要以保护环境、维护生态平衡和社会和谐以及宜人居住为先决条件，走可持续的城市发展之路，建设一个高效、健康、公正的城市社会。于是"建设宜人居住的城市"成为这若干年来城市规划思想的主流。生态城市正是这种思想的具体体现。生态城市就是一种宜人居住的城市，这是生态城市的基本目标。这一目标是人类经历痛苦和失望之后的经验总结以及重新建立起的对城市未来的憧憬。欧洲和北美的一些国家已经将这种规划思想付诸实施，许多城市提出了具体的生态城市建设目标和方案。

我国的城市在近几年发生了前所未有的变化。一方面，城市化水平不断提高，大量人口迅速向城市聚集，城市数量急剧增加，原有城市的规模也迅速扩张和膨胀，全国城市的总体格局以及每个城市的外表形象都大为改观；另一方面，大量人口在城市的集聚也给城市的生态环境造成很大的压力，城市的各种问题不断涌现并且日益显著，这直接引起了城市规划思想的革命性变化。毫无疑问，中国人正在逐渐富裕起来，但同时也面临着日益严重的环境污染和社会失序，这是我们为经济的发展付出的高昂的、沉重的环境和社会代价。于是中国人对"发展"有了更深刻的理解，特别是接受了可持续发展的思想，并积极实施了可持续发展战略。对城市发展也有了新的认识，对生活质量有了新的要求，"以人为本，以环境为中心"的城市发展观正在形成。人们已经意识到，城市首先是人的生活的家园，因此它要符合人性，要实现人与自然的和谐共处，增强人与人的亲和力，要有足够的绿地、广场等供人们休闲、娱乐、交往的空间。因此，环境宽松、清新、优美、祥和、宜人的生态城市也是中国城市发展的必然选择。我国的一些城市也提出了建设生态城市的目标。

生态城市这一概念产生的时间不过 20 年左右，这对一个科学概念及其理论体系的发展而言是非常短暂的。生态城市这一概念并不是凭空产生的，它有着丰富的思想渊源和深厚的理论基础，这些思想和理论为我们研究生态城市提供了基本的思路、方向和指导原则，是我们研究生态城市必须依赖的基础。正如沙里宁所说的，"即使在我们的时代，也应当采用古典与中世纪时期的基本原则，而且我们还将证明，我们今天的城镇之所以杂乱无章，其真正原因，恰恰在于放弃或遗忘了这些原则。"[4] 因此，我们研究生态城市，也要怀着崇敬的心情，来回顾、总结作为生态城市思想渊源的先辈们的思想，这是我们理解、研究和建设生态城市的基本依据和思想基础。

综合古今中外的有关思想，针对城市中较普遍存在的生态问题，并根据生态城市的特点和要求，我们将其归纳为以下几个方面。

（一）中国古代天人合一思想及其对城市建设的影响

所谓生态城市，就是一种经济高效、环境宜人、社会和谐的人类居住区。生态城市最基本也是最深刻的思想渊源就是人与自然和谐相处的思想。

人与自然之间的关系历来是哲学家和思想家所关心的问题。关于人与自然和宇宙的关系，中国哲学中有天人合一论。"天人合一"，就是赋予"天"即自然以"人道"。张岱年先生指出："中国哲学中，关于天人关系的一个有特色的学说，是天人合一论。……天人合一，有人译为：一天人本来合一，二天人应归合一，天人关系论中之所谓天人合一，乃谓天人本来合一。关于天人本来合一，有人说：一天人相通，二天人相类。""天人相通的观念，发端于孟子，大成于宋代道学。天人相类，则是汉代董仲舒的思想。"可见，"天人合一"实际上是一种生态系统思想，这一思想在我国具有十分悠久的历史，并在我国传统的天人关系论中居于主流的地位，中国古代的哲学、文学、历史学以及科学技术无不受其强烈的影响。

近来，中国传统文化中的"天人合一"思想重又焕发生机，这在很大程度上是与西方文化的比较，以及对西方近代天人关系论批判和反思的结果。西方人常把"天命"与"人生"分作两个层次来讲，也就是把人类与自然界对立起来。在科学知识和技术水平还比较落后的时候，人类还能对"天命"抱有一种敬畏的心理，而一旦人类的科学技术水平发展到一定程度，就萌生了改造自然、征服自然的野心。因此，在西方文化风靡世界的几百年中，在这种"天人相对"的思维模式指导下，西方人贯彻了征服自然的方针，其结果有目共睹。F. 卡普拉曾批评西方的这种"分析的思维方式已经形成一种根深蒂固的反生态的态度"[7]。

天人合一论的再生，就中国传统文化自身而言，则是其自省和自我批判后的理性选择。从现代科学的角度来看，天人合一是一种科学的、理性的世界观。钱穆认为，"'天人合一'思想，是中国文化对人类最大的贡献。"[8]但值得我们反思的是，虽然我国数千年前的先人就已形成天人合一的思想，却没能有效阻止我国生态环境的破坏。这主要是由于这种思想与封建伦理糅合在一起，受到唯心主义的浸染，甚至在某些时候成为神秘的道德修养观念，成为玄学的工具。同时还由于这种思想没有强有力的现实支撑体系，当它与现实的生产和生活产生矛盾时，它不能不做出无奈的妥协。因此，即使天人合一的思想在我国并没有发挥其应有的作用，但这一思想本身并没有错，而是时代的局限。天人合一思想在今天重又焕发生机，是对这一思想的充分肯定，作为这一思想发源地的中国，更应该重新对其进行科学的研究和认识。

天人合一论的核心思想就是强调人与自然的和谐统一。这种思想在我国古代城市规划和建设中产生了很大的影响。

（1）对城址的影响。中国是公认的城市发源地之一，古城众多，这些古城在选址上都是很讲究的。其选址原则一般是平原广阔、水陆交通便利、水源丰富、地形高低适中、气候温和、物产丰盈等。《管子·乘马》中就说："凡立国都，非于大山之下，必于广川之上。高毋近旱而水用足，下毋近水而沟防省：因天材，就地利。"[9]总之，是要选择生态环境比较好的地方兴建城市。

（2）对城市规划思想的影响。"天人合一""天人感应"思想的表现之一，就是找到"天命"的代言人，作为"天"与"人"合而为一的桥梁，这就是所谓的"天子"。天子是国家和社会的中心，象征天子和皇权的皇宫就是其所在城市的中心。加之"天圆地方"思想的影响，中国的都城一般都以皇宫为中心对称布局，这是中国古代都城的基本模式。这种模式又影响到其他城市的规划和建设，形成中国当代城市通常的中心对称布局模式。城市的平面布局和内部空间结构是城市规划的主要内容，也是城市规划思想最重要的体现形式。关于我国古代城市的平面布局和内部结构，最著名的是《周礼·冬官·考工记》中的一段话："匠人营国，方九里，旁三门。国中九经九纬，经涂九轨。左祖右社，面朝后市，市朝一夫。"[10]《考工记》成书于战国时期，据考古实际勘探，当时列国都城都没有达到这样整齐规范的程度，显然它是一个理想化的创造。这个创造完全符合当时的理性精神，可以说是理性认识的一次绝妙的设计。它来源于现实，但又高于现实。尽管在它之前或自此以后，我们找不到与它完全相同的城市，但它毕竟为中国构建了第一座最完美的城市模型。从这个模型诞生之日起，它便成为一种思维框架和文化模式，深深地影响着我国城市发展的道路。当然，这种对城市平面布局的要求不是僵化的、机械的，而是灵活的，即它同时强调城市建设要重视当地的地理条件，因地制宜，"城郭不必中规矩，道路不必中准绳"。

从总体上看，中国古代城市规划强调战略思想和整体观念，强调城市与自然结合，强调严格的等级观念，这些显然都受到"天人合一"思想的影响。

（3）对城市建设和改造工程的影响。据考古发现及史料记载，我国古代的城市建设在供水、防火、绿化及建筑物的布局等方面，已经充分考虑到生态平衡的因素。例如开封城曾在公元955年针对人口增加、建筑拥挤、城市化弊病出现苗头的形势进行改建和扩建，扩大城市用地，拓宽道路，改善交通，疏浚汴河，制订防火与环卫措施，完善排水系统，加强城市绿化，使开封成为一个水声潺潺、花香袭人的优美城市。

（4）对中国城市园林建设的影响。城市园林是城市规划的重要组成部分。中国的城市园林在世界上独树一帜，享有盛名。中国园林以山水为主，主要表现自然美，强调"虽由人作，宛自天开"，使人工美和自然美融为一体。这显然是受"天人合一"思想影响的结果。由于园林建设受外来干扰较少，因此可以认为中国园林是中国的天人合一思想在人类活动中最成功、最明显的表达。

（5）由"天人合一"思想演化而来的阴阳五行、相土、风水等思想，都对我国古代的城市建设产生影响。《管子·五行》中就有"五行以正天时，五宫以正人位，人与天调，然后天地之美生"的论述。对城市建设来说，就是要注意方位，使东、南、中、西、北都能得到合理的利用。相土说是依据对地形、地势、土质、水文等自然条件的多方面考察而进行城市和建筑的选址和布局的学说，是建设前对周围环境的审视。"风水"也被认为是古人环境选择的学问，其核心是生态环境，要求在特定的小环境内部相互协调，以达到生态环境内部的统一。

"天人合一"思想是我国古代生态哲学的核心，对我国古代城市建设具有重要的影响，是我国古代城市建设取得辉煌成就的思想保障，对我们今天的城市建设和生态城市的发展也具有重要的指导意义。正如国际建协"北京宪章"所强调的"千百年来，整体思维一直是东方传统哲学的精华。今天它已成为人类共同的思想财富，成为地球村的福音，是我们处理盘根错节的现实问题的指针。"[11]

（二）理想城市与乌托邦

古今中外，人们都在不断地设想着理想的社会，并为理想社会的实现进行着不懈的努力，这其中也包括人们对理想城市的追求和建构。广义地说，所有对未来城市的展望和设想都属于理想城市；而狭义的理想城市具有特定的含义，一般是指 16 世纪初至 19 世纪中叶，主要产生和活动在欧洲的空想社会主义提出的一些城市模式；更狭义的理想城市概念则是建筑学上的理想城市概念，指古罗马建筑师维特鲁威以及后来文艺复兴时期的斯卡莫齐等人提出的一些城市规划模式。这里所说的理想城市是狭义的概念。理想城市与自然发生的、实际建设的城市不同，它只是一种构想、一种憧憬，但它又在一定程度上符合经济与社会发展和变革的要求，展示一种未来的潮流，也对现实的城市建设和发展产生一定的影响。

不同的时代，人们对城市的理想和希望也不同，这就形成了形形色色的理想城市的蓝图。参与理想城市蓝图的规划和设计的，既有规划师和建筑师，也有哲学家、政治家、思想家，甚至还有文人。早在公元前 4 世纪，古希腊哲学家柏拉图就曾在西那库斯（西西里岛的一个港口）尝试过建造一个理想的城市，希望用理性的手段把尺度和秩序加入到人类活动的每个领域。他认为城市的发展起源于农村地带所没有的、对奢侈生活的愿望，所以希望回到自然的社会秩序之中。认为一个城市中应该有神殿、花园、体育场、竞技场、运河、冷热水供应，整个城市要建立在高地上，为的是便于防守和清洁。并且设想一座城市的居民不要超过 3 万人。在柏拉图等人思想的影响之下，古罗马建筑师维特鲁威提出并设计了理想城市的模式。在《建筑十书》中，对城址选择、城市形态、规划布局等做了论述并提出理想方案。他认为城址的选择要有利于避开浓雾、强风和酷热；必须占用高爽地段，远离疾病孳生地；要有丰富的农产品资源和良好的水源；要有便捷的道路或河道同外界联系。15 世纪意大利文艺复兴时期，阿尔伯蒂、菲拉雷特、斯卡莫齐等人师法维特鲁威，发展了理想城市理论。阿尔伯蒂 1452 年所著的《论建筑》一书，从城镇环境、地形地貌、水源、气候和土壤等着眼，对合理选择城址以及城市和街道等在军事上的最佳形式进行探讨。菲拉雷特著有《理想城市》一书，认为应该有理想的国家、理想的人、理想的城市。斯卡莫齐根据菲拉雷特的设想提出一个理想城市方案：城市中心为宫殿和市民集会广场，两侧为两个正方形的商业广场，南北两个正方形分别为交易所和燃料广场，中心广场的南侧有运河穿过。按理想城市方案实际建造的城市并不多，但这些方案设想对欧洲后来的空想社会主义及其他城市规划思想颇具影响。

"乌托邦"是欧洲文艺复兴时期英国杰出的人文主义者托马斯·莫尔于16世纪初提出的一种理想城市模式。乌托邦一词源于希腊文，意思是乌有之乡、理想之国，后来成为空想社会主义的代名词。乌托邦在一般的意义上是指在资本主义发展的不同时期，一些空想社会主义者针对当时资本主义社会与城市存在的问题而提出的改良设想。前期有托马斯·莫尔的乌托邦（1516），康帕内拉的"太阳城"（1601），约翰·安德里亚的"基督城"（1619）等；后期有法国傅里叶的"法朗吉"，英国罗伯特·欧文的"合作新村"（共产主义新村）等。这些人文主义者大都思想比较先进，反对中世纪的禁欲主义和神权主义，批判私有制，坚持以人为本位，相信人的力量。财产公有是乌托邦的最大特点，认为私有制是万恶的根源，只要私有制存在，就不可能根除贪婪、争讼、掠夺、战争及一切社会不安定的因素。乌托邦的城市规划也针对时弊而采取独特的思想和措施。如托马斯·莫尔所设想的城市，对城市人口有严格限制，不得过分集中，每个城市划分为均等的四部分，各有市场、医院与公共食堂。城市街道宽敞，绿地遍布，每家后门对着花园（既可观赏，又能提供新鲜水果）。乌托邦的一个突出特点是它们都强调社会的公平、公正与和谐。康帕内拉的"太阳城"寓意就是光明之城、温暖之城。太阳城的最高统治者被称作"太阳"，在他的下面有三位领导人分别叫作"威力"、"智慧"和"爱"。莫尔的"乌托邦"及安德里亚的"基督城"都十分强调国民教育，在"乌托邦"里，任何儿童都要上学，而且重视社会教育，提倡公共道德、集体义务、正当娱乐，以期养成良好的社会风气。基督城非常重视学生综合素质的培养，包括智育、美育、德育、体育等各个方面。他们不仅提出设想，而且试图将这些设想付诸实践，但在资本主义社会条件下都失败了。乌托邦也因此在历史中蒙尘，往往成为空想和幻想的代名词，成了许多所谓"现实主义者"嘲笑的对象。

应该说，空想社会主义者的城市设想，对当时的城市建设所产生的实际影响是很小的。但是其中包含了一些与过去不同的新主张，也不乏敏捷的思路和闪光的思想。这些思想"为整整一个世纪的思索提供了养料，鼓舞着为那个时代带来荣誉的一大批理想主义者。"[12]他们的思想现在又逐渐被人们重新提起，并接受其中合理的成分。这些理想主义者有一个共同的特点：都是用城市的象征向人们展示他们对未来生活状态的理想。他们以现实的社会为背景，从更广阔的角度，联系整个社会经济制度来看待城市，把城市建设和社会改造联系起来，强调社会生态的和谐；主张城市规模不宜太大，尽可能接近农村，以促进城市和乡村的结合，借助农村的优点，来整治和清除原有城市的各种矛盾和弊端；重视城市居民的公共生活和集体生活，提出建立多种新型的公共建筑和设施，等等。这些主张和思想对后来的城市规划思想影响很大，成为霍华德的"田园城市"理论重要的思想渊源，对我们今天全面理解、建设和发展生态城市也有一定的启发意义。

（三）田园城市

1898年，英国人埃比尼泽·霍华德出版的《明日：一条通往真正改革的和平道路》（1902年修订本改名为《明日的田园城市》）一书，是城市发展理论研究的一个重要里程碑。"田园城市"理论的产生显然受到"田园主义"思想的影响，同时也有其深刻的时代背景：18和19世纪的产业革命在使资本主义的生产力获得巨大发展的同时，也带来了一系列的社会问题，尤其是城市人口过于密集，交通拥挤，环境污染日益严重，居民生活条件恶化；而农村则大量破产，社会两极分化，城乡对立日甚。在此背景之下，霍华德提出了著名的"三磁"理论。所谓"三磁"是指可供人们选择居住的三类人居磁场：一是城市，二是乡村，三是城乡结合的田园城市。霍华德认为理想的城市就是兼具城乡优点的"城乡磁体"——田园城市。1919年霍华德给田园城市下了一个简短的定义："田园城市是为安排健康的生活和工作而设计的城镇；其规模要有可能满足各种社会生活，但不能太大；被乡村带包围；全部土地归公共所有或者托人为社区代管"[13]。田园城市拥有优美的自然环境、丰富的社交机遇，有企业发展的空间和资本流，有洁净的空气和水，有自由之气氛，具合作之氛围，无烟尘之骚扰，无棚户之困境，兼具城乡之美，而无城市之通病，亦无乡村之缺憾。他认为田园城市是一把万能钥匙，可以解决城市的各种社会问题。田园城市理论的精髓主要表现在以下4个方面。

（1）城乡是一个有机的整体。霍华德认为，"城市和乡村必须结合起来，从欢乐的结合中产生出新的希望、新的生活、新的文明。"他还强调，一个田园城市应当是一个城乡有机结合的人类聚居地，而不是城市与乡村的简单混合。它是一种兼具城乡之利、而无其之弊的高效率的社区。"田园城市并不要使到处都呈现出一片带有大量绿野的、松散而无限蔓延的私人住宅，而是一种相当紧凑、严格控制的城市型组合。"[13]霍华德还提出了将城市垃圾应用于农业的生态思想。

（2）田园城市的分区与中心。霍华德建议田园城市占地6000英亩（注：1英亩＝0.405公顷），居住32000人。城区居中，占地1000英亩，居住30000人；四周的农业用地5000英亩，是保留的绿地，永远不能改作他用，其间散居着2000人。城区的平面为直径长1.5英里的圆形，中央有一个大公园、社区和政府建筑、一座医院、剧院、博物馆和其他公共设施。中心区的周围是百货商店。有 6 条主干道从中心向外辐射，把城市分成 6 个区。

（3）社会城市（城市群）论。霍华德认为，田园城市是为健康、生活以及产业而设计的城市，它的规模能足以提供丰富的社会生活，但又不应超过这一程度。当城市达到一定的规模时，就要建设另一座田园城市。若干个田园城市环绕一个中心城市（人口为 5 万～8 万）布置，形成城市组群——社会城市。遍布全国的将是无数个城市组群，在绿色田野的背景之下，就像一个个富有活力的细胞。城市组群中每一座城镇在行政管理上是独立的，相互之间用铁路和公路连接，而各城镇的居民实际上属于社会城市的一个社区。霍华德认为这是一种能使现代科学技术和社会改革目标充分发挥各自作用的城市形式。

（4）城市的"人民性"。霍华德强调土地和社区是为人民的，不是为政治或宗教领袖的。田园城市里的一切场所，所有居民都可以自由进出。在布局上注重人们上学、购物、工作和管理方面的方便，特别是重视群众教育和娱乐，强调每个区都有学校和公园。

霍华德提出田园城市的设想以后，又组织"田园城市有限公司"，分别于 1903 年和 1920 年在伦敦附近建设了莱切沃思和韦林两座田园城市。但是由于设计人员过分强调了这两座城市的"花园"性质，栽种了太多的树和灌木，几乎达到了妨碍视线和阳光的程度，而且对人造环境注意不够，因此这两座城市的建设并不成功，遭到了许多人的批评。但总体上来看，霍华德针对现代社会出现的城市问题，提出带有先驱性的规划思想，把城市和乡村结合起来，作为一个体系进行研究和规划。对城市规模、布局结构、人口密度、绿带等城市规划问题，提出一系列独创性的见解，是一个比较完整的城市规划思想体系。田园城市理论对现代城市规划思想起了重要的启蒙作用，对后来出现的一些城市规划理论（如"有机疏散"论、卫星城镇论等）颇具影响，也是生态城市最重要的思想渊源之一。20 世纪 40 年代以后，在许多城市规划方案的实践中，都体现了霍华德田园城市理论的思想。刘易斯·芒福德对霍华德的田园城市评价极高，将田园城市与飞机并称为 20 世纪初人类的两大发明。

（四）有机疏散论与新城建设运动

有机疏散论是美籍芬兰建筑师伊利尔·沙里宁在其《城市：它的发展、衰败与未来》一书中，为缓解由于城市机能过于集中所产生的弊病而提出的城市规划思想。它与赖特的"广亩城市"（Broadacre City）、"新城"建设运动，是 20 世纪初兴起的"分散主义"的典型代表。沙里宁认为城市的畸形集中会造成拥挤和混乱，以致平民区的扩散和城市的衰败，只有用有机的方法解决城市的疏散问题，才能使城市恢复有机秩序并产生持久的效果。他认为，城市作为一个机体，是与生命有机体内部秩序一致的，不能任其自然地凝成一大块，而要把城市的人口和工作岗位分散到可供合理发展的离开中心的地域上去。他还为有机疏散论提出了具体的实施途径，主张根据城市的功能和多种条件，把城市有机地分解和组合成城市的各个区域，各区由大小不同的建筑群体组成。他认为城市的建设是动态的，因此城市的布局要有足够的灵活性，以适应有机体的生长，而且集中群体还要通过建设绿地和其他措施得到保护，以保证它的环境质量。有机疏散论始终把合乎人情与方便生活作为主题，设想使城市既符合人类工作与交往的要求，又不脱离自然，使人们居住在一个城市和乡村优点兼备的环境中。沙里宁的大赫尔辛基改建规划就是运用有机疏散论的成功佳例，大底特律、大芝加哥等分散规划方案都或多或少地受到有机疏散论的影响。

"新城"建设运动明显地受到霍华德田园城市思想及沙里宁有机疏散论的影响。这里以美国马里兰州的哥伦比亚为例，总结一下新城建设的思想。哥伦比亚新城建设的指导思想是基于这样一种价值观："最成功的社区应该是通过其具体形式、它的机构和它的工作，最大限度地促进人的发展的社区。"[14]具体目标包括：① 创造一个为人民工作、为人类的发展提供滋养的社会和物质环境；② 在建设的同时，要保持和提高土地的质量；③ 在开发和出售土地中获取利润。

莫顿·霍本菲尔德具体承担了哥伦比亚新城的设计。他认为，"一个好的城市环境并不止是一个在官能满足和功能效率方面是高水平的环境，而且本质上应该是一个最佳选择的场所，当代生活中的许多需求和舒适享受随时可以得到满足。""我们的目标是一个真正平衡的社区，每个居民都有工作的机会，每种工作的人都有住房，住房和公寓在大小和价格方面有广泛的选择余地，而且这是生活、工作、购物、娱乐在同一个地方的一种机会，也就是说，一种新的生活方式。"参与哥伦比亚设计的，不仅包括通常的城市设计专家——建筑师、工程师、城市设计家、不动产开发人员和其他技术人员，还包括管理、家庭生活、社会学、经济、娱乐、心理学、住房和交通等方面的专家。哥伦比亚有一个设计理念非常值得其他城市借鉴，即城市不仅为人民服务，而且以尊重和顺应环境的方式为人民服务。即在强调以居民为中心的同时，也尊重土地等自然环境。例如其设计者之一莫顿·霍本菲尔德就认为，为了保留一棵大树，道路可能改向或分叉。

有机疏散论和新城建设运动，不仅在理论上获得广泛的认同，而且在实践上也取得了空前的成功。其思想和实践对生态城市概念和思想的产生具有重要的促进作用，也为生态城市的建设实践提供了重要的借鉴价值。

（五）城市社会学与芝加哥学派

城市社会学是用社会学的理念、理论、方法和观点来分析、研究城市和城市社会的社会学分支学科。在一个多世纪的发展过程中，城市社会学产生了多种思想和流派，其中对生态城市的产生和发展影响比较大的主要有：迪尔凯姆的有机团结论、佩里的"邻里单位"和美国芝加哥学派的人类生态学。

迪尔凯姆认为，人类的生活模式可分为相互对立的两种方式：机械团结和有机团结。机械团结是指在共同信仰和生活习惯、共同仪式和标志的基础上建立起来的社会联系。介入这种团结的人几乎是同质的，他们无意识地联系在一起，所以是机械的。而有机团结是以人与人之间的差别为基础的社会秩序，它是现代城市的特征，依赖于复杂的劳动分工，使居民有获得更多自由、更多选择的可能性，因而是有机的。迪尔凯姆认为，分工的真正意义在于使人们之间产生友爱、合作与团结。他强调，虽然城市会产生很多问题，但有机团结是优于机械团结的。虽然迪尔凯姆的这种划分过于绝对，城市远非这么简单，但是城市社会有机性的思想对生态城市社会生态的协调和建设具有重要的启迪意义，是城市社会生态研究的出发点。

"邻里单位"是社会学和建筑学结合的产物，是美国人佩里于1929年提出的概念。佩里主张以城市干道所包围的区域作为基本单位，建成具有一定人口规模和用地面积的"邻里"。其中布置住宅建筑、日常需要的各项公共服务设施和绿地，使居民有一个舒适、方便、安静、优美的居住环境，并在心理上对自己所居住的地区产生一种"乡土观念"。邻里单位规划的基本原则是：① 为使小学生上学不穿越交通干道，邻里单位的人口规模和用地面积以小学的合理规模来计算和控制。② 为满足居民日常生活和社交活动的需要，邻里单位内配置商店、教堂、图书馆和公共中心。商业中心一般设在邻里单位外围交通方便的地方。③ 道路系统应保证邻里单位内交通畅通和便捷，限制外部车辆穿越，以保证居住区的安全和安静。④ 居住房屋的布局应有最佳朝向和合理间距。

第二次世界大战后，西方国家把邻里单位作为住宅建设和城市改建的一项准则。但从20世纪60年代开始，一些社会学家认为邻里单位不尽符合现实社会生活的要求，因为城市生活是多样化的，人们的活动不限于邻里。邻里单位又逐渐发展成为社区规划理论，强调城市不仅要从建筑角度组织住宅布局，而且要根据错综复杂的社会生活内容，把住宅区作为社会单位加以全面规划。不可否认，邻里单位开创了城市社区研究和规划的先河，是以后所有城市社区研究的理论基础（佩里因此被称为社区规划理论的先驱），包括生态社区和生态城市的许多思想和观点都是由邻里单位而来的。佩里提出的邻里单位规划的基本原则，对于生态城市规划和建设具有重要的参考价值。

芝加哥学派的思想和观点也为生态城市研究提供了重要的参考和指导。芝加哥学派把城市看作一个由内在过程将各个组成部分结合在一起的社会有机体，并将生态学原理（竞争、淘汰、演替和优势）引入城市研究。认为城市的区位布局、空间组织是通过竞争谋求适应和生存的结果。竞争和适应（共生）是城市空间组织的基本过程，自然的经济力量把个人和组织合理地分配在城市的特定区位上，最终形成最佳的劳动分工和区域分化，使整个城市系统达到动态平衡。所以城市堪称秩序和和谐的典范。芝加哥学派还提出城市生态位的概念，用以指城市为满足人类生存所提供的各种条件的完备程度。一般而言，在空间上，城市中心是最佳位置，中心到其他各点的距离较近（这里的距离应是生态学距离，它与交通的时间和运输的成本有关），占据中心位置可以处于最有利的地位，可以获取最佳效益，有利于在竞争中取胜。寻找好的生态位是人们生理和心理的本能，人们向往生态位高的城市地区，这是城市发展的客观生态规律。伯吉斯据此提出了城市空间结构发展的同心圆模式，霍伊特提出的城市扇形模式及哈里斯和乌尔曼提出的多中心模式，则是对同心圆模式的改进。此外，芝加哥学派还注意到了社会价值观等文化因素对城市空间组织的作用，认为经济竞争从根本上决定城市空间的形成和变化，而文化因素或价值观影响城市空间的微观结构。认为城市决不是一种与人类无关的外在物，也不只是住宅区的组合；城市本身包含了人性的真正特征，它是人类的一种通泛表现形式。帕克更直截了当地说，城市是人性的产物。因此，城市规划和建设必须充分重视并尽可能体现城市的人性特点，这就是城市发展的"人本主义"思想。总之，芝加哥学派的核心思想就是：城市是一个有机体，它是生态、经济和文化三种基本过程的综合产物，是文明人类的生息地。这种思想成为后来城市社会学和城市生态学的主流思想，对生态城市概念的产生和研究的发展具有重要的促进作用。虽然芝加哥学派后来曾遭到一些人的质疑和批判，但近些年来，人类生态学重新引起人们的重视，在宏大的生态革命背景下，城市社会学的生态学派必然重新焕发生机。特别是在分析城市的社会问题和社会生态时，以芝加哥学派为代表的城市社会生态学仍然具有重要的指导意义。

（六）人居环境科学与城市规划思想的新进展

近些年来，以"人居环境"的概念，综合考虑建设问题的方法正不断为人们所接受，在理论上表现为人居环境科学的兴起。人居环境科学及其他城市规划思想的新进展，丰富了生态城市的思想，也为生态城市提供了新的理论支持。

人居环境科学是指"以环境和人的生产与生活为基点，研究从建筑到城镇的人工与自然环境的保护与发展的新的学科体系"。[15]它"强调把人类聚居作为一个整体，从政治、社会、文化、技术各个方面，全面、系统、综合地加以研究，而不像城市规划学、地理学、社会学那样，只是涉及人类聚居的某一部分或是某个侧面。"[16]这一概念起源于 20 世纪 60 年代道萨迪斯提出的"人类聚居学"。20 世纪 80 年代，吴良镛先生在人类聚居学的启发下提出了"广义建筑学"的概念，即要扩展传统建筑学的研究领域，在发挥建筑学技术优势的同时，注重对城市整体的研究，主张把建筑与城市结合起来考虑。他认为要将建筑的生命周期作为设计要素之一，发展着眼于人居环境循环体系的建筑学。对于城镇住区建设来说，就是要将规划建设，新建筑的设计，历史环境的保护，一般建筑的维修与改建，古旧建筑合理地重新使用，城市和地区的整治、更新和重建，以及地下空间的利用和地下基础设施的持续发展等，纳入一个动态的、生生不息的循环体系之中。这实际上是一种城市发展的动态观。吴良镛还在广义建筑学的基础上，提出了"大地景观规划"的概念。他指出，地景是一种社会文化资源，随着城乡建设的发展，不只是在有限的绿地上建造公园，也不只是着眼于一个城市的绿化系统，还要联系一个区域甚至整个国土的大地景物，进行大地景观规划，包括城市农业、城市森林、开敞空间的布局，江河、湖泊、海岸、名山的保护，等等。在以上研究的基础上，1993年8月，吴良镛先生正式提出了要建立"人居环境科学"的设想。

1976年和1996年，联合国分别在加拿大温哥华和土耳其伊斯坦布尔召开了人居会议，是人居环境科学的两个重要的里程碑。其中人居会议的中心议题是"世界城市化进程中的可持续发展的人居环境"与"人人应有适宜的住房"，这正是人居环境科学的基本宗旨。联合国人居中心是推动人居环境科学发展的重要力量。在1992年的联合国环境与发展大会上通过的全球《21世纪议程》，其中也有专门一章有关"人类居住环境建设"的内容。共有8个方面：① 向所有人提供适当的住宅；② 改善人类居住环境的经营管理；③ 推动可持续的土地利用规划与管理；④ 为居民提供配套的环境基础设施建设（包括供水、排水、环卫与固体废物处理）；⑤ 促进人类住区可持续的能源与交通系统；⑥ 推动灾害易发地区的人类居住区环境的规划和管理；⑦ 促进可持续的建筑工业活动；⑧ 推动为人类住宅环境建设所必需的人才资源与能力的培养。吴良镛先生认为这可以说是个近乎广义的"人居环境建设纲领"。

人居环境科学着重研究人与环境之间的相互关系，强调把人居作为一个整体，从政治、经济、社会、文化、技术等各个方面，全面、系统、综合地加以研究。人居环境科学特别强调城乡的整体性，认为城市与乡村是一个经济和社会体系中的两个部分，二者之间相互支持、相互作用。人居环境科学的宗旨是建设符合人类理想的聚居环境，这与生态城市的宗旨是基本一致的，因此人居环境科学的发展为生态城市建设提供了重要的理论基础。

近些年，除了人居环境科学之外，城市规划思想还有其他一些新的进展，特别是可持续发展思想在城市规划与城市发展战略研究中的引进与应用，对生态城市理论研究与现实实践都起了极大的促进作用。可持续发展的主旨在于经济发展与环境和社会发展相结合，实现人类社会的全面发展。这与生态城市的主旨是一致的。

以上六个方面，为生态城市概念和建设理念的产生做好了思想上的准备，也为生态城市的发展奠定了理论基础。

三、生态城市的理论基础

从对生态城市概念的探讨、对其思想渊源的追溯及对城市生态问题的分析中，我们可以看出，生态城市的全部理论基础，可以归结为 4 个方面：城市生态系统理论，可持续发展战略，区域整体化发展和城乡协调发展理论和经济、社会、文化、环境综合发展理论。

（一）城市生态系统理论

城市生态系统理论是指将城市作为一个生态系统来研究，用生态学和系统论的思想、方法来分析和研究城市问题，指导城市规划、建设和发展的理论体系，它是生态城市最基本的理论基础。城市生态系统理论，特别是其中关于生命与环境相互作用以及食物链、资源利用链结构和功能的理论，对于我们正确认识和分析城市问题，对于生态城市的建设和发展具有重要的指导意义。城市生态系统理论的内容是非常丰富的，从本课题的需要出发，我们必须把握其如下思想内容。

1. 生态系统

生态系统是在一定时间和空间内，生物与其生存环境之间以及生物与生物之间相互作用，彼此通过物质循环、能量流动和信息交换，形成一个不可分割的整体。可见，生态系统包括两部分：生物和非生物的环境，或称之为生命系统和环境系统。生态系统是整个科学史上非常精湛的一个经典概念，这一概念科学地揭示了生物与其生存环境之间、生物体之间以及各环境因素之间错综复杂的关系，包含着丰富的科学思想，是生态学中最重要的概念，是整个生态学理论发展的基础。可以看出，生态系统是一个内涵非常丰富的概念，从类型上说，一块草地、一片森林、一条河流等自然界的事物都可以看成一个生态系统；一片农田、一个村庄、一座城市也都是生态系统。从范围上看，小到一个生物体乃至生物体上的一个器官，大至一个区域乃至整个地球，都是一个生态系统。总之，只要有生物，就必然存在生态系统。

生物是生态系统中的能动因素，或称生态系统的主体。但在生态系统中，生物不是以个体的方式单独生存的，一般是同种生物以生物集合体的形式形成"种群"，作为一个有机的整体与环境发生关系。这样，生态系统中生物与生物之间的关系就有了两个层次：种群内部生物个体之间的关系和种群与种群之间的关系。种群内部生物个体之间的关系一般有两种：协作和竞争。协作是一时的和初始的，而竞争是永恒的和普遍的。特别是当种群密度较高，出现"拥挤效应"时，竞争会更加激烈。竞争的结果是"优胜劣汰，适者生存"。种群间的关系则十分复杂，但也可以归结为正相互作用和负相互作用两大类。在一定区域内的各种生物通过种内及种间这种复杂的关系，形成一个有机统一的结构单元——生物群落。严格说来，生物是以生物群落的形式与环境发生各种关系的。生态系统就是生物群落与无机环境相互作用而形成的统一整体。

环境是生态系统存在和发展的基础。环境是相对于主体而言的，不同的研究对象，其环境是不同的。环境中对生物的生命活动起直接作用的那些要素一般称为生态因子，包括非生物因子（如温度、光照、大气、pH 值、湿度、土壤等）和生物因子（即其他动植物和微生物）。

生物主体与环境生态因子直接的关系有以下 4 个基本特征：① 生态因子的综合作用。即每一种生物都不可能只受一种生态因子的影响，而是受多种生态因子的影响；各种生态因子之间也是相互联系、相互影响的，共同对主体发挥作用。这就要求我们在考虑生态因子时，不能孤立地强调一种因子而忽略其他因子，不但要考虑每一种生态因子的作用，而且要考虑生态因子的综合作用。② 生物与环境的关系是相互的、辩证的，环境影响生物的活动，生物的活动也反作用于环境。③ 生态因子一般都具有所谓的"三基点"，即最适点、最高点和最低点。每一种生态因子对特定的主体而言都有一个最适宜的强度范围，即最适点，生态因子的强度增加和降低对特定的生物都有一个限度，有一个最高限度和最低限度（即生物能够忍受的上限和下限），最高限度和最低限度之间的宽度称为生态幅，它表示某种生物对环境的适应能力。④ 限制因子，即环境中限制生物的生长、发育或生存的生态因子。

与生态系统紧密相关的一个极重要的概念是"生态平衡"。当生态系统各组成成分间彼此保持一定的比例关系，能量、物质的输入与输出在较长时间内趋于相等，结构和功能处于相对稳定的状态，在受到外来干扰时能通过自我调节和再生恢复到初始的稳定状态，生态系统的这种状态称为生态系统的平衡，简称生态平衡，实际上就是生态的可持续性。很显然，生态平衡是相对的、动态的平衡，其运行机制属负反馈调节机制，即当生态系统受到外来影响或内部变故而偏离正常状态时，系统会同时产生一种抵制外来影响和内部变故、抑制系统偏离正常状态的力量。但是，生态系统的自动调节能力是有限的，当外来影响或内部变故超过某个限度时，生态系统的平衡就可能遭到破坏。破坏生态平衡的因素有自然因素和人为因素。自然因素主要是各种自然灾害；人为因素则较复杂，是破坏生态平衡的主要因素。人为因素破坏生态平衡一般有 3 个途径：① 使环境因素发生改变，包括自然环境和人工环境的改变；② 系统主体即生命系统本身的改变，包括其结构的失调和功能的失序；③ 生态系统与外界能量、物质、信息联系的破坏。总之，生态系统的失调或称生态平衡的破坏，是生态系统的再生机制瘫痪的结果。要维持一个生态系统的平衡也必须维护其再生机制，使系统内资源和能源的消耗小于其资源和能源的再生（包括自身的再生产能力和外部再生产能力的输入）。

自然生态系统对人类建设生态城市启发最大的莫过于其物质循环和生产过程。一个没有外来干扰的自然生态系统一般进行着无废料的生产，即自然界资源循环的"生产者—消费者—分解者—生产者……"模式中，任一环节的作用双方都是同时具有权利和义务的实体，并没有绝对的主体观念。消费者吃掉生产者的行为本身已经包含了自身要被分解者"消费"，从而返回并服务于生产者。可见，生产者为消费者所尽的义务中包括了它通过分解者而对消费者的权利，生产者、消费者和分解者的循环序列互为所用，周而复始，大家都内在地包含了自然生态系统的内在目的，即进行无废料的生产，始终保持自然生态系统的适当平衡；生物圈又与周围的无机自然界进行着无废料的生产，从而使生态系统永续发展。人类社会应该追求这种理想的生态发展模式。

2. 城市生态系统

从生态学的角度看，城市是一种生态系统。首先，城市的物质基础是自然生态系统；其次，城市的整体是一种自然—人文复合生态系统，人类活动与其物质环境之间是一个不可分割的有机体；再次，城市与周围腹地、城市与城市之间存在着一种生态系统关系。但是城市生态系统是一种特殊的生态系统，这种生态系统具有一些不同于其他生态系统的特征。

（1）城市生态系统是以人为核心的生态系统。与其他生态系统一样，城市生态系统也是生物与环境相互作用而形成的统一体，只不过这里的生物主要是人，这里的环境也主要是包括自然环境和人工环境的城市环境。"城市人"和城市环境相互依赖、相互适应而形成一个共生整体。但在这一整体中，人是城市的主体，城市的各项建设都要以满足人的生理、心理需要为宗旨来进行。城市环境是服务于人的，而不是相反。当然，人并不是被动地接受环境的服务，而是要主动地利用环境，改善环境，要避免对城市环境的掠夺、损坏和污染，保持城市自然、社会、经济生态的平衡。

（2）城市生态系统是一个"自然—社会—经济"复合生态系统。城市生态系统从总体上看属于人文生态系统，是以人的社会经济活动为其主要内容的，但它仍以自然生态系统为基础，是人类活动在自然基础上的叠加。因此，城市生态系统的运行既遵守社会经济规律，也遵循自然演化规律。城市生态系统的内涵是极其丰富的，城市中的大气、土地、水、动植物、各种产业、文化、建筑、邻里关系、民俗风情等，都属于城市生态系统的构成要素。

（3）城市生态系统具有高度的开放性。每一个城市都在不断地与周边地区和其他城市进行着大量的物质、能量和信息交换，输入原材料、能源，输出产品和废弃物。因此城市生态系统的状况，不仅仅是自身原有基础的演化，而且深受周边地区和其他城市的影响。城市的自然环境与周边地区的自然环境本来就是一个无法分割的、统一的自然生态系统。城市生态系统的这种开放性，既是其显著的特征之一，也是保证城市的社会经济活动持续进行的必不可少的条件。

（4）城市生态系统的脆弱性。与自然生态系统不同的是，城市生态系统越复杂越脆弱。由于城市生态系统是高度人工化的生态系统，受到人类活动的强烈影响，自然调节能力弱，主要靠人工活动进行调节，而人类活动具有太多的不确定因素，不仅使得人类自身的社会经济活动难以控制，还因此导致自然生态的非正常变化。而且影响城市生态系统的因素众多，各因素间具有很强的联动性，每个因素的变动会引起其他因素的连锁反应，因此城市生态系统的结构和功能表现出相当的脆弱性。城市生态系统的脆弱性主要表现在城市的生态问题种类繁多而且日益严重。

① 城市生态系统的结构。

我们可以将城市生态系统简单地图示为 3 个亚系统（见图 1-1）。

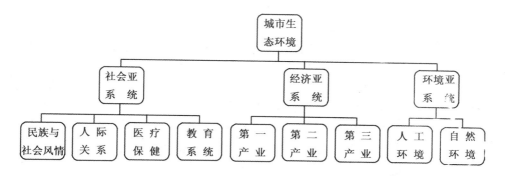

图 1-1 城市生态系统结构示意图

3 个亚系统及其子系统之间并无截然的界限，它们相互影响、相互融合，共同构成了统一的城市生态系统。在这个系统中，自然的力量似乎显得十分微弱，人们似乎逐渐离开自然环境而将自己的生活建立在科学技术的基础之上。但从本质上说，城市生态系统仍是生物与环境的关系问题，只不过这里的生物主要是人，环境的内涵也发生了变化，既包括自然环境，也包括人工环境。甚至更进一步可以说，城市生态系统就是人与自然的关系问题，因为人工环境也属于人的创造力。因此，城市生态系统具有生态系统的一般特征，它的发展和演进也遵循生态学的基本规律。城市问题的出现，主要是人与自然关系失调的表现，是人类的城市建设活动违背了生态规律的结果。

② 城市生态系统的功能。

城市生态系统既有生态系统的一般功能，也有其特有的功能。这里主要研究其特有的功能：a. 生产功能，即城市生态系统的经济功能；b. 生活功能，也可称之为社会功能；c. 还原功能，主要是其自然方面的功能；d. 文化功能，这是城市生态系统区别于其他生态系统的最主要的功能，它包括3个方面：一是文化记录，二是文化创新，三是文化交融。城市是社会最宝贵的文化产物，多数城市都拥有构成其社会历史和文化主要部分的建筑物、街道、格局和社区，以及丰富多彩的观赏与装饰艺术、音乐、舞蹈、戏剧、文学，这些正是人类文化的生动记录。城市里集中着人类的绝大部分的科研机构、大学以及文化机构，大学文化功能是其他任何地域所无法比拟和不能代替的。几乎所有的"新文化"都产生于城市，这说明城市是文化创新之地。"城市好比社会发展的催化剂，它在居民中传播新的文化和思想。"[17]城市把知识、思想、经验逐渐积累起来，并整理加工、组织成为一种约定俗成的生活秩序；同时，把这种新的生活秩序逐渐传播到邻近地区去。而且由于城市之间的交流与交往，各城市、各地区文化相互影响，相互交流，相互融合，这也是其他生态系统所不具有的功能。

③ 城市生态系统的物质和能量运行。

由于城市生态系统的复杂性和不确定性，关于城市生态系统的物质和能量的运行状况研究很难开展，研究成果也很少。目前研究较为成熟的是"城市代谢分析"。城市代谢分析一般是通过对被认为是城市代谢的基本单位——家庭——的研究而展开的，因此又被称为"城市家庭代谢分析"，其目的是通过对家庭消费和废物排放的研究，探讨城市物质流动的规律。物质流的计算单位可确定为基本化学成分单位（如碳、磷、硫、氯、铝、铁、铜、锌等），按其性质不同可分为供应流和（废物）排放流。供应流的数据可以从统计年鉴和通过市场调研得到，而排放流主要是垃圾和废水，其数据可从市政统计中或直接从垃圾处理场及污水处理厂收集。瑞士学者曾经对瑞士小城圣加尔进行家庭代谢分析，结果显示：从对环境的影响来看，城市家庭消费量最大的是与"居住""运输与交通"相关的能源类产品。运输与交通活动，尤以汽车为甚，消耗掉大量的资源。因此要把汽车的使用降到最低限度，缩短物资供应地和废弃物堆放场之间的距离，资源应在更为有限的空间内进行更为集中的循环。研究者认为："这样的改变需要几十年时间内对城市物质的、经济的和社会的各方面提出新的战略改组"[18]。

3. 城市生态系统是耗散结构

耗散结构理论是比利时科学家普里高津于1969年提出的。该理论指出，一个远离平衡的开放系统（力学的、物理的、化学的、生物的乃至经济的、社会的系统），通过不断与外界交换物质和能量，在外界条件的变化达到一定的阈值时，可能从原有的混沌无序的混乱状态，转变为一种在时间上、空间上或功能上的有序状态，这种在远离平衡情况下所形成的新的有序结构，称为"耗散结构"。

为了更好地理解耗散结构理论，必须引入一个热力学概念——熵

（entropy，通常用 S 表示），它是指一个系统中不能再转化用来做功的那部分能量的总和。通俗地讲，熵就是"无用"的能量，它代表能量在一个系统中分布的均匀程度及系统无序状态的度量。系统放出能量，则熵值增加，系统从有序到无序，熵值最大时就是系统处于死亡状态；系统从外界获取能量，则熵值减少，或称负熵增加，系统从无序到有序。一个系统的熵值的变化可用下式表示：

$$dS = d_e S + d_i S \qquad\qquad (1-1)$$

式中 dS 为总熵变，$d_e S$ 表示在系统边界上（与外界之间）熵的传输，$d_i S$ 为系统内部不可逆过程产生的熵增加值。$d_i S$ 永远是非负数，即 $d_i S \geqslant 0$，而且只有在可逆过程中才会出现 $d_i S = 0$ 的情况。因此，一个孤立的系统（不与外界产生交换）其熵值是增加的，要维持系统的稳定有序状态，就要使熵值不增加，即 $dS \leqslant 0$，或 $d_e S + d_i S \leqslant 0$，或 $d_i S \leqslant -d_e S$。即系统输入的负熵流要大于或等于系统产生的熵流。耗散结构的存在是以负熵流的源源不断的输入而又大于或等于系统内部熵增为条件的，也就是说耗散结构必须是开放系统，要不断地与系统外界进行能流、物流和信息流的交换。

"一个开放系统的例子是城市。它明显地是一个进入食物、燃料、建筑材料等的中心，同时又送出制成的产品和废料"。[19] 可见，城市生态系统是一种典型的耗散结构，它的维持需要从系统外不断地输入负熵流，现代城市必须与外界进行广泛的联系才能生存。而且城市生态系统的目标不仅仅是维持，而是越来越有序，以满足人们对生活质量越来越高的要求。也就是说城市生态系统的熵值不能增加，熵变必须小于零，负熵值要大于熵增，即 $-d_e S \geqslant d_i S$。这是实现城市生态系统良性运转和发展的前提条件。但是，对每一个具体的城市生态系统而言，能够输入的负熵流是有限的，因此它给熵增规定了一个最高限度，一旦输入的负熵流小于系统内部熵增加值，城市就会出现无序和混乱直至衰落。也就是说，一个城市必须把自身的能量、物质消耗控制在一定的范围之内，把人口规模和生产规模控制在一定的范围之内。

4. 城市社会的演变规律

在城市生态系统中，城市社会的演变极为复杂，更难把握，因此在研究城市问题和建设生态城市的过程中，要特别关注社会生态的状况和演变。城市社会中有太多的不确定因素或称模糊因素。与乡村社会相比，城市社会具有以下几方面特点：① 复杂性。城市是人口及各种人文因素高度集中的地方，是多元文化交汇、多民族混合、多种社会组织并存之地，其社会构成必然复杂。② 行为的分化。由于人口来源多而混杂、社会阶层复杂，因而都市中的行为标准是多样的、相对的、游移的、分化的，很难统一。③ 社会分工明细，社会组织发达；④ 人际关系疏远，除家庭外，社会接触大都是间接的。⑤ 社会问题相应增多。由于种族、民族、文化等的混杂，以及都市生活的紧张与人口压力，都市中的变态现象与冲突等较多，从而所引起的社会问题也相应增多。

　　然而，这并不是说城市社会的演变毫无规律可循。许多学者通过长期的观察、分析和研究，不断总结出城市社会演变的一般规律。例如，心理学家斯坦利·密尔格拉姆在研究现代城市社会时，提出了著名的"心理超载"理论，认为人们面对林林总总的都市生活，没有能力去处理那些接踵而来的感知和认识信息，便通常采用一种适应心理超载的新方式，进而导致社会生活规范的演化。城市生态学家从植物生态学引申发挥，认为人类社区的发展与消亡，生态学因素起着决定性作用，社区结构的嬗递就像在植物群落中更替现象是入侵现象的后果一样，在人类社区中所出现的那些组合、分隔、结社等，也都是一系列入侵现象的后果，这就是所谓的"侵犯与接续"原理。而系统理论学者则把社会结构比作赫胥黎之桶，桶是有限的，丰富多彩的社会生活是无限的，附着在结构上的社会生活的增长，迟早会使相对固定的结构与它容纳的生活不相适应，社会结构这只赫胥黎之桶就会被无限增长的社会生活所填满，直至被撑破，从而形成新的社会结构。社会学家则强调人的精神在社会环境及其演变中的能动性和主宰。"构成社会环境的因素有两种：一种是人，另一种是事物。关于事物，除了那些与社会组织无关的物质以外，只是一些以往社会活动的产物，诸如法律、风俗习惯、建筑、艺术等。这些事物虽然是构成社会的因素，但是它们既没有包含变革社会的原功力在内，也不存在决定社会变化的力量。不过，要说明社会变革的原因和结果，必须拿它们作为参考。""那么社会进化的主动因素、活跃因素，就只能在人本身这一方面。""个人结合成社会，不仅要在物质上结合起来，而且要有精神上的结合，如果仅仅有物质上的结合而没有精神上的结合，这种结合往往徒有虚名"[20]。

　　近些年，人类生态学关于城市社会的演变规律研究较多，人类生态学认为社会演变的动力来自环境的变化，正确的环境观应当是：人类不仅要保护自然，更重要的是要建立一个与自然相和谐的生态化的社会。生态社会的基本单元是"生态社区"。生态社区是建立在生态平衡、社区自治和民主参与的基础之上的，具有一定人口规模的、可持续的住区。人类生态学特别重视城市对于人类社会的意义，认为城市为活跃的政治文化和热情高涨的市民提供了一个生态的和道德的舞台。

　　上述各种关于城市社会演变的理论，虽然其具体思想有所差异，但它们都强调了城市环境对城市社会的深刻影响。"正如《人类环境宣言》（1972）指出的：人类是他的环境的创造物，……环境给人以维持生存的东西，并给他提供了在智力、道德、社会和精神等方面获得发展的机会。"[21]环境是通过影响个人的性格和思想进而影响社会的。德国心理学家勒温曾对这种人与环境的互动关系提出了一个非常著名的公式：

$$B = f(PE) \tag{1-2}$$

式中 B 代表行为，P 代表人格，E 代表环境，意思是人的行为是人格特征和环境影响的函数。这个公式形似简单，却生动地表达了人与社会环境之间无比复杂的动态关系。当然，这个公式并不是一个数学计算式，而是一个理论表达式。实践也证明，人的性格与其生活的环境有着密切联系，例如由于高层公寓的封闭性，使住在高层公寓里的人在心理上也具有孤独、封闭的倾向；由于绿色植物给人以宁静、和平、生机盎然的感觉，绿化比较好的社区，邻里、家庭关系就比较和谐，而那些绿色植物比较少的社区，邻里关系一般较差，家庭暴力也比较多。2000 年 2 月，在北京召开的"跨世纪行动——孕育 21 世纪大脑"系列研讨会上，心理学家、精神卫生学专家指出，拥挤的城市空间正在影响孩子们的大脑发育。北京医科大学精神卫生研究所对北京地区 1994 名智力正常的学龄儿童进行调查，发现有 35.9% 的孩子存在轻度感觉统合失调，重度失调者为 10.3%，而多动症者为 5.7%。专家分析指出，儿童感觉统合失调呈上升趋势，与城市空间越来越拥挤密切相关。越来越多的独生子女被分隔在小家庭中，由于居住环境的局限，孩子本应有的摸爬滚打、蹦蹦跳跳等行为发育的自然历程被人为地破坏，导致孩子脑前庭功能发育不完善，造成孩子一长大后不仅出现计算、阅读、运动技能障碍，不会与人交往，引发"高智商，低成就""高分低能"等现象。

其实，自古以来就十分重视空间环境对社会发展和行为活动的作用。我国古代的"孟母三迁"就是著名的例子。现代城市规划学、心理学、建筑学等都开始注重研究空间环境对人的行为活动的影响。

近年来，一些社会学、人类学、政治学等领域的学者，还经常用"市民社会"这一概念来分析国家和城市的社会问题。市民社会（Civil Society）一词的含义，可上溯至古希腊先哲亚里士多德所指的一种"城邦"（即 Polis），后来这一概念被广泛引用，其含义也发生了一些变化，甚至在某些时候出现了意义上的混乱，但一般是指"国家控制之外的社会和经济安排、规则、制度""介于严格定义的公共领域与私人领域之间，通常兼具二者的特点。至少在西方，人们对它的认识大致如此"[22]。哈贝马斯认为，在由公共的、市民的、私人的一组概念构成的政治术语中，"市民"经常是一个中间概念，在市民社会与国家之间存在着对立关系，在市民社会与私人领域之间也同样存在着对立关系。近一二十年间，市民社会理念在理论界又成为一个热点问题而得以复兴和拓深，几近形成一股可以称为全球性的"市民社会思潮"，我们研究和分析城市社会，不可忽略这一概念和思想。

美籍华裔学者黄宗智认为，"市民社会"等概念，就其被运用于分析中国时的用法而言，预设了一种国家与社会之间的二元对立，因此他不主张在中国使用"市民社会"的概念并运用其思想，认为"国家与社会的二元对立，是从那种并不适合于中国的近现代西方经验里抽象出来的一种理想构造，我们需要转向采用一种三分的观念，即在国家与社会之间存在着一个第三空间，而国家与社会又都参与其中。"[23] 我们认为黄宗智先生的观点是符合我国实际的。因此，我们在探讨城市社会生态的运行和演变时，不能采取非此即彼的分析式的思维方式，而要在社会与政府之间寻找有效的沟通渠道和桥梁。最近，我国学术界又引进了一个新的社会（经济）概念——"第三部门"，是指介于政府组织和营利组织之间的各种非营利性的民间组织。无论是第三部门还是第三领域，如果落实在现实中，它们的内容和形式都具有很强的一致性，它们都强调一种存在于政府与社会之间的，并同时受二者影响的社会组织。这种社会组织的合理存在并有效发挥作用，是社会生态良好运行的重要保证。"从城市和建筑角度来看，明确国家与市民社会的概念区分，并在二者之间搭起过渡之桥，有助于创造丰富的市民空间。"第三部门或第三领域正是国家与市民社会之间的过渡之桥。建设生态城市，其主要目标在于创造良好的、和谐的市民空间，因此必须有第三部门或第三领域的良好发育。

（二）可持续发展战略

可持续发展是 20 世纪 80 年代出现的重要的战略思想，目前已为全世界所普遍接受，并逐步向社会经济的各个领域渗透，成为当今社会最热点的问题之一。可持续发展思想起源于人类对能源危机、资源危机、粮食危机、生态危机等人类所面临的各种危机的反思。作为一个有明确定义的概念，是在 1987 年发表的世界环境与发展委员会的报告《我们共同的未来》中提出来的，意即既满足当代人的需要又不损害后代人满足其需要的能力的发展。1992 年 5 月召开的联合国环境与发展大会通过了全球《21 世纪议程》，使可持续发展成为指导世界各国社会经济发展的共同的战略。

可持续发展战略旨在促进人类之间以及人类与自然之间的和谐，其核心思想是：健康的经济发展应建立在生态可持续、社会公正和人民积极参与自身发展决策的基础上。具体体现为 3 个原则：① 公平性原则，包括本代人的公平、代际间的公平以及资源分配与利用的公平；② 持续性原则，即要求人类的经济和社会发展不能超越资源与环境的承载能力；③ 共同性原则，即可持续发展需要全球的联合行动。

为了达到上述 3 个原则的要求，世界环境与发展委员会提出了 7 个方面的支持体系：① 保证公民有效参与决策的政治体系；② 在自力更生和持久的基础上，能够产生剩余物资和技术知识的经济体系；③ 为不和谐发展的紧张局面提供解决方法的社会体系；④ 尊重保护发展的生态基础的义务的生产体系；⑤ 不断寻求新的解决方法的技术体系；⑥ 促进可持续性方式的贸易和金融的国际体系；⑦ 具有自身调整能力的灵活的管理体系。

根据可持续发展战略的3个原则和7个体系，并考虑生态城市的特点和要求，我们应从可持续发展理论中得到以下几方面的思想观念。

（1）正确的自然观。自然是一个有序的生态系统，人只是这个系统的一分子。人类的生存，一刻也离不开自然。从整个地球生态系统的食物链来说，人类是异养性和噬食性的，接近于复杂的自然界食物链的末端，无论人类的技术怎样高超，永远不会超脱于自然界的束缚，永远保留着对自然的依赖性。这就是说，人类必须把自己放在生态系统中来认识，深刻认识自己只是自然界的一部分，要学会尊重自然和自然规律，妥善处理人类自身与赖以生存的环境之间的关系。人与自然环境组成一个相互作用的有机系统。其中，人固然对这一系统的发展有着重要的主观能动作用，但自然环境也制约着人的行动。人类必须自觉控制自己的活动，合理开发和利用自然资源，协调经济发展与生态环境保护的关系。

（2）全面的环境观。可持续发展说到底是强调人与环境之间的持久和谐的关系。人类与环境相互影响、相互作用，共同构成了世界的全部。"人类生活，总是根植于人与人造物的世界之中，这个世界是它永远不可能脱离或彻底超越的。人与物构成了人的每一项活动的环境，离开了这样的场所，人的活动便无着落；反过来说，离开了人类活动，这个环境，即我们诞生于其间的世界，同样也无由存在。人的活动创造了环境（如制造品），照应着环境（如耕地），通过组织建立起环境（如政治共同体）。"[24] 可以看出，人类的环境是个综合性的概念，自然只是其中的一个方面，它还包括各种人文环境。可持续发展强调人与环境的和谐，不仅仅指人与自然的和谐，还包括人与人、人与历史环境、人与文化景观的和谐。仅有人与自然的和谐，仅有自然环境的优美，对于城市来说是片面的，是不能建设成生态城市的。

（3）生态的历史观。所谓可持续，不仅要向前看未来，而且还要向后看历史。对于可持续发展的生态城市来说，历史不是一种已经逝去的无生命的、僵化的东西，而是城市生态系统的一部分，是城市生命体系的一部分，是一种生态形式。研究一个社区和城市的历史及体现其历史的建筑、文化、社会，应该将它目前的状况与过去的历史联系起来加以考虑，这样才能了解它的优点和它的潜力，并据此对其加以维护、更新、修改、发展和完善，使城市的发展既不脱离历史的脉络，同时又能充分满足当代的需要和时代的趋势。这种将历史、现在和未来完满结合起来的城市才具有完整的生命体系，才是真正的生态城市。

（4）客观的技术观。技术是人与自然的中介，是社会系统的构成要素。作为硬件，技术掌握在人们的手中；作为软件，技术已内化到人们的思维方式中。它不仅作为人们的活动过程处处发挥自己的力量，而且作为人们活动的结果，处处留下自己的烙印。今天，科学技术日益成为一种强大的生产力，为人类认识和改造自然提供了锐利武器。然而，技术也是一把双刃剑，它在给人类带来发展和繁荣的同时，也为毁坏人类及其文明提供了条件和手段，特别是导致生态环境恶化的一个重要原因。承认技术的两重性，将为正确处理人与自然关系扫除一个思想障碍，使人们切实懂得技术固然有改天换地的威力，但它的运用必须在有利于保持正常生态环境的限度内。离开整体生态环境的维护与平衡，技术在每一个单独领域内的任何成就，都可能变得毫无意义，甚至危及人和自然的发展。正如《21 世纪城市规划师宣言（草案）》所告诫的："必须以城市居民利益为标准，来决定新技术在城市中的运用。我们应摆脱只要依靠技术的不断进步，就可以解决一切城市问题的幻想。历史证明，新技术在为我们解决原有城市问题的时候，往往带来需要解决的新的城市问题。把科学技术进步与保护人类传统生活方式和传统文化遗产和谐起来，让城市成为历史、现实和未来的和谐载体。"[25]

（5）高效的经济观。经济发展是一切发展的基础，在人类社会的全面发展中居于中心的地位。因此可持续发展并不否定经济的发展，而是强调经济发展的模式必须是高效的、集约的和可持续的，要改变过去那种资源型的、粗放的、不可持续的经济发展模式。要优化资源配置，节约资源消耗，减少废物产出，实施清洁生产和文明消费。这就是要发展生态产业、生态经济。

（6）公正的社会观。建立公正的、平等的社会是可持续发展的主要目标。没有公正的社会，经济的发展、自然环境的改善都将大为逊色，也违背了其宗旨和目的，甚至可能失去其真正的意义。

（7）全球观。整个地球就是一个生态系统，地球上的每一个角落都不可能孤立于地球生态系统之外。因此，可持续发展从根本上说是对于整个地球而言的，必须依靠全球性的行动才可能实现真正的可持续发展，这就是可持续发展的全球观。可持续发展的全球观要求生态城市建设也必须有全球观。

可持续发展战略被认为是人类求得生存与发展的唯一可供选择的途径。它是对传统发展观的反思和创新。以工业化和经济增长为主要内容的传统发展观，对人类文明的发展起过巨大作用，但也蕴涵着深刻的矛盾和冲突。它乐观地看待由于科学技术发展和工业化引起的经济增长，却没有预见到由此引起的生态环境恶化；它改变了人对自然的盲目崇拜，却又将人类引入一味征服、主宰自然的另一种幼稚和盲目。可持续发展战略强调人类应享有以与自然相和谐的方式、过健康而富有生产成果的生活的权利，并公平地满足今世后代发展与环境方面的需要。它有两个明显的特征：① 可持续性，即发展对现代人和未来人需要的持续满足，达到现代与未来人类利益的统一；② 协调性，即经济和社会发展必须限定在资源和环境的承载能力之内，达到经济、社会与资源、环境的协调发展。由此可见，可持续发展的思想表达了发展与限制，社会、经济与环境，当代（眼前）与后代（长远），以及地方与区域、全球之间辩证统一的关系。它对于我们进行城市的规划和建设具有重要的指导意义。

（三）区域整体性和城乡协调发展理论

城市本身是一个巨系统。城市化进程的加快，城市化地区向周围乡村地区的蔓延，城市问题的不断出现并日益严重，加大了城市规划建设和管理的难度。因此，出现了城市在发展过程中需要与周边城市和乡村地区相协调的思想，即区域整体性理论。

区域整体性是美国建筑理论家和城市规划家刘易斯·芒福德在 20 世纪初提出的。他认为区域是一个整体，而城市只是其中的一部分，所以"真正成功的城市规划必须是区域规划"，必须从区域的角度来研究城市。强调把区域作为规划分析的主要单元，在地区生态极限内建立若干独立自存又相互联系的、密度适中的社区，使其构成网络结构体系。他对斯坦因的"区域城市"理论倍加赞赏，也极力推崇亨利·莱特的纽约州规划的设想。实际上，在霍华德的田园城市理论中就有了区域整体发展的思想。霍华德的城乡结合思想及其"社会城市"群落的组织设想都包含了重要的区域思想。盖迪斯在《进化中的城市》一书中提出的"集合城市"，也体现了区域规划综合研究的思想和方法。沙里宁的"有机疏散论"、赖特的"广亩城市"等，也都具有区域整体发展的思想。

对于城市的规划和发展而言，所谓区域整体性主要是城乡的一体性，或者说区域整体性的关键在于城乡的协调发展。自从城市诞生起，城乡对立就成为人类社会的主要矛盾之一。马克思说："城乡之间的对立是随着野蛮向文明的过渡、部落制度向国家的过渡、地域局限性向民族的过渡而开始的，它贯穿着文明的全部历史直至现在。"[26] 消除城乡对立也一直是许多思想家以及普通人的理想。马克思主义所设想的共产主义，就把消灭城乡差别作为奋斗目标之一，并为这一目标找到了现实的理由。"消灭城乡对立不是空想，……消灭这种对立日益成为工业生产和农业生产的实际需要。"[26] 在 1878 年出版的《反杜林论》中，恩格斯进一步指出："城市和乡村的对立的消灭不仅是可能的，它已经成为工业生产本身的直接必需，同样它也已经成为农业生产和公共卫生事业的必需。只有通过城市和乡村的融合，现在的空气、水和土地的污染才能排除，只有通过这种融合，才能使目前城市中病弱的大众把粪便用于促进植物的生长，而不是任其引起疾病。"因此，恩格斯主张未来的人类居所"将结合城市和乡村生活方式的优点，而避免二者的偏颇和缺点"。布罗代尔也认为："城市和乡村从来不会像水和油一样截然分开：同时兼有分离和靠拢，分割和集合。""农村和城市'互为前景'；我创造你，你创造我；我统治你，你统治我；我剥削你，你剥削我；依此类推，彼此都服从共处的永久规则。"[27] 因此，城市与乡村的融合是社会发展的必然归宿，也是城市发展的理想形态。将来城市的发展，必然是城乡结合型的，城市和乡村的差距要逐渐消逝。斯宾格勒在《西方的没落》一书中，则从反面论述了城乡隔离所造成的严重后果："于是，以前那种真实的、土生土长的人类萎缩了，代之以一种新的流浪者，不安地粘附在流动的人群之中，这便是寄生性的城市居民。……这一变迁，是文化走向无机、走向终结的一大步。"[28]在斯宾格勒看来，城乡隔离不仅是一种自然和经济的不合理，而且将造成整个人类文化的衰败直至终结。

城乡协调和融合实际上是强调城市与自然的有机融合，人与自然的和谐共生。城市在其发展过程中曾一度陷入否定自然、唯我独尊的状态。城市一直是想要成为一种不同于自然、超乎自然之上的事物。那些高耸入云的屋顶角墙，那些巴洛克式的圆顶建筑、尖塔，与自然毫不相干，也根本不想与自然发生关系。历史证明，没有一个美好的自然环境，就没有一座良好的城市。回顾历史，中国文化中心的辗转和变迁，雄辩地说明城市文化与生态环境的依赖性。中国西部有多少城市由于其周边生态环境的恶化而逐渐衰退，甚至沦为废墟。如著名的交河、高昌、楼兰、米兰等古城。因此，离开了自然环境的支持，城市就失去了生命力。城市是一种高度人造的文化环境，它本身的自然环境在强大的人为力量面前显得十分脆弱。因此，城市所能依赖的自然环境主要是其周围的乡村地区，或者说是城市所在的区域。

城市从乡村的环境中继承了养息生命的功能，并以乡村、远近郊区和更大范围的区域腹地作为活力的源泉。霍华德更是强调乡村对于城市的重要性，他盛赞乡村是一切美好事物和财富的源泉，也是智慧的源泉，是推动产业的巨轮。那里有明媚的阳光、新鲜的空气，也有自然的美景，是艺术、音乐、诗歌的灵感由来之所。芒福德曾借用美国地理学家杰弗逊的话说：城市和乡村是同一回事而不是两回事，如果说哪个重要，那么乡村比城市更重要。他提倡大中小城市相结合，城市和乡村相结合，人工环境和自然环境相结合。芒福德提出，应更多地将目光转向农村地区，而不能继续将农村当作从属于城市的附属品来看待。城乡融合就是要建立兼居城乡之利而避其害的人居环境。就像霍华德所说的：城市和乡村都具有各自的有利条件和不利因素。城市的有利条件在于有获得职业岗位和享用各种市政服务设施的机会，不利条件为自然环境恶化。乡村有极好的自然环境，但是乡村中没有城市中的物质设施和就业机遇，生活简朴而单调。因此应当使城乡相互融合，创造兼居城乡特点的人居环境。法国社会学家孟德拉斯通过研究法国农村的变化得出结论：在乡村社会走向城市化的时候，城市生活却变得更加乡村化。这说明就像城市生活吸引乡村居民一样，乡村生活对城市居民也具有很大的吸引力。

城乡融合，有利于城乡统一的生态系统的形成和良性运转。从物流来看，乡村土地可向城市居民提供食品和清新的空气，而城市的有机废物则可转化为饲料或肥料，被乡村土地消化和吸收，这样就形成了一个有机的物质循环圈。从人流来看，乡村与城市之间更容易实现人员的交流和感情的交流，从而有利于整个社会的融合与协调。因此，从根本上讲，区域整体性和城乡协调发展理论也是来自于生态学的思想。将城市生态系统与自然生态系统的能量流动特点加以对比可以看出，在形式上它们是完全不同的。自然生态系统中的能量流动遵循"生态学金字塔"规律，即食物链各营养级的生物产量由低级到高级呈金字塔式递减。而在城市生态系统中，人成了生态系统的主体，其营养关系呈倒金字塔型。城市生态系统的这种倒金字塔型的营养级结构，决定了城市生态系统本身不可能是一个自我封闭、自我循环的系统。也就是说城市不可能自己解决城市生产和生活所需的物质和能量，城市生产和生活的代谢物也不可能在城市内部分解与转化。城市生态系统必须建立在全方位开放的基础上，它的生成与发展都必须以农村作为依托。为了维持数量众多的城市居民的生活，保证城市生产的正常进行，城市必须不断地从农村输入各种生活、生产所需的物质资料，同时城市生活、生产所产生的各种废物也必须输送到农村去加以分解和转化，从而实现人与自然的正常循环和转化。否则，城市就要因为不能实现人与自然的正常循环而走向灭亡。

区域整体性理论还包括相关城市之间的协调与合作。德国经济学家李斯特在总结欧洲经济史的经验时指出："意大利在12和13世纪时是具有国家经济繁荣的一切因素的，在工业和商业方面都远远胜过其他一切国家。对别的国家来说，它的农业和工业是起着示范作用的。……意大利这样显赫一时，却独独缺少一件东西，它缺少的是国家的统一以及由此而产生的力量。意大利的许多城市和统治势力并不是作为一个团体中的成员而存在着的，而是像独立的国家那样，一直在进行着互相残杀、互相破坏的。"[29]虽然李斯特所说的情形离我们很遥远，但它实际上告诉我们一个永恒的真理：城市是不能孤立存在的，城市之间需要团结与协作。

当然，对于城市建设的区域整体性理论要有正确的认识和恰当的理解，要把握其精神内涵。既要站在区域的高度和角度来看待城市的存在和发展，又不能脱离城市而过分地强调区域。以区域整体性理论为指导来进行城市规划，有利于城乡建设规划的统筹和融合，有利于形成合理的城镇网络，有利于疏散大城市的功能，有利于改善区域生态环境和实现区域生态系统的良性运行。但是区域整体性是以城市为核心的，必须以城市作为研究和规划的出发点。钱学森先生曾指出："所谓把城市规划和建设一直扩大到国土的整治和建设是不对的，因为那是又一门学科，是地理科学的事。""城市建设是要讲生态，但不能一讲生态就扩大到地区和整个国家。"[30]我们理解钱老并不是否定应该用区域观看待城市，而是强调城市研究，城市科学不能脱离城市而去研究区域，城市规划和建设的区域观是城市科学与地理科学的交叉和结合。钱老的观点还启示我们，不能过分地强调城市的区域分散性而忽视城市的集聚效应，像广亩城市要求每个独户家庭的周围有一英亩土地，生产供自己消费的食物，不用汽车作交通工具，居民过庄园式的生活。这种过分强调城市区域性的设想，背离了现代社会发展的要求，也缺乏现实的可操作性。

区域整体性理论已在实践中获得一定的成功，这一理论的运用有利于形成区域性的、统一的生态系统，有利于为城市生态系统建立良好的区域基础。法国、英国、美国分别在大巴黎地区、大伦敦地区、纽约大都市地区的规划中进行了较为成功的尝试。我国的一些城市或地区，也在尝试以区域整体性理论为指导进行规划和发展。例如吴良镛先生主持的沪宁地区规划，大北京地区城乡空间发展规划等。

（四）经济、社会、文化、环境综合发展理论

经济、社会、文化、环境综合发展理论实际上是城市生态系统理论的演化。就是"把规划的城市和区域看成是由各种经济、社会、科技、文化和自然物质要素组合而成的复杂开放系统"，把城市的各个方面作为一个统一的系统进行研究、规划、建设和管理。这一理论也是人们对城市规划实践的经验和教训的总结。在无数的经验和教训面前，人们已逐渐认识到，发展并不只是数量的增长，而是包括经济、社会、文化和环境质量在内的全面改善。即使是地区城乡空间环境的发展，也不能只按传统的规划概念制订土地利用的远景蓝图，只注重建设用地的规模扩大和功能安排，单纯地安排各种物质设施的内容，还必须从城乡经济、社会、文化、环境等各方面综合发展，以及物质文明和精神文明并重的目的出发，进行全面规划，使城乡空间环境的发展不仅满足经济增长的需求，更要有助于促进社会的稳定和进步，丰富地区的文化内涵，保护地区的自然资源，维持地区的生态平衡。这其中包括对地区和城镇经济发展进行全面的分析、预测，制订社会发展目标和文化建设措施，研究继承和发展地区传统的城镇空间和建筑风貌的理论与方法，制订保护自然环境的措施以及一系列专业规划等。

在霍华德的田园城市理论中就有城市综合研究和发展的思想。周干峙先生认为，"霍华德开创了综合研究现代城市，把社会经济问题和城市问题融贯起来，把当时城市膨胀、市民贫困、生活条件恶化、土地问题、税收制度问题、城市资金收入以及经营管理问题等，作为一个体系来综合研究，对现代城市规划起了重要的启蒙作用。"[31] 也有人认为是盖迪斯首创了城市规划的综合研究，并称之为西方城市科学走向综合的奠基人。芝加哥学派也提出要"把城市——包括它的地域、人口，也包括那些相应的机构和管理部门——看作一种有机体"，进行综合性的整体研究。1955 年召开的城市规划会议发出了"城市规划与我们一起有关"的倡议。1959 年，荷兰首先提出了整体设计（Holistic design），认为应当把城市作为一个环境整体，全面地去解决人类生活的环境问题，标志着城市规划中的"整体主义"正式诞生。道萨迪斯的人类聚居学也是用综合的观点和方法研究城市问题，他强调："为了获得一个平衡的人类世界，我们必须用一种系统的方法来处理所有问题，避免仅仅考虑某几个特定因素或是某几个特殊目标的片面观点。"吴良镛先生认为，经济、社会、文化、环境综合发展思想是日本学者岸根卓郎提出的。岸根针对日本三次国土规划的经验教训，提出城乡融合发展理论，指出经济、社会、文化的综合发展归根结底是要通过经济发展来促进社会稳定，并推动地区文化的发展，保护地区的生态平衡。岸根认为，"社会是一个整体，因此社会诸功能必然存在着有机的联系，并且综合地发挥作用。……现行社会诸功能却出现了孤立、背反，甚至相克乖戾的现象，带来了种种社会问题，其中城市的膨胀、城市和农村社会功能分化所造成的各种社会弊端是最突出的例子之一"。我国生态学家马世骏先生所指出的城市生态系统是自然—经济—社会复合生态系统，实际上也是城市综合发展的思想。总之，城市规划的综合思想产生于20世纪初，在20世纪中期已形成较成熟的理论。

城市综合发展理论是系统的整体综合效应的体现。系统论的一个最基本的思想是"系统整体大于部分之和"。城市作为一个系统也具有这一基本属性，而且城市是更复杂的自然—人文复合系统，其综合效应体现得更为明显。城市的经济、政治、科技文化、社会生活、物质环境、社会心理等各个方面作为城市系统的"部分"，它们之间存在着复杂的、内在的有机联系和相互制约性，任何一个"部分"的变化和发展，都要受制于并影响其他"部分"，都会引起城市整体系统的变化和发展。当城市的这种整体关系处于相对稳定状态时，城市系统才能正常运行，而一旦这种关系失调或发生急剧的变化，城市系统也就失去了平衡，就会出现种种城市问题。在前面所述的"城市问题"中也可以发现，几乎没有一个问题是孤立存在的，这些问题之间都是相互关联、相互依存、相互制约的。城市问题的这种综合性特点，引起我们必须对城市问题进行综合治理，即要在城市问题的治理中坚持整体性原则、综合性原则、协调性原则。我们所面临的挑战是复杂的，社会、政治、经济、文化过程在由地方到全球的各个层次上的反映，其来势迅猛，涉及方方面面。要真正解决问题，就不能头痛医头、脚痛医脚，而要对影响建筑环境的种种因素做一番综合而辩证的考察，从而获取一个行之有效的解决办法。

事实也证明，孤立地解决一个方面的问题或强调发展一个方面而不顾其他方面的发展，往往会陷入被动的境地和矛盾的怪圈。正如我们所一再强调的一个方面：生态化不是生态城市，也不可能建设成生态城市。社会的发展需要经济发展作为基础和保障，社会的稳定发展在相当程度上有赖于经济发展中的社会公平分配和其他涉及人民群众切身利益问题的解决。反过来，社会的稳定又有利于经济健康、顺利的发展。环境的保护也不仅仅限于对环境污染的治理，还应该包括文化环境（如建筑、文物）的保护与发展。就本质而言，环境污染是一个与经济和社会发展紧密联系的问题，它所反映的是工业企业生产过程中的内部成本与社会所承担的、由于工业污染所造成的环境损害外部成本之间的矛盾，以及社会的环境意识问题。因此，虽然不可否认治理环境污染具有一定的技术性，但从根本上说，解决环境问题的最佳途径是在经济政策体制上建立有效的生态补偿机制，并加强社会环保意识。总之，城市的每一个方面都与其他方面存在着千丝万缕的联系，相互之间协调统一构成一个有机整体，共同形成由一个方面不可能形成的城市功能，有人称之为城市的结构效应。可以设想，一座城市一旦失去了某一种行业或某一种设施，即使是某一行业或设施明显不足，那么整座城市也会失去活力，不可能顺利运转。因此，必须在城市规划、建设和管理中采取综合性的思维方式和方法。

当然，建立城市经济、社会、文化、环特综合发展理论，强调城市发展的综合性，主要是要求在城市规划、设计和建设中树立综合思维模式，避免孤立性和片面性，而不能因此陷入各种知识、思想、理论和方法的包围之中。美国城市规划师劳里曾尖锐地指出：由于城市的一切都纠缠在一起，使规划工作者这些年来一直是知识的囚犯。因此，在具体的研究中，特别是在个人研究中，"能够对城市进行或多或少有点直觉的综合观察，以此建立一个与城市多个分支的关系网相当吻合的模型时，他就必须满足。"

以上4个方面的理论共同构成了生态城市的理论基础。实际上，这4个方面的理论在根本上是一致的，区域整体性理论和城市综合发展理论显然是以城市生态系统理论为基础演化而来的，而可持续发展理论则可谓是一项普遍性的原则和目标。例如，区域整体性理论的"区域"不仅仅是地理概念，它还是一个社会概念和文化单元。区域作为地理概念是既定的事实，而作为社会和文化单元则是人类深思熟虑的愿望和意图的体现。这里所说的区域也可以称为人文区域，它是地理要素、经济要素和人文要素的综合体。从历史和现实性上说，每一个区域、每一个城市都存在着深层次的文化差异，这是区域和城市个性与特色的重要方面。从城市发展的方向上看，满足人类的物质的和精神的需求，使人类安全、幸福地生活，是城乡人居环境建设的最终目标，文化需求是人类需求的一个重要方面。

生态城市的多学科综合研究城市问题是复杂多样的，有多种不同的表现，但这些不同的问题之间又是相互密切联系和相互依存的，每一种问题都不是孤立的，解决城市问题不能采取头痛医头、脚痛医脚的方法。实际上，对城市这种复杂对象的研究，单独一门学科是不可能胜任的，历来都是多学科之间相互配合，或者运用多学科、综合性的方法，才能得到科学合理的认识"跨学科是城市科学的特征"。经济学、社会学、地理学、建筑学、生态学、规划学、历史学等学科，都在其中发挥着重要的作用。"现在国际上学科发展的趋势是从单学科走向综合学科的探索，并且常以问题为中心，成立研究机构，而不仅是以学科为中心进行单项研究。……单一学科的研究已难以全面覆盖我们当前面临的伟大建设实践，也无力对此进行全面深入的理论的总结、提高与深化"。因此，对于旨在解决城市问题的生态城市的研究，也就不能从单一的学科出发，而必须进行多学科的综合研究。

四、城市的生态目标与经济目标

这里有一个疑问需要解决：建设生态城市是否符合经济理性？也就是说，生态发展与经济理性之间到底是一种什么关系？在许多人看来，经济理性与生态破坏是一对孪生兄弟，换句话说，经济发展与生态平衡（包括自然生态平衡和社会生态平衡）永远是一对矛盾，要发展经济，就必然破坏生态平衡；而注重了生态平衡，就必然阻碍经济的发展。因此，他们认为，发展中国家特别是其落后地区的城市，主要任务是发展经济，对生态环境的破坏是不可避免的，只有等到经济发展到较高水平之后，才能顾及生态环境的保护。这也是这些人对生态城市提出质疑的主要依据之一。这种把生态平衡与经济理性对立起来的观点虽然很有其市场，但实则是一种悖论，是一种狭隘的观点。英国学者舒马赫曾对这种悖论给予质问和讽刺，他说："如果需要有一个高速增长的经济来与污染作斗争，而污染本身看来又是高速增长的结果，那还有什么希望来突破这种奇特的循环呢？"。事实证明，经济发展与维护生态平衡之间更多地表现为一致性，也就是说建设生态城市与经济理性之间并不存在根本性的矛盾。这种一致性，从宏观上很容易理解。

（1）从本质上说，经济发展和生态平衡的维护在宗旨和目的上是一致的，它们都是为了人的生存和持续发展的需要，都是人类社会存在和进步的基础。我们发展经济的根本目的，归根结底就是为了使包括城市人口在内的全体居民生活得更好，而生活质量的好坏，不仅仅要看物质的多少，更重要的是要有一个健康、舒适、宜人的生态环境。优美的环境，可以极大地愉悦人们的身心，有力地促进社会的稳定和文明的进步，其经济和社会效益是无法用经济意义上的产值来衡量的。因此，那种以破坏生态平衡为代价的经济发展是不可取的，应当坚决抛弃。

（2）即使在现实的意义上，经济发展和生态平衡的维护也往往表现出很强的一致性。据全国《生态环境建设规划》披露，目前，我国农村贫困人口90%以上生活在生态环境比较恶劣的地区。恶劣的生态环境是当地群众贫困的主要根源，它加剧了经济和社会发展的压力，加剧了自然灾害的发生，这就是恩格斯所说的"自然界的报复"。我国每年因生态环境遭到破坏而造成的损失达数百亿元乃至上千亿元。1998年的长江流域特大洪水就造成直接经济损失达上千亿元，其原因之一就是长江上游乱砍滥伐树木，中游地区乱垦滥耕土地，致使水土流失严重。如果从 GDP 中扣除因环境污染和生态破坏造成的损失，我国的经济增长率将大大降低，某些地区甚至可能是零增长。

（3）一个地区的经济发展需要充足的资金投入，地缘、资源、政策等因素对投资的吸引力越来越小，代之而起的将是良好的自然和人文生态环境。我国近些年引进外资的情况表明，良好的生态环境越来越成为吸引投资的重要因素。例如，大连市在生态环境保护和建设上做了大量的卓有成效的工作，如对市区内的污染企业实施整体搬迁和改造，腾出了大面积的土地，使原来的重污染区变成了寸土寸金的高效益区；建设了比较完善的绿地系统，市区绿化覆盖率达40%，在全国名列前茅。良好的生态环境为大连市吸引了大量的海内外投资，每年新增外资20亿美元，外资企业数目在全国排名列前。大连的经验证明，环境好了，城市也升值了，良好的环境是城市的资本和财富。

（4）经济发展与维护生态平衡相一致最好的证明，就是各种环保产业、绿色产业的蓬勃发展。生态环境的保护和建设本身往往能够形成效益可观的产业，或者直接地、显著地影响某些产业的发展。比如，林业既是生态环境保护和建设的重要方面，又是一项重要的、大有潜力的产业；房地产业、旅游业及某些高新技术企业，则直接受到生态环境的显著影响。

（5）建设生态城市，保护生态环境还具有重要的政治和社会意义。如前所述，许多城市目前面临着日益严重的城市病，各种环境问题和社会问题成为引起居民不满情绪并因此造成社会不稳定的因素。生态城市立足于解决城市问题，即使作为一种口号和目标，也会起到鼓舞和凝聚人心的作用；而且随着各种政策和措施的有效实施，生态城市建设的成果逐步显现，将对城市的政治稳定和社会进步产生极大的促进作用。

从历史上看，以破坏生态环境为代价的经济开发是不可能持久的，而且必然要遭到大自然的报复和惩罚，这种报复和惩罚有时是毁灭性的。众所周知，发祥于底格里斯和幼发拉底两流域的古巴比伦曾经盛极一时，那里曾是林木葱郁、土地肥沃之地。然而过度的开发和战争，却最终把这颗文明之珠埋葬在黄沙之下。古埃及文明和古印度文明也都有过类似的遭遇。所以恩格斯早在19世纪80年代就曾发出警告：我们不要过分陶醉于我们人类对自然界的胜利。对于每一次这样的胜利，自然界都对我们进行报复。每一次胜利，起初确实取得了我们预期的结果，但是往后和再往后却发生完全不同的、出乎预料的影响，常常把最初的结果又消除了。"因此我们每走一步都要记住：我们统治自然界，决不像征服者统治异族人那样，决不是像站在自然界之外的人似的。相反地，我们连同我们的肉、血和头脑都是属于自然界和存在于自然界之中的；我们对自然界的全部统治力量，就在于我们比其他一切生物强，能够认识和正确运用自然规律。"[26]可见，不顾生态环境而只顾经济的发展是有着惨痛的教训的。

从一些局部地区和特定人群的角度看，经济发展与生态环境保护有时又的确是一对矛盾。例如，城市生态环境的保护需要在郊区建一些生态林，但由于城市郊区往往也是人口聚集地区，建设生态林就意味着要有一部分人为此作出牺牲，这一部分人如何安置就成了问题。再比如，市区内的绿地经常被占用，一方面是因为管理不严，没有严格执行城市规划及有关的法规；另一方面也存在占用绿地费用太低的问题。应当在法律法规中规定绿地占用不仅要支付高昂的成本，而且要在另外的地方建设相当的绿地予以补偿。当然，即使这些矛盾是现实中的确存在的和不可避免的，但也不是根本性的和不可调和的。这里的关键在于要建立一种切实可行的"生态宏观调控机制"和"生态补偿机制"。"生态补偿机制"应当包括两个方面：既对为保护生态环境而作出牺牲的人们进行补偿，也要强制那些破坏生态环境的人对生态环境进行补偿（而不能仅仅进行行政、刑事或经济处罚了事）。

生态环境与经济的这种关系告诉我们，没有良好的生态环境，就不可能有经济持续健康的发展。所谓科学的才是经济的，说的就是这个道理。"环境和生态问题，归根结底是一个经济问题，它与物质生产部门的生产发展有着极密切的相辅相成的关系。"反过来讲，经济发展是社会进步的重要条件和标志，没有经济的发展和人民物质生活条件的改善，生态环境的保护就失去了基本的前提和动力。因此，经济发展与生态环境保护之间的冲突是表面性的，是完全可以协调的，从根本上说二者具有相辅相成的一致性。道理是这个道理，许多人也能够明白和理解这个道理，但现实中却时有不合道理的事情发生。重复建设、违章建筑、破坏性建设等，不一而足。近些年，我们的城市建设有了很大发展，这是有目共睹的事实。但是，一些城市的生态环境的恶化也在加剧。由于规划和管理等方面的原因，有的城市的人口和建筑的密度明显过大，给人以压抑的感觉；城市尤其是大城市的大气质量普遍不高；饮用水源的污染，酸雨的形成……生活环境质量的下降，已经直接影响人民群众的身体和心理健康。人人都知道生态环境建设是造福子孙万代的伟大事业，其实它也是造福当代的伟大事业。

以上探讨的主要是自然生态环境和经济发展的一致性，人文生态环境与经济的一致性也是十分明显的。人们可以明显地感觉到经济停滞和贫困会带来广泛有害的社会后果。"当人们无处就业、生活困苦、陷入绝望时，最容易的解脱办法就是转向吸毒或暴力，以逃避严酷的现实。反映在生活中就是犯罪和发泄不满，还有对此徒劳的镇压。从中不难看出贫穷的影子。"[32]可见，在城市里许多社会问题有其深刻的经济原因。同样，经济的发展和繁荣也有利于社会的发展与稳定。我国古代就有"仓廪实而知礼节，衣食足则知荣辱"之说，就是强调经济发展与社会风气之间的一致性。

无论从自然环境的意义上，还是在人文生态的意义上，生态城市与经济理性之间都不存在根本性的对立，而是具有根本的一致性。正如自然资本主义的创立者艾默里·洛文斯所说的："与人们的习惯看法相反，经济方面、环境方面和社会方面的政策并不一定相互抵触。最好的解决办法不是建立在这些目标之间的取舍或'平衡'的基础上，而是依据兼顾所有这一切的设计一体化，鱼和熊掌可以兼得"。生态城市建设就是这种"鱼和熊掌可以兼得"的办法。正如我们所一再强调的，生态城市是一个包括经济、社会、文化和环境在内的综合性的概念，是一个强调发展的建设性的概念。它并不排斥经济发展。相反，它是以经济的健康发展为基础的，经济高效发展是生态城市的特征和它所追求的目标。没有经济的发展，生态城市就丧失了生机和活力，是不可能长久存在的。但是，生态城市的经济理念有一个基本原则，即"自然可以承受，社会可以承受"，既能满足全体人民的真实物质需要，又不至于破坏人类的生存环境，追求一种可持续的经济发展生态与经济的协调发展，是当今国际社会普遍关注的重大问题，它关系到人类的前途和命运。

最近几年，生态经济学作为一门新兴学科正在蓬勃发展。说明人类已经将自然生态系统与人类社会经济系统作为一个整体来看待和研究，这是人类认识客观世界的一个飞跃。从生态经济学的角度看，生态城市的经济增长方式是集约式和内涵式，它主张采用既有利于保护自然价值，又有利于创造社会文化价值的"适宜技术"或称"生态技术"，建立生态化的产业体系，实现物质生产和社会生活方式的生态化，太阳能、水电将成为主要能源形式，智力、人力资源将成为资源的开发方向，使不可再生的自然资源得到有效保护和循环利用。生态经济学的发展从理论上证明了经济理性与生态环境的一致性，也为生态城市的建设和发展提供了理论基础。由此可见，实现了生态环境与经济发展的有机统一，实际上也就实现了生态系统的良性循环。这是符合生态系统运行规律的，这也是生态城市所追求的目标。

第二章
国内外生态城市建设实践与总结

一、国外生态城市建设的实践

（一）美国生态城市建设

（1）伯克利生态城市计划

国际生态城市运动创始人、美国生态学家理查德·雷吉斯特于 1975 年创建了"城市生态研究会"。在雷吉斯特教授及他领导的城市生态研究会的影响下，美国西海岸的滨海城市伯克利生态城市建设实践卓有成效。有人认为它是全球生态城市建设的样板，也可以认为是生态城市建设的一个试验。

生态城市应该是三维的、一体化的复合模式，而不是平面的、随意的。同生态系统一样，城市应该是紧凑的，是为人类而设计的。而不是为汽车设计的。而且在建设生态城市中，应该大幅度减少对自然的边缘破坏，从而防止城市蔓延，使城市回归自然。伯克利生态城市建设中设计了六街区的慢行街道，设立减速卡来降低车速；将公交汽车引入街区，以此来取代小汽车。在繁忙的街区，1 辆公交车可以代替 5～30 辆小汽车。通过建设慢行道、恢复废弃河道，沿街种植果树，建造利用太阳能的绿色居所；通过能源利用条例来改善能源利用结构，优化配置公交路线，提倡以步代车，推迟并尽力阻止快车道的建设。正是这些看似微不足道的行动，使生态城市建设工作得以扎实有效地进行。经过 20 多年的努力，伯克利走出了一条比较成功的生态城市建设之路。

（2）波特兰市生态建设计划

俄勒冈州波特兰市被认为是成功地避免和解决许多城市问题的范例城市。20 世纪 60 年代末，波特兰也像其他许多城市一样，处于困境之中——交通拥堵、住房紧张、环境恶化、社会文化颓废。为此该市制订了一项新城区发展计划，采取综合的手段来激发城市的活力。

该计划成了改变城市发展方向的契机。① 从改变交通状况入手，颁布了一项与市民密切相关的决定——限制新购汽车进入市区。这项决定在当时具有决定性的意义，它限制了市区停车场的发展，并把原有的一个市区停车场改造成了公共广场。新城区计划通过积极支持设计和建造步行型和公共交通导向型的交通体系，力图以公共交通的发展限制私人汽车的使用。② 对住房条件的改善非常重视，集中力量解决市区住房的矛盾，致力于保留和发展一般家庭所能承受的住房。③ 对公共文化艺术也十分关注，要求所有的新建项目都要向公共文化艺术捐赠一定比例的资金。同时还注重历史遗产的保护，努力保护重要的历史建筑物。

（3）克利夫兰生态城市建设

克利夫兰是俄亥俄州最大的工业城市和湖港，位于伊利湖南岸，凯霍加河口，面积 196.8km²。克利夫兰是大湖区和大西洋沿岸间的货物转运中心，钢铁工业为首要部门。市内绿地众多，公园面积约 7500 公顷，占市区面积的1/3以上，有森林城市之称。

克利夫兰市政府建立了专门的生态可持续研究机构，研究生态城市建设中生态化设计、城市交通、城市的精明增长、历史文化遗产保护、物种多样性、水资源循环利用等问题，取得了可喜的成果。

为了把克利夫兰建设成为一个大湖沿岸的绿色城市，市政府制订了明确的生态城市议程，主要议题包括空气质量、气候变化、能源、绿色建筑、绿色空间、基础设施、政府领导、邻里社区、公共健康、精明增长、区域主义、交通选择等。与之相应的政策措施包括：鼓励在新的城市建设和修复中进行生态化设计，强化循环经济项目和资源再生回收，规划自行车路线和设施等。具体见表 2-1。

表 2-1　　　　　　　　　克利夫兰的生态城市议程

议　题	改　革　措　施
空气质量	政府应公开执行法令，削减车辆污染排放及空气污染源
气候变化、多元化	与其他城市共同削减温室气体排放量，使城市特色更加多元化
能　源	国有电力公司推动太阳能利用，积极替顾客节省能源；推动地区风力发电及燃料能等小规模电力的利用
绿色建筑	提升建筑品质，消耗最少能源，产生最少废物，提供户外环境；提供经费，鼓励学校进行学校建筑空间或整修时运用绿色建筑技术
绿色空间	建设绿色道路和公园，保护自然区域
公共建设	建立良好的管理系统，保护和维护公共工程建设
社区特色	使高密度社区环境适宜，使居民感到舒适
居民健康	公共卫生部门应提升解决困难问题的能力，包括儿童哮喘、中毒处理及空气污染等
可持续发展	政府应与民间企业、学校及非盈利团体合作促进各种问题解决，包括公众节能、降低废物产生及污染防治等问题

续表 2-1

议　题	改　革　措　施
运输方式选择	与其他单位合资交通运输，社区交通规划应鼓励 骑车和步行，街道规划应减少出行量和能源消耗
水　质	地方执行水质改善计划；提高污水下水管道的接管率
滨水区	湖边、溪边等滨水区能提供公共亲水空间

"精明增长"是克利夫兰生态城市建设的核心内容，其要点是：用足城市存量空间，减少盲目扩张；加强对现有社区的重建，重新开发废弃、污染工业用地，保护空地以及土地混合使用；城市建设相对集中，密集组团，生活和就业单元尽量混合；优先发展公共交通，提供多样化的交通选择方式，鼓励骑车和步行；在住房上给居民更多的选择，在不同社区，提供不同类型、不同价格的房屋，满足低收入阶层需要，保证各阶层混居；提倡节能建筑，减少基础设施、房屋的建设和使用成本。

（二）大洋洲生态城市建设

1. 澳大利亚生态城市规划与建设

（1）阿德莱德生态城市建设

① 改善自然生态系统状况。包括大气、水、土壤、能量、生物多样性、生态敏感地、废水再生循环等。将河流作为未来的绿色廊道。

② 将现有的城市中心区改造成未来的生态城市。城市中心区通常是非常重要的公共空间，其环境状况直接影响到在这里工作或居住的市民的生活质量，因此应该尽量提供多样的服务和设施，同时鼓励公共交通，避免小汽车带来的各种问题。多年来功能分区的城市规划策略，如居住区和商业区分开，导致人们对汽车的过度依赖，使得城市中心变成一个异常脆弱的区域。为了减少人们的出行需求，在阿德莱德建立地方中心区，为当地居民提供多种服务和工作场所，使他们可以步行去购买生活用品，甚至步行去上班，从而大大降低了对小汽车的使用。另外还建设远程办公中心，这些办公中心为人们提供良好的工作空间和服务设施，那些办公室员工大部分时间可以步行来这里上班，他们每星期只有一两天需要去总部办公，跟同事进行面对面的交流。为了方便交流，这些远程办公中心往往位于公共交通车站的附近。

③ 城市交通方式的转变。在交通方面，阿德莱德市很大程度上依靠私家汽车，这是因为这里的公交系统不发达，道路环境限制了步行和骑自行车。为了建设生态城市，应该鼓励公共交通、骑车和步行，这不仅可以降低空气污染、能源消耗、减少温室气体的排放，而且可以将节省下来的土地建成公园或作他用。为了提高道路的可步行性，首先要限制机动车的速度，通过增加道路两旁的植被密度来改善道路的环境。交通量少的道路不必很宽，一般不超过

6m，同时尽量减少停车空间，将更多的空间用于城市绿化。对于某些道路，应该将车速限制在 30km/h，以提高在路上行走的孩子们的安全性。道路使用权收费，可以有效地限制交通量，从而为步行者和骑车者提供空间。

④ 各个小城区结合自身特色进行规划建设。每个城市都有其各自的气候、微气候、土壤以及水文特征，因此每个城市的主导产业必定不同。例如阿德莱德区域，位于山脚的城市可以建造果园，位于河边的城市可以建造葡萄园，位于山上的城市可以生产木材等。各个城市之间以及其他生物区之间的联系靠混合交通系统连接。

⑤ 优化能源利用结构，减少能源消耗，使用可更新能源、资源，促进资源再利用。

（2）哈利法克斯生态城规划

哈利法克斯生态城位于阿德莱德市内城哈利法克斯街的原工业区，占地24 公顷，是一个有 350 ~ 400 户居民的混合型社区，其中以住宅为主，同时配有商业和社区服务设施。哈利法克斯生态城是澳大利亚第一例生态城市，其规划设计主要由建设师保罗·道顿及政治与生态活动家查利·霍伊尔等人完成。项目不仅涉及社区和建筑的环境规划，而且还涉及社会与经济结构的规划，称为《哈利法克斯生态城市计划》。它向传统的商业开发发出挑战，提出了"社区驱动"的生态开发模式。1994 年 2 月哈利法克斯生态城项目获国际生态城市奖，1996 年 6 月在联合国人居会议的"城市论坛"中，该项目被作为最佳实践范例。

哈利法克斯的生态开发原则是：① 恢复退化的土地，充分重视土地的生态健康性和开发潜力；平衡开发强度与土地承载力的关系，保护现存的生态特征。② 阻止城市蔓延，固定永久自然绿带的范围，相对提高人类住区的密度开发，或在生态极限允许开发密度下的开发。③ 优化能源效用，实现低水平能量消耗，使用可更新能源、地方能源产品和资源再利用技术；④ 提供健康和安全的环境，在生态环境可承受的条件下，为人们创造安全、健康的居住、工作和游憩空间。⑤ 鼓励社区建设，创造广泛、多样的社会及社区活动。⑥ 促进社会平等。⑦ 尊重历史，最大限度地保留有意义的历史遗产和人工设施，丰富文化景观。⑧ 治理生物圈，即通过对大气、水、土壤、能源、生物量、食物、生物多样性、生态廊道及废物等方面的修复、补充、提高来改善生物圈，减少城市的生态影响。⑨ 生态开发的社区驱动原则。

社区驱动是指一切开发活动由社区控制，社区的规划、设计、建设、管理和维护全过程都由社区居民参与，是一种社区自助性开发方式。社区开发的管理组，是通过邀请个人和重要组织的代表组成的。作为居民、签约的投资者或支持者（人或组织），可通过各种方式参与社区建设。每个居民都可参与计划最后的详细设计，同时在设计、建设过程中学到城市生态学的有关理论和实践应用知识，建筑师、城市生态学家则在其中起咨询、教育的作用。社区还设有城市生态中心作为公共教育场所，公众在这里通过图书馆、展览、咨询、报告，可方便地知晓城市生态的有关知识，了解生态城市规划、设计和建设进展。这种广泛的深度的公众参与是项目得以成功的重要保障。

（3）怀阿拉生态城建设

怀阿拉位于澳大利亚的南澳大利亚州沙漠附近。怀阿拉市政府提出的发展目标是：把该市发展成为在公众服务和城市环境运行的各个方面都能够有效利用可持续技术的领先城市。包括旨在充分利用怀阿拉气候区位优势、地方社区创造力、凝聚力和市政府实现未来目标的愿望。同时拓展其经济基础，增加年轻人和居民的总体就业机会。

其生态城市战略要点是：① 设计并实施综合的水资源循环利用计划；② 在城市开发政策上实行强制性的控制，对新建住宅和主要的城市更新项目要求安装太阳能热水器，在设计上尽量改进能源效率，并对安装太阳能热水器给予财政刺激措施；③ 推进《21 世纪议程》的环境规划进程；④ 开展并提倡优良的、可持续的建筑技术的大众运动；⑤ 形成一体化的循环网络和线状公园；⑥ 建立能源替代研究中心，对可替代能源进行研究开发。

2. 新西兰怀塔克尔生态城市规划与建设

怀塔克尔市是新西兰第五大城市，人口 16 万，总面积 39134 公顷，位于新西兰北岛的中部。怀塔克尔环境优美，是一个海滨城市，而且被大片的森林覆盖。怀塔克尔山脉是整个城市休闲的好处所，而且是城市重要的水源地。

1993 年，怀塔克尔成为新西兰第一个完成《21 世纪议程》的城市。《21 世纪议程》认为：对未来开发和目前活动应有谨慎的和长远的眼光，鼓励社区在经济、社会发展、环境保护和决策方面开展一系列创意活动。作为城市战略规划的拓展，怀塔克尔市的绿色蓝图描绘了其生态城市前景，并阐明了市议会和地方社区为实现这一前景而采取的具体行动。

（1）绿色蓝图

怀塔克尔市早在 20 世纪 90 年代就开始制订城市绿色蓝图，2002 年又进行了修订，确定了"未来十年绿色蓝图"。绿色蓝图是指导该市议会行动的文件，它承诺了市议会对生态城市建设的责任、步骤和具体行动。这个生态城市蓝图最终是由社区居民而非市议会实现的。

怀塔克尔生态城市建设目标见表 2-2。具体内容包括：① 加强政策导向和远景规划，同时赋权社区，提高他们的社会、环境和经济福利。② 为了创造一个更可持续的城市，应将未来人口增长考虑到现有城市规划中，尤其是在商业中心、交通枢纽以及交通廊道附近的区域。③ 为了加强人与环境之间的联系，鼓励人们参与环境保护和生态修复的活动，将自然、历史融入日常生活。④ 提高公民的健康水平和安全感。⑤ 在城市规划中要尽量减少出行量，鼓励公共交通、骑自行车和步行。⑥ 用生命周期方法管理能源、资源和废物。⑦ 更大的经济独立性。

表2-2 　　　　　　　　　　　怀塔克尔生态城市建设目标

	环　境	社　会	经　济
可持续性	要以可持续的方式管理环境，使它能够同时满足当代人和后代人的利益。为了维持环境的可持续性，需要采取预防措施，或实行"无悔政策"	关注居民及其后代的社会福利，关注环境，使每个人都能参与决策，享有健康、安全的工作和休闲环境	要有长远眼光，认识到保护环境具有良好的经济意义。要求对商品生产方式进行变革，例如使用可更新的资源和能源，减少包装，进行废物回收等
动态性	在人类活动和自然力的作用下，保持环境稳定的运动过程。必须对生物多样性加以保护，物种的灭绝将导致生态系统的崩溃	成员之间的差异是有价值的，也是应该受到鼓励的。人们面临探索新思想和新方法的挑战。动态社会珍视成员之间的差异性，也珍视其同一性	发展丰富多样的经济来适应各种变化（如经济滑坡等），并充分利用新的机会。动态经济往往在一些地方呈现特色，体现地方经济的实力
公平性	每个人都有权利享用环境，并使生活达到某种环境质量标准。每个人都有责任保证其行为不影响他人或后代享有环境的权利	应给予每个人健康服务、教育、休闲的机会和合理的住房标准，满足社会成员的不同需求。给予个人参与社会生活各个方面的机会，能倾听民声。鼓励在允许的范围内最大限度地提高个人自由	通过有报酬的工作，人们都有机会发挥和提高他们的技能。法律禁止就业歧视，包括年龄、性别、种族和残疾。公平经济打破了禁止人们从事经济活动的障碍，都可以从事经营活动

（2）绿色网络建设

通过建设城市绿网，可以为人们提供更多的休憩场所，将城市与乡村相结合，为怀塔克尔市的野生动植物提供避难所，从而保护该市的自然资源，如溪流、森林等不被破坏。为了使怀塔克尔市更绿，市议会和公众一道开展了很多活动，如"婴儿林"项目（父母为每个新生儿亲自栽种几棵树）、清洁河流活动、废弃地复种等。这些项目是由国家环境署资助的，据此可为新西兰其他地区环境可持续管理提供示范。为了保护乡土物种，怀塔克尔市还开展了去除杂草以及复植活动。作为城市绿色网络建设的另一重要部分，清洁河流项目可将怀塔克尔山脉与海洋通过河流廊道连接起来。项目参与者首先选定一条河流，然后志愿者提供免费的手套或袋子，组织人员对其进行现场清洁，而且每个月都要进行河流水质监测。在需要植被恢复的地方种植乡土树种，从而使被污染的河流重新变得清洁。

（三）欧洲生态城市建设

1. 哥本哈根生态城市建设

（1）建立绿色账户。绿色账户记录了一座城市、一所学校或者一个家庭日常活动的资源消费，提供了有关环境保护的背景知识，有利于提高人们的环境意识。使用绿色账户，可以比较不同城区的资源消费结构，确定主要的资源消费量，并为有效削减资源消费和资源循环利用提供依据。在学校和居民区建立绿色账户，确定水电供热和其他物质材料的消费量和排放量。

（2）生态市场交易日。这是改善地方环境的又一创意活动。从 1997 年 8 月开始，商贩们在每个星期六携带生态产品（包括生态食品）在城区的中心广场进行交易。通过生态交易日，一方面鼓励生态食品的生产和销售，另一方面也让公众了解到生态城市项目的其他内容。

（3）吸引学生参与。吸引学生参与是发动社区成员参与的一部分。丹麦生态城市建设十分注重吸引学生参与，其绿色账户及分配资源的生态参数和环境参数的试验对象都选择了学校。在学生课程中加入生态课，甚至一些学校的所有课程设计都围绕生态城市这一主题，对学生和学生家长进行与项目实施有关的培训。还在一所学校建立了旨在培养青少年对生态城市的兴趣，增加相关知识的生态游乐场。

（4）自行车交通政策。哥本哈根不仅是著名的古城和旅游胜地，而且还是一个自行车的王国，其自行车交通政策堪称是世界的典范。在哥本哈根，每天约有 12.4 万人骑自行车进入市中心。它拥有 300 多千米的、与机动车道一样宽的自行车专用道，这在世界上是绝无仅有的。在市内还分布着许多"车园"，每个园里可以放置 2000 多辆自行车，供行人免费使用。只要交纳约合 20 元人民币的押金就可以把车子骑走，然后把车子归还到离你最近的车园，领回你的押金。虽然很多哥本哈根市民家中有汽车，但是他们都愿意骑自行车出门，因为骑自行车既无废气污染又能锻炼身体，同时还能品味城市风光。自行车已经成为社会广为接受的交通工具和城市交通的重要组成部分，有 1/3 的市民选择骑自行车上班。在街头，人们经常可以看到政府部长和市长骑着自行车上下班的情景。

2. 卡伦堡生态工业园建设

丹麦在生态建设上最著名的成就当推卡伦堡生态工业园，这也是世界上著名的工业生态园先驱。卡伦堡人口约 2 万左右，位于北海之滨，哥本哈根以西约 100 千米处，是一个拥有天然深水港的工业小城市。其工业企业主要有 5 家：包括丹麦最大的火力（煤炭）发电厂、丹麦最大的炼油厂、丹麦最大的生物工程公司（也是世界上最大的工业酶和胰岛素生产厂家之一）、硫酸钙厂和建筑材料公司。这 5 家企业相互之间的距离不超过数百米，在生产过程中，它们逐渐自发地相互交换废料（蒸汽、水以及各种副产品），并用专门的管道体系连接在一起（见图 2 - 1）。其中，发电厂烧炼油厂排除的废气，炼油厂则与其他企业共享冷却用水，发电厂的炉渣可用作建材厂、建筑公司的原料，工业余热可为附近的居民或企业供热等，从而形成了一种"工业共生体系"，如图 2-2 所示。

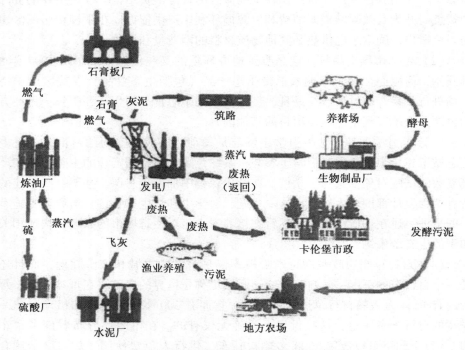

图 2-1　主要物质和能量交换流程示意图

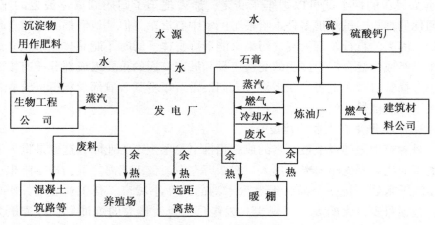

图 2-2　卡伦堡工业共生体系运作示意图

工业共生体系奠定了工业生态园建设的基础，使得各企业易于合作，以达到最优化利用资源，特别是相互利用废料的目的。在这个工业小城，已经形成蒸汽、热水、石膏、硫酸和生物技术污泥等材料相互依存、共同利用的格局，形成了生态工业园的雏形。卡伦堡也因此而闻名。

（四）南美洲生态城市建设

1. 巴西生态城市规划与建设

库里蒂巴是巴西东南部的一座大城市，人口160万，为巴西第7大城市。该市环境优美，被认为是世界上最接近生态城市的城市。1990年被联合国命名为"巴西生态之都""城市生态规划样板"。该市以可持续发展的城市规划尤其是公共交通的发展，受到国际公共交通联合会（UITP）的推崇，世界银行和世界卫生组织也给予了极高的评价。库里蒂巴市的废物回收和循环使用措施以及能源节约措施，也分别得到联合国环境署和国际节约能源机构的嘉奖。

（1）库里蒂巴公交导向式的城市规划

从20世纪60年代开始，库里蒂巴从城市总体布局着手，探索解决环境和交通问题的新途径。1964年在巴西全国范围内进行了城市新规划竞标，1965年7月将不同方案予以公示。1966年6月，库里蒂巴市参议会一致通过了巴西建筑师霍赫威廉的规划方案。该方案的最大特点是改变城市围绕旧城中心呈环形放射状的发展模式，提出一系列有助于城市社会和商业带状发展的放射型城市结构轴线。它将城市的土地使用、道路和公共交通综合起来考虑，以促进沿轴线形成密度很高但交通便捷的城市区域。由于公共交通是城市结构轴线的主体，而城市结构轴线又是城市发展的骨架，所以公共交通实际上就成为指导城市增长和贯彻总体规划思想的重要工具。

为研究、完善和贯彻总体规划方案，库里蒂巴市于1965年成立了城市规划研究院，它的主要任务是协调总体规划所涉及到的各种因素，为总体规划的发展和实施创造条件。该院是城市政府结构中的一部分，但它并不依附于任何一个政府部门，而是具有足够的政治权利进行独立决策并将决策付诸实施。该院历届院长中最为著名的是建筑师杰米·勒纳。他于1971年竞选库里蒂巴市长成功，并连任3届。在他的任期内，该市绿化面积从人均0.46m² 增加到46m²，他还开展了"垃圾不是废物"等活动，而他最大的贡献是全面主持实施了1996年通过的城市总体规划方案，在库里蒂巴建立起出类拔萃的一体化城市公交体系。

库里蒂巴公交导向式的城市开发规划的具体内容是："增加公园面积和改进公共交通，""离公交线路越远的地方容积率越低，""城市仅仅鼓励公交线路附近两个街区的高密度开发，并严格控制距公交线路两个街区外的土地开发"。一体化道路系统提供的高可达性，促进了沿交通走廊的土地集中开发利用。规划方法也强化了这种轴线式开发，使宽阔的交通走廊有足够的空间用作快速公交专用路。许多建成区也使用类似方法，使现有公交线路的沿线开发沿着主要线路向城市外缘发展，并把高密度混合土地利用规划与已有的交通走廊规划融为一体。这些政策有效地保证了城市建成区和新开发区的公交服务无需财政补贴，走上了低经济成本和环境成本的交通方式，以及人与自然尽可能和谐的生态城市发展道路。

（2）库里蒂巴一体化公共交通体系

库里蒂巴市是国际公认的公共交通模范城市，它以合理的投资使城市整体交通系统达到很高的水平。毫不夸张地说，库里蒂巴的公共交通系统是世界城市交通系统中最好、最实际的，为世界其他国家的城市交通规划提供了范例。目前，库里蒂巴小汽车保有量达 50 多万辆，平均 3 个人拥有 1 辆小汽车，居巴西城市之首。但是发展完善的公交系统高效地吸收了城市高峰时的出行数量，调查显示，库里蒂巴 75% 的通勤者在工作期间使用公交系统。该市燃油消耗量是同等规模城市的 25%，城市大气污染远远低于同等规模城市。

城市规划师或交通规划师为城市设计公共交通系统时，通常有 3 种战略选择：地铁系统，造价为 1 亿美元/km；轻轨系统，造价为 2000 万美元/km；公交专用道系统，造价为 2 万美元/km。

传统的设计理念是：当城市人口超过 100 万时，一般都会采用地铁系统来减少地面交通的压力。但是具有 160 万城市人口的库里蒂巴却在大量科学研究的基础上，建立了一个极具特色的一体化公交系统。这个系统秉承了地铁系统的全部优点，而投资只是地铁的很小一部分。库里蒂巴的经验表明，一个城市不必仅因为旅客量的增加就将运输方式从公交转向地铁。

库里蒂巴交通规划除了一体化公共交通体系建设外，还采取了合理的鼓励和限制措施，促进其城市交通良性发展。它把公共交通和步行者放在优先的地位，强调自行车道和步行区应是公路网和公共交通系统这个整体中不可分割的一部分，因此该市大力兴建自行车道，甚至不惜占用机动车道。市中心设有大面积步行区，既在市中心商业区，又在整合公交系统的总枢纽换乘站附近。考虑到其他城市强化公路建设却导致交通更加拥挤，库里蒂巴市并不重视发展私人机动车辆，结果轿车的使用量减少了，污染也减少了。

为了鼓励人们利用公共交通，政府采取了一些经济刺激政策，例如：政府规定，年满 65 岁的老人和 5 岁以下的小孩可以不购车票而乘坐公共交通工具；对有工资收入的库里蒂巴市市民，如乘坐公共交通的费用超过工资 6% 者，其超过部分由政府补贴，6% 以下者由个人负担；穷人可以用清扫垃圾来换取公共汽车票等。

（3）库里蒂巴社会公益项目

目前库里蒂巴有几百个社会公益项目，包括以下主要内容。

① 为了帮助低收入和无家可归的人，城市开始了"line to work"项目，目的是进行各种实用技能的培训，4 年来已培训了 10 万人。库里蒂巴还开始了救助街道儿童的项目，露天市场也组织起来，以满足居民的需求和街道小贩们的要求。

② 实施免费环境大学项目，提高公民的环境意识和环境责任感。一个城市成为生态城市的前提是对市民进行环境教育，培养其环境责任感，鼓励公民的公益行为和积极参与。库里蒂巴对此十分重视，设立了免费环境大学，向家庭主妇、建筑管理人员、商店经理等提供实用的短期课程，教授日常工作中的环境知识。这种课程是某些行业取得执业资格的必备条件，如出租车司机等。许多人是自愿学习这些课程的。

③ 具有创新意义的垃圾回收项目。按现在流行的理论主张，日产固体废物超过千吨的城市应建设昂贵的垃圾分拣工厂，但库里蒂巴并没有垃圾分拣厂。该市解决固体废物问题从产生和收集两方面入手。每天由市民回收的纸张可挽救 1200 棵树。1988 年著名的环境项目"垃圾不是废物"，引发 70% 的家庭参与可再生物质的回收工作，垃圾的循环回收率达到 95%。回收材料售给当地工业部门，所获利润用于其他的社会福利项目。垃圾回收利用公司也为无家可归者提供了就业机会。

在所有环境项目中，最具创新意义的是市政府在低收入地区专门实行的"垃圾换物"计划。根据这一计划，贫困家庭可以用袋装垃圾换取公共汽车票、食品或孩子用的笔记本。其中 62 个住区单位约 34000 多个家庭统，共用 11000 多吨垃圾换取了近百万张车票和 1200 余吨食品。在 3 年中，100 余所学校的学生用近 200 吨垃圾换取了近 190 万个笔记本。"彻底清除"活动是另一个创意，即临时雇佣退休和失业人员，把城区堆积已久的废物清理干净。这些创意采用了大众参与和劳力密集型方式，而不是依赖于政府职能和大规模的资金投入。创意的实施节约了资金，提高了城市固体垃圾处理系统的效率，同时保护了资源，美化了城市，也提供了就业机会。

2. 阿根廷生态城市规划与建设

阿根廷生态城市建设独具特色的是在城市里发展有机农业，例如罗萨里奥城市有机农业发展战略取得了很大成效。罗萨里奥的都市农业项目从 2002 年开始启动。在该项目的倡议下，成立了一个包括 50 户无收入家庭的家庭种植者合作社。该合作社集中生产和销售那些在非规则聚落的社区种植园生产的有机蔬菜，为参加合作社的家庭生产者带来了收入，同时也增强了他们自身的组织和管理能力。

整个项目所取得的成果是积极的，共建立了 6 个社区有机花园，占地 37550m²。参与的 50 个家庭在蔬菜消费方面全部达到了自给自足，并创造了每月人均 120 美元的额外收入。成立了家庭种植园主合作社，建立起选择性销售组织，他们向家庭直销包装袋和板条箱，或每周在市中心的集市上销售。随着垃圾站的减少（这些垃圾站都改成了种植园），城市环境也有所改善。

每个种植园主都认为自己种植园中是最好的蔬菜，市场使他们懂得应该采取一种普遍标准来展示他们的产品。负责质量保证的委员会管理每个小组，拒收那些不符合展示标准的蔬菜。除了蔬菜以外，种子、芳香植物、奶酪和从药用植物中提取的染液等，也可在集市上出售（最后一道检验程序由地方政府雇佣的一个生化公司执行）。

根据每个种植者的贡献合理地分配收入。数目需经合作社所有成员同意，以避免成员间的争执。地方政府通过集市运作、制定标准、帮助种植者将蔬菜由种植园运到集市等方式支持该项目。合作社使每个成员获得了不同程度的自我认同感，明确自己是所有者，并帮助他们建立起可获得资助、建立信誉和学习销售管理方法的组织，所以每个成员都很满意。1997 年，合作社包括 11 个菜园、70 名社员和 52600m^2 的种植土地。

（五）亚洲生态城市建设

1. 日本北九州生态城市规划与建设

北九州市位于日本西部九州福冈县境内，地处连接九州与本州、日本西部与亚洲各国的交通要道，人口 101 万，面积 482.94km^2。20 世纪初，随着日本工业革命及资本主义的兴起，北九州从一个小渔村逐步发展成为以钢铁工业为主，兼有石油化工、金属制造、电子机械等相关产业的大型工业城市。从 20 世纪 50 年代中期开始，日本经济进入腾飞阶段，各种环境问题也随之而来。作为日本四大工业地区之一的北九州地区，经历了严重的大气污染和水污染，降尘、煤烟、二氧化硫等为主要的大气污染物质，而工业排水成为主要的水污染源。

20 世纪 60 年代，北九州市为治理环境污染制定了一系列法规和对策，加强了管理监督体系。经过地方政府、居民及企业的共同努力，到 20 世纪 80 年代中期，该市基本克服了环境污染问题，并为发展中国家的环境治理提供了克服公害的技术及经验，在国际社会上得到高度评价。1985 年，OECD（经济合作与发展组织）环境白皮书中称北九州市从灰色城市转变为绿色城市；1990 年，北九州市被联合国环境组织授予"全球 500 佳"称号。

20 世纪 90 年代初，北九州市开始了以减少垃圾、实现循环型社会为主要内容的生态城市建设，提出"从某种产业产生的废弃物为别的产业所利用，地区整体的废弃物排放为零"的生态城市建设构想。1997 年，该项计划得到日本通商产业省的认可，在资金方面得到了很大支持，从而加速了生态城市建设的步伐。北九州市生态城市计划建设在海滨填埋地区，具体规划包括以下 3 个方面。

（1）环境产业的形成。建设包括家用电器、废玻璃、废塑料、汽车碾压屑等回收再利用的综合环境产业区。该计划以九州全岛及部分本州地区为对象，其中废玻璃及塑料饮料桶的回收再利用产业已经开始建设并投产。

（2）环境新技术的开发。建设开发环境新技术并对所开发的技术进行实证研究的研究中心，调查、研究回收处理和再利用技术的安全性及产品化的可行性。该中心还具备新型高技术型企业的培养和国际性进修实习的功能。这一计划也于1997年开始投入建设。

（3）社会综合开发。建设以培养环境政策、环境技术方面的人才为中心的基础研究及教育基地。在北九州大学设立国际环境工学部，在计划区吸引大学的有关学科及研究所，力图形成国际性的环境尖端技术及情报中心。福冈大学资源环境及环境防御系统研究所已决定在此地建设。从1997年开始，北九州市将所定计划付诸实施，力求到2005年各项计划均具规模，全面开始运转。

北九州市的生态城项目宗旨是"堵住废物源头，推进废物利用，靠环境产业振兴地方经济，创造资源循环型社会"。在生态城里形成了一批环保型产业，它们为改善北九州的环境做出了巨大贡献。在这个项目的实施过程中，北九州还建立了废物零排放的生态工业园。

2002年，北九州开放了环境博物馆，该馆部分是由回收的材料建造的。这个博物馆有最先进的生态技术，开放了生态生命广场，销售由当地企业生产的生态产品。以市民为主体由市民负责策划和实施的绿色宣传大会也在这里召开。

每个城市都会有一些人随手乱扔垃圾，北九州也一样。为了培养市民的良好习惯，开始必须要有经济处罚，之后随着关心环境的市民增加，以及市民环境意识的提高，他们会从自己身边的小事做起，自觉地参与到环境保护活动中来。为了提高市民的环保意识，北九州开展了各种层次的宣传活动，例如政府组织开展的汽车"无空转活动"，制作宣传标志，控制汽车尾气排放；居民自发的"家庭记账本"活动，将家庭生活费与二氧化碳的削减联系起来；开展了以美化环境为主题的清洁城市活动等。

2. 新加坡生态城市规划与建设

新加坡位于马六甲海峡东口，国土面积646km²，总人口320万，相当于中国特大城市的人口规模，和中国许多热带城市有着相似的气候条件。新加坡城市规划中专门有一章"绿色和蓝色规划"，相当于我国的城市绿地系统规划。该规划为确保在城市化进程飞速发展的条件下，新加坡仍拥有绿色和清洁的环境，充分利用水体和绿地提高人的生活质量。在规划和建设中，特别注意到建设更多的公园和开放空间，将各主要公园用绿色廊道相连，重视保护自然环境，充分利用海岸线并使岛内的水系适合休闲的需求。

20世纪80年代，新加坡的城市建设在规划指导下飞速发展。政府部门在着眼于未来的同时，意识到保护好宝贵的历史建筑和文化遗产的重要性，于是划定了需要保护的建筑和相关的区域，成立了国家保护局专门负责这方面工作。新加坡在城市中的绿地处理方面也有其独到之处。花园城市的面貌很大程度上反映在城市的道路上：街道、城市快速路两旁宽阔的绿化带中，种植着形态各异、色彩缤纷的热带植物，体现出赤道附近热带城市的特色。从20世纪90年代着手建立的连接各大公园、自然保护区、居住区公园的廊道系统，则为居民不受机动车辆的干扰，通过步行、骑自行车游览各公园提供了方便。他们计划建立数条将全国公园都连接起来的绿色走廊，该走廊至少6m宽，其中包括4m的路面。新加坡均匀分布的城市公园、居住区公园及其正在实施的公园廊道计划，使市民能够充分享用这些休闲地。公园的建设以植物造景为主，体现自然风光。园中完备的儿童游戏设施和体育健身设施全部免费向市民开放，真正实践着"为人服务、人与自然和谐相处"的造园宗旨。

新加坡花园城市的成就得益于其先进的城市规划理念，突出体现在以下几个方面。

（1）三级规划系统，从战略规划（概念规划）到本地规划（开发指导计划和城市设计规划）再到调整职能（开发控制），流水线般地保证了概念规划目标的实现。

新加坡政府极其重视城市发展规划的编制，早在建国初期，就聘请联合国专家，历时4年之久，高起点地编制全国概念性发展规划。以此为总纲，制定出总体规划和控制性详规，为未来30～50年城市的空间布局、交通网络、产业发展等重大问题提供战略指导。概念规划结束后，在广泛的构架和长期战略的指引下，第二级更详细的计划出台，并将新加坡划分为55个更小的规划区域。它能提供一个地区的规划前景，并能提供指导开发的控制参数，如土地利用情况、强度和海拔高度等。一些指导计划干脆交给私营专家来准备，并鼓励一切有创造性的好主意。同时还要定期进行讨论和检验，保证它们与城市变化的方向相一致。新加坡的规划系统具有规划法所赋予的法定效力。在开发进行之前，所有的开发提议必须获得主管部门的批准，开发指导计划将对这些提议的价值做出指导性评估，土地利用的兼容性和效果将受到检验。环保局等其他相关政府部门也要商议，以保证工程在获得批准之前符合政府相关的政策方针。开发控制制订了灵活的政策，平衡私营开发商的需要和良好城市环境的需要。土地、建筑物、覆盖区、人行道等，都可以根据需要定期调整和改进。

（2）在20世纪六七十年代城市复兴时，城市经济恢复部门的"土地出让程序"是一项重要的城市发展控制手段。60年代时，市中心大量分散的土地归私人所有，极大地阻碍了城市的快速全面开发和城市复兴。新加坡实行土地购置和重新安置政策，使政府能集中一些私营发展商无法自行开发却又造成阻碍的土地。集中土地后，政府提供城市基础设施的开发项目进行公开招标，私营开发者可以投标，并为私营开发者的开发提供资金和技术帮助。为了鼓励投资者和开发商参与到土地出让竞争中来，国家对所有的投资者一律给予金融刺激。其中最重要的一条是"土地出让费用可以分期付款"。成功的投标者可以拿 20%的首付费获得土地的开发权，余下的 80%在 10 年内分期还清。此外，财产所得税比率也从 35%减到 12%。

"土地出让程序"从 1957 年到 1993 年底，共有 520 块土地总计 246 公顷被出售，总共投资额达到 135 亿美元。创造出 775780m² 的办公楼，约占全部办公空间的 17%；754620m² 的商场，约占商场空间的 27%；产生了 6563 套宾馆房间，约占全部宾馆房间的 27%。土地出让程序有助于将城市开发的重点放在面积的增长上，成为一个地区实现计划目标的催化剂。随着政府成为新加坡最大的产权所有者，土地出让程序在推动开发中发挥着关键作用。

（3）新加坡的城市建设处处体现出对自然的保护和对人的深度关怀，始终坚持以人为本，突出山水人主题，实现人与自然的和谐共生。为了保留岛屿的自然风光，新加坡将大约 3000 公顷的树林、候鸟栖息地、沼泽地和其他自然地带规划为自然保护区，以改善整个城市的生态环境。为了营造舒适恬静的人居环境，共建有 337 个公园，包括组团之间建有大型公园和生态观光带。每个镇区建有一个 10 公顷的公园，居民住宅区每隔 500m 建有一个 1.5 公顷的公园。新加坡特别强调对人行步道的绿化，连接各大公园、自然保护区、居住区公园的廊道，使广大市民能充分享用花园绿色休闲地。可见，以人为本是从细微之处入手的。为了满足人们近山亲水的需求，新加坡凡是有山的建筑都是依山就势，保持山景的完整；凡是临水的住宅，都拥有大片的休闲区和亲水设施。著名的南洋理工大学和东海岸公园的建设就充分说明了这一点。

（4）新加坡在大规模的现代化建设中，十分注重对传统历史的保护和延续。英国人早先建造的总督府和高等法院，拉福尔大饭店老楼，火车站以及许多老教堂等历史建筑，都原样保留，并修整一新。对历史文脉的延续还突出体现在保护丰富的历史建筑风格和整个地区的气氛。比如，保留下来的有代表意义的乌节路、实笼岗路等街道，五彩缤纷的牛车水（Chinatown）、小印度（Little India），以及别具一格的古老房屋和各种风俗习惯，都体现了建设布局传统与现代、东方与西方的完美结合，让人们在充分享受现代都市繁荣的同时，尽情体验亚洲传统文化的安详和民族建筑的温馨。

（5）新加坡花园城市的又一显著特点是对城市整体形象的构画与打造，突出表现在道路、水系、建筑的风格上。连接市中心宽广的迎宾大道令人心旷神怡，在街道、城市快速路两旁宽阔的绿化带中，随处可以看到形态各异、色彩缤纷的热带植物，充分体现出赤道附近热带城市的特色。新加坡的河流和小径创造了一个岛中有岛的景象。以新加坡河为例，尽管这只是一条 15km 长的小河，但它依据河道的曲折和支流的蜿蜒，成功地在沿河周边开辟了一个个休闲场地，不仅实现了水清岸绿，而且修建了克拉克码头和许多娱乐设施，每天河里船艇穿梭，两岸游客如织，已经成为新加坡著名的旅游和娱乐区。新加坡的建筑受国土面积的影响，主要以高层为主，其标志性建筑大多集中在新加坡河畔的中央商务区。其中以著名规划师贝聿铭设计的莱佛士大厦、丹下健三设计的金融大厦最具代表性。

（6）新加坡政府十分注重城市基础设施的兴建，他们以超人的气魄，拿出国土面积的15%用于道路建设。在这个岛国上，公路密如蛛网，地铁四通八达，铁路贯穿东西南北，并计划修建通往邻国，交通十分发达便捷。尤其是泛岛快速公路，在全长不到36千米的路面上，竟建有13座立交桥和5座汽车天桥，把全国各主要地区都联结在一起。作为横跨两大洋的枢纽，新加坡建有世界第三大港口，为130个国家提供700多条航线服务。自1986年以来，连续成为世界最繁忙的集装箱海港。新加坡樟宜机场也是亚太地区最主要的机场之一，每周的航班次数约为3434班次。为了加强防污治理，切实保护生态环境，新加坡建有3座现代化的日处理7000吨固体垃圾的焚化厂，以及2250km的网状污水排泄系统和6座污水处理厂。花园城市建设和现代化的基础设施，使新加坡成为一个全球性的现代化大都市。

（7）新加坡城市规划从策划、修编、实施、管理，每一阶段，每个环节，都发动和吸纳公众积极参与，让公众有参与权和发言权，集思广益逐步完善。公众不是被动地接受规划的管理，而是规划的拥戴者和实施者。新加坡正试图减少国家在人民生活中所起的作用，提倡公民更多地参与并负责决策影响他们生活的事情。例如，参与管理他们自己的房地产和新兴居民城等。

（六）国外生态城市建设的经验总结

从前述国外生态城市规划与建设实践可以看出，各国根据各自的自然社会情况、经济发展和交通状况等，在生态城市建设过程中取得了令人瞩目的成果。这里初步总结国外生态城市建设的一些值得借鉴的经验。

（1）制订明确的建设目标和发展措施

生态城市是全新的城市发展模式，它符合可持续发展的理念，追求治癒城市存在的各种问题，因此建设生态城市不是一个改良的过程，而是一场生态革命。它不仅包括物质环境生态化，还包含社会文明生态化，同时兼顾不同区域空间、代际间发展需求的平衡。生态城市的建设必然是一个长期的循序渐进的过程，需要各国根据具体的城市发展状况，制订相应的建设目标和发展措施。

例如澳大利亚阿德莱德在"影子规划"中，详细表述了该市从1836年到2136年长达300年的生态城市建设发展规划。澳大利亚怀阿拉的发展战略对城市生态可持续发展原则做了清楚的阐述。围绕在资源贫瘠地区实现可持续发展，解决怀阿拉的能源和资源问题，提出了"设计并实施全面的水资源循环利用计划"等 7 条生态城市建设的战略要点,通过生态城市建设为市民创造一个更好的居住环境。怀塔克尔是新西兰第一个完成《21 世纪议程》的城市,该市根据议程制订了绿色蓝图,描绘了其生态城市前景,并阐明了市议会和地方社区为实现这一前景而采取的具体行动。丹麦哥本哈根的"生态城市 1997—1999"试图在城市地区建立一个示范性项目,制订了明确的目标,包括实施办法、环境目标等。

(2)根据国情选择不同的建设模式

每个国家的国情、自然生态及社会条件均不相同,在生态城市的建设中应根据本国实际情况,选择适合本国的发展道路。国外生态城市建设的一个突出特点是具有问题指向性,在生态城市建设中不是全面铺开,而是面向问题、抓住重点、逐步推进,针对城市发展中面临的突出问题,如交通拥挤、垃圾污染等问题,集中力量促使一两个问题的解决。在解决问题的过程中积累经验,培养人才,树立形象,凝聚人心,然后逐渐扩展到对其他问题的解决。每个城市都按自己的情况进行重点方面的建设,并不是全面开花。从一个方面入手,这样会起到很好的效果。

比如巴西库里蒂巴建设重点在于城市交通和垃圾资源化,日本有些城市的建设重点在于生态工业园和循环经济,而欧洲的一些城市则重点考虑生态社区。美国在建设生态城市的初期,主要是建造一些生态核心场地项目,即这些场地的建筑物均为节能、节水建筑,后来逐步扩大到水的循环使用、雨水的保存、太阳能供热、城市工业使用再生能源等。

国外在生态城市建设过程中也注重思维观念的创新。比如巴西库里蒂巴坚持完全依靠公共汽车的根本原则,并在长期规划的基础上持续发展公共交通系统。将城市公共交通规划纳入城市总体规划,并将城市建设紧密围绕公共交通运输轴线展开,有效地发挥了公共交通的效能,为城市可持续发展创造了条件。库里蒂巴选择公共交通,打破了巴西大多数城市依赖于小汽车的城市发展定式。该市在设计城市交通时,突破常规的设计理念,综合考虑经济和实际情况,选择了发展成本更低的公共交通,而不是地铁、轻轨等。

(3)在生态城市建设中注重绿化建设

绿化建设在生态城市建设中处于非常重要的地位,国外在绿化建设方面也各具特色。怀塔克尔通过建设城市绿网,将城市与乡村结合起来,为市区的野生动植物提供避难所,从而保护该市的自然资源不被破坏。为使怀塔克尔市更绿,市议会和公众一道开展了很多活动,如"婴儿林"项目、清洁河流活动、废弃地复种等。新加坡城市规划中专门有一章"绿色和蓝色规划",相当于我国的城市绿地系统规划。该规划为确保在城市化进程飞速发展的条件下,新加坡仍拥有绿色和清洁的环境,充分利用水体和绿地来提高人的生活质量。在规划和建设中特别注意到建设更多的公园和开放空间,将各主要公园用绿色廊道相连，重视保护自然环境。

（4）出行方式的选择与交通规划

伯克利设计了一个六街区的慢行街道，设立减速卡，用来降低车速。将公交汽车引入街区，以此来取代小汽车。在繁忙的街区，1辆公交车可以代替5~30辆小汽车。通过建设慢行道，优化配置公交路线，提倡以步代车，推迟并尽力阻止快车道的建设。克利夫兰生态城市建设中"精明增长"的核心内容也指出，"城市建设相对集中，密集组团，生活和就业单元尽量混合，拉近距离，少用汽车，步行上班或上学，提供多样化的交通选择方式；优先发展公共交通，鼓励骑自行车和步行"。库里蒂巴的一体化公共交通系统更是国际上城市规划的典范，通过有效地发挥公共交通的效能，为城市可持续发展创造了条件。城市设计部门强调的沿着城市主轴放射状开发的思路得以实施。阿德莱德为了建设生态城市，鼓励公共交通、骑自行车和步行，这不仅可以降低空气污染、能源消耗、温室气体的排放，而且可将节省下来的土地建成公园或作他用。

（5）开发新能源，提高能源利用效率

伯克利建造了利用太阳能的绿色居所，通过能源利用条例来改善能源利用结构。市政府制订了明确的生态城市议程，其中关于能源的议题指出，公有电力公司推动太阳能利用，并积极替顾客节省能源；推动地区风力发电及燃料能等小规模电力的利用。阿德莱德在实施"影子规划"时，也提出应优化能源利用结构，减少能源消耗，使用可更新能源、资源，促进资源再利用。哈利法克斯的生态开发原则指出，应优化能源效用，实现低水平能量消耗，使用可更新能源、地方能源产品和资源再利用技术。怀阿拉的生态城市项目充分融合了可持续发展的各种技术，包括传统的能源保护和能源替代等。其生态城市战略要点指出，在城市开发政策上实行强制性控制，对于新建住宅和主要的城市更新项目，要求安装太阳能热水器，并在设计上尽量改进能源效率。

（6）大力发展生态农业

都市农业于20世纪上半叶率先出现于欧、美、日等发达国家和地区，而后迅速向其他发达国家和地区传播普及。都市农业最初是指都市圈中的农业，即在发达国家一些大都市里保有一些可以耕作的土地，并由市民进行农耕。随着都市发展和城市社会生活的变化，在市区少量土地上进行农耕，已经不能满足都市居民新的消费偏好产生的需要，市区农业用地的职能开始由市郊土地所代替，从而都市农业的区域范围乃至其功能与作用日渐扩展。作为生态城市建设的一个重要方面，都市有机农场已在许多国家得到认可和实践，被认为是缓解城市地区贫困的有效战略。如罗萨里奥都市农业就取得了很大的成效。又如伯克利具有典型的城乡结合的空间结构，在住宅区内，每隔一栋独立住宅就有一块占地有数个住宅面积大的农田，上面种植的蔬菜和水果作为绿色食品，很受当地及附近城区居民的喜爱。这些都是生态城市建设中都市农业思想的体现，它们不仅可以成为城市重要的食品供应地，而且还可以成为城市居民休闲娱乐以及生态教育的场所。

（7）生态工业园蓬勃发展

国外在生态城市建设中，其工业体系模仿自然生态系统的运行规则。如卡伦堡工业共生体完全是通过公司间的自发合作逐步形成的。出于经济上节省开支、减少成本的考虑，很多公司结合在一起，通过共同使用资源，提高了资源使用的效率。相互间利用副产品，不但节省了用于购买原材料的成本，而且减少了原先由于排放污染物而必须缴纳的环境税费，取得了经济和环境效益的双丰收。

（8）注重城市基础设施的兴建

城市基础设施是城市赖以生存和发展的重要基础条件，是城市发展不可缺少的一个组成部分。随着城市规模的不断扩大，城市各项功能的不断演变和强化，以及城市居民对生活质量和环境质量要求的不断提高，作为城市社会经济活动的载体，城市基础设施建设的作用正日益受到人们的重视。建设并管理好城市基础设施，对促进城市稳定健康地发展具有特别重要的意义。

新加坡政府十分注重城市基础设施的兴建，他们以超人的气魄，拿出国土面积的15%用于道路建设。在这个国家中，公路密如蛛网，地铁四通八达，铁路贯穿东西南北，交通十分发达便捷。

（9）延续历史文脉

波特兰市对公共文化艺术十分关注，要求所有的新建项目都要向公共文化艺术捐赠一定比例的资金。还注重历史遗产的保护，努力保护重要的历史建筑物。新加坡在大规模的现代化建设中，也十分注重对传统历史的保护和延续，英国人早先建造的总督府和高等法院，拉福尔大饭店老楼，火车站以及许多老教堂等历史建筑，都原样保留，并修葺一新。对历史文脉的延续还突出体现在保护丰富的历史建筑风格和整个地区的气氛。比如，保留下来的有代表意义的乌节路、实笼岗路等街道，五彩缤纷的牛车水、小印度，以及别具一格的古老房屋和各种风俗习惯。克利夫兰市政府建立了专门的生态可持续研究机构，其中包括历史文化遗产保护方面的研究，并取得了可喜的成果。澳大利亚城市生态协会1997年提出的生态城市发展原则，包含保护历史文化遗产，培育多姿多彩的文化景观等。哈利法克斯的生态开发原则，也包含"尊重历史，最大限度保留有意义的历史遗产和人工设施""丰富文化景观"等。联合国提出的有关生态城市标准，包含"保护好历史文化古迹，不破坏自然资源，处理好保护与发展的关系"方面的内容，被认为是生态城市的基本概念。

（10）政府与私企紧密合作

新加坡在生态城市建设中，十分重视政府与私人的合作，通过《土地购置法》的土地购置和重新安置政策，使政府能集中一些私营发展商无法自行开发却又造成障碍的土地。集中土地后，政府提供城市基础设施的开发项目进行公开招标，私营开发者可以投标，并为私营开发者提供资金和技术帮助。库里蒂巴的公共交通系统由 10 个私人公司经营，并由属于市政府管理的城市公交公司统一管理。私人公司从公交公司得到持有公交车辆和提供公交服务的运营许可，拥有车队并且负责完成具体的运营。州政府给私人公司提供许多方便，如私人公司向银行贷款由州政府担保等。这种公私结合的合作方式，由公共管理机构确定长期的规划，可以避免因过分关注局部利益使得规划线网不合理而造成的资源浪费；而由私人公司投入主要的建设运营资金，可以在相当程度上减少政府的负担，并保证库里蒂巴市公交系统的良性发展。

（11）以强大的科技为后盾

生态城市建设强调城市发展与城市生态平衡相协调，因此必须以强大的科技作为后盾。在生态城市的建设中，世界各国许多城市都重视生态适应技术的研制和推广。怀阿拉建立了能源替代研究中心，研究常规能源保护和能源替代，可持续水资源使用和污水再利用等。克利夫兰市政府建立了专门的生态可持续研究机构，研究生态城市建设中生态化设计、城市交通、城市的精明增长、历史文化遗产保护、物种多样性、水资源循环利用等问题，并取得了可喜的成果。北九州成立了以环境新技术开发为主的研究中心，调查、研究回收处理和再利用技术的安全性及产品化的可行性。还建设以培养环境政策、环境技术方面的人才为主的基础研究及教育基地，在生态城市建设过程中十分注重科技的力量。正是由于重视生态适应技术的研究，重视发展生态农业、生态工业的优良队伍，落实专业人才的培养，因而这些国家的生态城市建设都非常先进。

（12）以政策和资金为支撑

克里夫兰市政府为了推动生态城市的建设，在其可持续计划中制定了一系列政策，包括鼓励在新的城市建设和修复中进行生态化设计，强化循环经济项目和资源再生回收，规划自行车路线和设施等 14 条政策措施。库里蒂巴市政府制订了公交导向的城市开发规划，致力于改善和保护城市生活质量的各种土地利用措施。总体规划规定城市沿着几条主要轴线向外进行走廊式开发，不仅鼓励混合土地利用开发的方式，而且规划以城市公交线路所在的道路为中心，对所有的土地利用和开发密度进行分区。由于在城市规划、土地利用和公共交通一体化等方面取得的巨大成就，库里蒂巴被认为是世界上最接近生态城市的城市。

生态城市建设的理论与实践都离不开资金的支持。如怀阿拉市政府资助成立了干旱区城市生态研究中心，开展对生态城市的理论和应用研究。克里夫兰市政府成立了全职的生态城市基金会，启动了生态城市建设基金，用于生态城市的宣传、信息服务、职业培训、科学研究与推广。此外，美国、澳大利亚、丹麦等国为生态农业、生态工业、生态建筑的研究和推广提供大量的资金，在不同程度上推动了这些国家生态城市的发展。

（13）对公众的关注

在美国生态学家理查德·雷吉斯特提出的生态城市建设的 10 项计划中，第一项就是普及与提高人们的生态意识。公众是城市的建设者、消费者、保护者。一个城市成为生态城市的前提是对其市民进行环境教育。在这方面，库里蒂巴十分注重儿童在学校受到与环境有关的教育，而一般市民则在免费的环境大学接受有关的教育。市政府激励企业、组织和个人参与公益活动，并建立起相应的机制和激励措施。比如，通过开展"让垃圾不成垃圾"活动，引发 70% 的家庭参加可再生物质的回收工作，节约了建设昂贵的垃圾分拣工厂的投资。丹麦的生态城市项目包括建立绿色账户，设立生态市场交易日，吸引学生参与等内容，这些项目的开展加深了公众对生态城市的了解。怀阿拉生态城市咨询项目，由澳大利亚 Acropolis Tylopod 公司、澳大利亚城市生态协会和南澳大利亚大学中标后在各种场合宣传怀阿拉的生态城市项目，频繁地在中小学宣传怀阿拉生态城市项目的内容和意义，并开展了由年轻一代参与的短故事竞赛，让他们想象怀阿拉未来生态城市的图景，以便进行生态城市的设计。哈利法克斯生态城规划提出了社区驱动的生态开发模式，鼓励社区居民以各种方式参与生态城市建设，包括参加到"赤脚建筑师计划"队伍中，参与城市的规划、设计和建设。此外，应创造广泛、多样的社会及社区活动；保持和促进文化多样性，将生态意识贯穿到生态社区发展、建设、维护的各个方面；加强对生态开发过程中各方面运作的教育和培训等。这些城市采取的一系列措施，拓宽了广大公众参与生态城市建设的渠道，提高了公众的生态意识，促进了生态城市的建设和发展。

（14）关注社会公平

在生态城市建设中坚持可持续发展的思想，即人类在发展中不仅要追求经济利益，还要追求生态和谐与社会公平，最终实现全面发展。国外在进行生态城市建设中也积极关注社会公平。为了帮助低收入和无家可归的人，库里蒂巴开始了"line to work"的项目，目的是进行各种实用技能的培训。1988 年著名的环境项目"垃圾不是废物"引发 70% 的家庭参与可再生物质的回收工作，垃圾的循环回收率达到 95%。回收材料售给当地工业部门，所获利润用于其他的社会福利项目。垃圾回收利用公司为无家可归者提供了就业机会。市政府还在低收入地区专门实行了"垃圾换物"计划。怀塔克尔倡导"可持续的、动态的、公平的环境、经济和社会"的生态城市建设目标，其中公平的社会目标提出，应保证人们的福利水平不是由其财富决定的，应给予每个人健康服务、教育、休闲的机会和合理的住房标准，给予每个人充分参与社会生活各个方面的机会。这意味着公平社会应能倾听民声，在允许的范围内最大限度提高个人自由。

二、国内生态城市建设实践

（一）2009 年以前中国生态城市建设的回顾与总结

早在 1984 年，江西省宜春市就进行了生态城市的规划与建设。后来相继有广州、扬州、宁波、厦门、常熟等不同级别和规模的城市也纷纷进行了生态城市规划和建设。2002 年，国家环保总局颁布了生态县、生态市、生态省建设指标（试行）标准，极大地推动了国内生态城市建设。截至 2004 年底，中国已有海南、吉林、黑龙江、江苏、浙江、福建、山东、安徽、陕西、云南 10 个省先后提出建设生态省的战略目标，北京、上海、杭州、深圳、苏州、无锡、南京、扬州、常州、厦门、宁波等近 40 个大中城市提出或正在着手进行各自生态市的规划与建设，300 多个村镇提出建设生态村镇或生态示范区的计划。

中国地域辽阔，各地区的自然状况、经济发展水平、社会背景等基础条件各异，并形成了各自的特点，在生态城市建设中有不同的城市定位，如长春提出建立森林城市，昆明提出建立山水城市，威海提出建立以高新技术为主的生态化海滨城市，而贵阳则是国家环保总局确定的首个循环经济型生态城市试点城市。

1. 通过生态城市规划指导生态城市建设

生态城市规划，就是在城市规划中运用生态学原理，将城市作为一个开放的、特殊的生态系统进行规划，同时将它视为一个更大范围的生态系统的一部分。目前，我国很多城市构建了与城市规划并行的一套生态城市规划体系。生态城市规划的内容主要包括：经济总量的提高和生态经济的发展，城市人口的分布，自然生态环境的改善和环境质量的提高等。生态城市规划是创建生态城市的基础，在空间上以行政单元为主体，编制内容参照由国家环保部颁布的《生态县、生态市建设规划编制大纲》，主要包括生态环境和主要资源状况，生态功能区划，生态产业体系建设，自然资源与生态环境体系建设，生态人居体系建设，生态文化体系建设，生态城市建设重点项目等。生态城市规划可作为城市规划中生态环境相关分析和制订保护措施的重要依据或参考。

（1）杭州市

2003 年 7 月，杭州市委、市政府做出了建设生态市的部署，规划到 2010年市区建成生态市，到 2015 年全面建成生态市。规划的战略定位是从以碎石型、粗放型经济为主导的产业体系，向复合型、特色型和知识型经济为主导的高效型经济转型，建立长江三角洲南翼中心城市三足鼎立支撑的现代化生态型经济新模式；实现"城市东扩、旅游西进、沿江开发、跨江发展"的整体发展战略，建设空间整合的地域发展模式；建设山水城田和谐共生的生态环境。在杭州生态市建设规划的基础上，全市八区五县（市）及杭州经济技术开发区和西湖风景名胜区管委会，已全部完成生态建设规划并通过论证；137个乡镇、57个街道中，全部乡镇和36个街道编制了生态建设规划并通过了论证。同时对生态市建设工作进行了多项专项规划的编制，完成了《杭州市环境共保规划》《杭州市生态农业发展规划》《杭州市工业循环经济发展规划》等规划。2007年杭州市通过了《杭州市生态带概念规划》，加快推进"三副六组团"建设和"六条生态带"保护，打造组团式生态型大都市。

（2）宁波市

2004年宁波市通过了《宁波市生态市建设规划》，构建城市绿网、水网、路网三大生态网络，重点关注中心城区、镇海—北仑工业发展区、象山港工业发展区、环杭州湾产业发展带4个重点地区，确定水生态建设与保护、生态经济建设、生态人居、生态文化、农村生态环境保护五大行动领域，明确将实施环境治理、生态建设、文化教育、产业升级、结构调整五大工程。

（3）昆明市

2008年，《昆明生态市建设规划文本（征求意见稿）》向社会公布，《规划》将昆明市划分为若干生态体系。分为重点保护区、限制开发区和优化开发区3类生态功能区类型。2008—2010年，全面启动生态市、生态县和环境优美乡镇的建设。初步建成五大循环经济工业体系，形成低消耗、低排放、高效率的生态产业体系。保护和恢复生态格局和生态功能，生物多样性得到有效保护，生态环境质量得到进一步改善。

尽管目前我国很多大中型城市都意识到了建设生态城市的重要性，并积极建设实施生态城市规划，但有学者认为：① 独立的生态城市规划缺少传统城市规划的综合性（利益主体的多样性），只是"围绕生态概念，""针对城市生态问题而进行界定性的研究"，使得生态城市规划的过程与结果显得过于专业化，缺乏规划应有的政策特色，未能很好地融入到传统的城市规划体系中去，以致中国的城市规划理论与实践不可能从生态城市规划中吸收太多的养分，仅仅是城市规划的参考而已。② 生态城市规划本身由于不具备与城市规划一样的法定地位，缺少法律、法规的保障，而且缺乏国家规范，实施主体不明确，往往难以达到预期效果。③ 生态城市建设规划对城市特点体现不充分，没有充分意识到针对中国城市地区差异显著的现状。不同城市在生态城市建设中应该把握住一个核心，同时又有各自的侧重点。即生态城市建设的本质是在自己的区域背景和城市特点下，寻求环境、资源与社会经济协调、可持续发展，物质、能量和信息高效利用，生态良性循环的理想人居环境的建设途径。

2. 通过在区域内部建立生态新城带动生态城市建设

在我国现有的经济社会与城市建设条件下，完全按照生态城市的理念彻底改变原有城市的规划设想，具有很大的困难。因此，在实践探索中出现了理念先行的生态新城建设，即在大中城市内部规划出有限地域，建设新的生态城。典型的例子有上海崇明岛东滩生态城、天津中新生态城和河北廊坊万庄生态城。

（1）上海崇明岛东滩生态城

位于上海崇明岛的东滩生态城是中国最早的生态城样本，规划约 84km²，将主要由三大板块组成：24km² 的国家湿地公园，27km² 的生态农业园，余下的土地逐步作为生态城镇开发。根据规划，东滩生态城启动区域规划面积 12.3km²，由 3 个小型城镇组成。生态城具有良好的防洪设计，人均绿化率预计达到 27m²，整个城市建设周期将分阶段实施。生态城项目将在全球率先探索未来城市可持续发展的途径，从区域生态环境优先的角度，统筹区域城镇体系布局、环境、交通和基础设施等建设，促进经济、社会、人口、资源和环境的协调发展。

（2）天津中新生态城

天津市启动《2008—2010 年生态市建设行动计划》，计划用 3 年时间实施总投资约 165 亿元的 149 项重点工程，建设成生态城市。2008 年，中新天津生态城开工建设，到 2010 年将建成 3km² 的起步区。中新生态城建设具有以下特点：① 第一个国家间合作开发建设的生态城市；② 在资源约束条件下建设生态城市；③ 以生态修复和保护为目标，建设自然环境与人工环境共融共生的生态系统，实现人与自然的和谐共存；④ 以绿色交通为支撑的紧凑型城市布局；⑤ 以指标体系作为城市规划的依据；⑥ 以生态谷（生态廊道）、生态细胞（生态社区）构成城市基本构架；⑦ 以城市直接饮用水为标志，在水质性缺水地区建立以中水回用、雨水收集、水体修复为重点的生态循环水系统；⑧ 以可再生能源利用为标志，加强节能减排，发展循环经济，构建资源节约型、环境友好型社会。

（3）河北廊坊万庄生态城

河北廊坊万庄生态城建设于 2008 年正式启动，并直接借鉴了东滩规划的经验，首期开发 17.5km²。万庄生态城位于廊坊市区西北处，总面积达 80km²。按照河北省通过的总体规划，到 2020 年，万庄将从一个传统的农业经济区，转变为以现代农业和服务经济为主的生态城市，预计人口将达到 18 万。万庄生态城规划了 60 多个公园，2 个中心绿化带和 2 个外围绿化带，加上保留的基本农田和万亩老梨树，人均拥有超过 100m² 的城市开放空间。集约型交通、水循环利用等建设模式，将使二氧化碳排放减少 50%。相对于传统的城市开发，生态城开发从规划开始就立足于经济、社会、环境、资源的可持续发展，综合考虑产业发展和文化传承，并着力使农业、农村、农民与城市化发展融为一体。

3. 生态新城建设特点及差异

通过分析比较发现，各个生态新城建设各具特点，同时也存在差异与问题。

（1）政府在生态城建设规划中的作用。不可否认，我国生态城市的建设还处于初级阶段，急需建立一种合理的生态城市建设新机制。生态新城的建设涉及到政府部门、企业开发商和公众等多方面利益。建立政府主导、市场推进、执法监督、公众参与的环境保护新机制，是生态新城建设的保障。政府是生态城市建设的主导力量，应加大力度有效引导、规定、维护、激励整个社会保护和建设城市生态环境的行为。

（2）生态城市的建设成本问题。作为一种新型的环保理念，在现有的技术条件下，生态城市建设与居住的成本较高。以建筑节能为例，采用建筑节能技术，成本可能比目前普通住宅高 50%。目前，上海建设的一些比较经典的尽可能采用先进节能技术的样板房，每平方米的建造成本比普通的高 1500～2000 元。

（3）充分发挥生态新城建设的示范试点作用。必须将生态新城的新理念、新管理和新技术应用于城市总体规划和建设管理之中。天津中新生态城强调以绿色交通系统，直接饮用水、绿色建筑以及注重清洁能源为其重要特点；而崇明东滩生态城则主张碳排放量为零，使用太阳能、风能等天然能源，打造自然循环系统等。几乎所有的生态城都是围绕节能、环保去构建，强调新技术的应用。生态城是根据当地的气候、地貌、经济、文化，甚至民俗、风土民情相结合，因地制宜地去利用已有条件，构建与自然和谐共存的循环发展之城。它有赖于新技术的应用，而又不仅仅停留于此，在某种程度上又更注重人文和文化理念。

（4）生态城建设效果评估。不能仅仅依靠指标体系，生态系统与经济社会系统的统一融合是一个长期的过程，需要长期的跟踪评估。

4. 资源型城市转型为生态城市

资源型城市是中国重要的城市类型，一般指依托于矿产资源、森林资源等自然资源，并以资源的开采和初加工为支柱产业的、具有专业性职能的城市。在以自然资源为物质基础的工业化进程中，资源型城市作为区域增长中心和空间极核，为中国经济社会发展做出了巨大贡献。随着经济体制改革的不断深入，经济结构的逐步调整以及资源型产品供求关系的重大变化，资源型城市的发展出现了主导资源濒临枯竭、经济持续衰退、接续产业难以发展、生态环境急剧恶化、低收入和高失业长期并存等一系列重大问题，其生存与发展受到了前所未有的威胁与挑战。中国现有资源型城市 118 座，土地总面积 96 万 km^2，涉及总人口 1.54 亿。资源型城市经济转型正面临着重大的经济、社会和资源环境问题。

2008 年 3 月，国家正式确定甘肃白银、河南焦作、江西萍乡、湖北大冶、吉林白山、云南个旧、辽宁阜新、黑龙江伊春、吉林辽源、辽宁盘锦、宁夏石嘴山和黑龙江大兴安岭地区 12 个城市，为全国首批资源枯竭型城市。此前，资源型城市如何转型发展，这 12 个城市进行了多种形式的探索，取得了一些成效。但是，被国家确定为首批资源枯竭型城市后，如何通过国家扶持再造产业优势，全面解决经济、社会、生态、文化等方面的问题，成为一个新的课题。中国科学院地理科学与资源研究所董锁成研究员认为，解决资源型城市资源浪费、环境污染、生态破坏和人居环境恶化等问题，重要途径之一是着力建设生态城市。其关键在于以构建城市生态产业体系为主线，以恢复城市生态功能和完善城市基础设施为重要手段，推进城市生产 – 消费 – 资源 – 环境良性循环，开创资源型城市向生态城市转型的新型可持续发展模式。

石嘴山市面对资源枯竭、生态环境恶化的困境，提出转变成为山水园林式的新型工业城市的奋斗目标。在改造提升煤炭等传统产业的同时，石嘴山关停了平罗县恒达水泥厂等一批污染重、能耗高的企业，淘汰了电石、铁合金行业中国家明令淘汰的设备，培植壮大稀有金属、精细化工、电子元器件等新兴支柱产业，并形成了以煤化工及氯碱化工为主的 14 条循环经济产业链。从而加快了城市新区建设与旧城改造，积极调整区划结构，城市化率由 2000 年的 52% 提高到 2007 年的 59%。石嘴山在全市规划建设 17 个大型生态园，总面积达 30 万亩。到 2007 年底，全市林木覆盖率已上升至 10.8%，人均公共绿地达到 $8m^2$。还利用矸石山、粉煤灰山开发建设了中华奇石山和绿宝石生态园。2007 年，石嘴山市荣获"全国水土保持生态环境建设示范城市"，被评为中国特色魅力城市 200 强之一，有效提高了资源经济转型的承接力。

（二）2009 年以来我国低碳生态城市建设

在 2009 年国际城市规划与发展论坛上，住房和城乡建设部副部长仇保兴博士首次提出了"低碳生态城市"的概念。这一概念的提出是对生态城市理念、内涵的深化和具体化，也为我国城市发展模式的转型提供了明确的方向和思路，一经提出就受到社会各界的普遍关注和认可。建设低碳生态城市，既是顺应城市低碳化、生态化发展趋势的重要战略抉择，也是转变发展方式、践行科学发展观的重要举措。2010 年 1 月，住建部与深圳市政府签署了共建"国家低碳生态示范市"的合作框架协议，深圳成为全国首个国家低碳生态示范市；2010 年 7 月，住建部与无锡市人民政府签署"共建国家低碳生态城示范区——无锡太湖新城合作框架协议"；2010 年 10 月，住建部与河北省共同签署了"关于推进河北省生态示范城市建设，促进城镇化健康发展合作备忘录"。2011 年 1 月，住建部成立低碳生态城市建设领导小组，组织研究低碳生态城市的发展规划、政策建议、指标体系、示范技术等工作，引导国内低碳生态城市的健康发展。另外，住建部还与美国、瑞典、英国、德国、新加坡等国家的有关部门签署了生态城市合作方面的谅解备忘录，共同开展生态城市方面的国际合作和交流。

除此之外，地方各级政府对于低碳城市、生态城市等也表现出极大的热情和关注。中国城市科学研究会学术交流部所做的一项统计表明，截至 2011 年 2 月，在中国 287 个地级以上城市中，提出生态城市建设目标的城市有 230 个，所占比重为 80.1%；提出低碳城市建设目标的城市有 133 个，所占比重为 46.3%；综合上述两项建设目标，提出低碳生态城市有关建设目标的城市已达 259 个，占到地级市比例的 90.2%。

2009—2010 年度生态城市典型案例一览表如表 2-3 所示，2010—2011 年度生态城市典型案例一览表如表 2-4 所示。

无论是政府提出的建设目标，还是正在开展的建设实践，生态城市的发展热潮已经席卷中国大地。但由于当前生态城市建设尚处探索阶段，其建设和发展中所表露出的问题也是不容忽视的。

（1）生态城市建设动机不明晰，概念化问题严重

当前，我国各级政府对生态城市发展普遍给予了高度关注，并且进行了不同程度和规模的生态城市建设实践活动，但建设过程中存在着动机不够明晰，盲目跟风，一味强调政绩工程的现象。很多生态城市的规划提出了低碳、宜居、智慧、绿色等理念，作为生态城市的建设原则和目标，但这些生态城市的发展目标以及相关规划过于理想化，缺乏实质性的城市建设操作内容。

（2）生态城市建设忽视所应有的发展本质

在当前开展的生态城市建设中，有相当一些地方的生态城市建设并不是真正意义的生态城市建设，而是借生态城市的名义进行"圈地运动"，破坏了当地良好的生态环境，这是打着生态城市的旗帜在做反生态、破坏生态的事情。如国内正在开展的一些生态城市实践，完全不考虑生态环境问题，将地点选在自然基底良好的生态敏感区内进行开发建设，这不但是对自然环境的极大干扰，而且会破坏生物多样性，引发连锁性自然灾害的产生，对生态城市的建设安全酿成隐患，造成不可弥补的损失。

（3）生态城市建设缺乏理论和方法的创新机制

当前，生态城市规划和建设更多的是依据现有理论与方法，缺乏对生态城市规划、建设理论与方法的创新。导致生态城市的规划建设更多的是依托国外现有的规划理论和技术实践，较少考虑中国的国情和实际发展需求，对于地域文化和居民的认同感、归属感也考虑不够。生态城市建设应在理论上重新审视规划的意义和作用，通过将低碳、生态理念植入传统规划的技术方法，来创建具有中国特色的生态城市规划方法，同时依据不同层级规划的要求，做到科学、合理、有效的实施和落实。

表2-3　2009—2010年度生态城市典型案例一览表

编号	城市（地区）	地域	人口规模/万人	行政等级	气候类型	是否新建	生态建设主要特色
1	中新天津生态城	东部	35（规划）	直辖市的一个区	暖温带半湿润季风	是	指标体系、区域生态格局、生态适宜性评价、绿色交通、生态社区
2	曹妃甸生态城	东部	100（规划）	地级市的一个区	暖温带大陆性季风	是	指标体系、节能设计与新能源利用、水资源利用、城市安全、循环经济
3	北川县	西部	7	县城	亚热带季风性湿润	是	低碳模式、灾后重建绿色低碳实施保障机制
4	吐鲁番市	西部	25.2	县级市	大陆荒漠性	是	指标体系、节水与节能、生态防护、历史文化保护
5	密云县	东部	42.7	县	温带季风	否	新能源与节能、污水处理、生态修复工程
6	延庆县	东部	28.6	县	温带季风	否	新能源利用、生态产业、循环经济、保障机制
7	德州市	东部	564.2	地级市	暖温带半湿润季风	否	新能源开发利用、生态宣传教育、责任考核制
8	保定市	东部	1100	地级市	暖温带大陆性季风	否	可再生能源利用、节能减排、低碳技术、低碳产业
9	淮南市	中部	240.9	地级市	亚热带湿润季风	否	瓦斯综合利用、塌陷区生态修复、棚户区改造
10	安吉县	东部	45	县	亚热带季风湿润	否	污水与垃圾处理、节约型村庄整治、生态经济、城乡统筹
11	长沙市	中部	646.5	省会	亚热带风湿润	否	区域规划与指标体系、"两型""先导区"、"两型"产业、保障机制
12	深圳市	东部	876.83	副省级	热带海洋性季风	否	绿色建筑、基本生态控制线、绿色交通、绿色通道
13	东莞市	东部	625.65	地级市	亚热带风性湿润	否	生态工业园

表2-4　2010—2011年度生态城市典型案例一览表

编号	城市（地区）	地域	面积/km²	人口规模/万人	行政等级	气候类型	是否新建	生态建设主要特色
1	中新天津生态城	东部	25(2020)	35(2020)	直辖市的一个区	暖温带半湿润季风	是	指标体系、能源综合利用、绿色交通、城市安全与社会事业
2	曹妃甸生态城	东部	150	100(规划)	地级市的一个区	暖温带大陆性季风	是	指标体系、新能源和资源利用、城市安全、循环经济
3	德州市	东部	10356	564	地级市	暖温带半湿润季风	否	新能源开发利用、生态宣传教育、责任考核制
4	保定市	东部	22190(全市)	1100(全市)	地级市	暖温带大陆性季风	否	可再生能源利用、节能减排、低碳技术、低碳产业
5	吐鲁番市示范区	西部	8.81	6	县级市	暖温带大陆荒漠性	是	指标体系、节水与节能、生态防护、历史文化保护
6	门头沟中芬生态谷	东部	100	100(规划)	直辖市的一个区	温带季风	是	产业体系集成、规划设计布局
7	淮南市	中部	2596	243(2009)	地级市	亚热带半湿润季风	否	瓦斯综合处理、塌陷区生态修复、棚户区改造
8	东莞市	东部	780(建成区)	178.73(2009)	地级市	亚热带湿润	否	生态园、生态绿城、生态文化新城
9	安吉县	东部	1886	45(全县)	县	亚热带湿润季风	否	污水与垃圾处理、生态村建设、生态产业县、全国生态文明试点
10	武汉市	中部	8494	910(常住)	省会	亚热带季风湿润	否	资源节约利用和环境保护产业结构、城市功能、城乡统筹、土地利用和税金
11	深圳市	东部	813(建成区)	876.8(常住)	副省级	热带海洋性季风	否	绿色建筑、基本生态控制线、绿色交通、绿色通道
12	呈贡新城	西部	155	100(规划)	省会市的一个区	低纬高原山地季风	是	土地混合使用、城市低碳规划、城市生态绿体系
13	无锡太湖新城	东部	150(规划)	100(规划)	地级市的一个区	亚热带温润	是	合理城市布局、循环高效的资源能源利用、绿色交通、原生态多样性均质化环境
14	合肥滨湖新区	中部	196	15(2010)	地级市的一个区	亚热带湿润季风	是	水环境综合治理、绿色交通、生态社区、用地规划、能源综合利用、生态产业

（4）生态城市建设忽略成本效益核算

我国是一个具有悠久历史、优良传统和丰富智慧的国家，通过运用传统智慧中的一些简单的措施，就能使得生态城市建设起到良好的效果。而目前进行的生态城市建设实践，却摒弃了这些低成本、高效益的手段，热衷于追求技术的新、奇、特，热衷于追求立竿见影的效果。另外，生态城市建设过程中也缺乏成本控制的考量，导致生态城市建设并没有形成良性的运营和发展。生态城市建设并不是不计成本的建设，其建设过程离不开经济方面的考虑。因此，应通过全生命周期综合判断和核算其真正的成本，通过成本与收益的分析，最终得出生态城市建设的可行性，使得案例城市真正做到可复制、可实施和可推广。

（5）生态城市建设配套法规制度的缺失

生态城市是当今城市发展的趋势和方向，是贯彻科学发展观的具体实践，也是顺应时代发展、建设和谐社会的具体要求。当前，开展生态城市实践的大部分城市，没有就生态城市建设制订相关的配套法律法规，缺乏对生态城市建设的制度保障。国外的生态城市建设，从国家层面到地方层面都对生态城市建设的立法工作极为重视。通过立法，为生态城市建立起一套绿色（或生态）法律保障体系，包括绿色秩序制度、生态激励制度、绿色社会制度等。因此，我国生态城市建设过程中法制建设亟待加强，应从生态规划、生态投融资、生态城市建设和机制保障等方面制订相关的法律法规。

（6）生态城市建设盲目关注大城市和新城开发

当前开展生态城市实践活动最为积极的多是经济较为发达的城市（城区），如北京、上海、天津、无锡、武汉、深圳等。对于生态城市的相关宣传和报道，中小城镇却很少提及，这就造成了"生态城市等于经济发展水平高的城市"的一种错误认识。另外，当前的生态城市建设除了多分布于东部沿海地区以外，还呈现多数属于新城开发的特点。尽管新建地区的生态城市建设投入成本高，但是具有见效快的特点。因此，在多种因素的驱使下，很多城市在进行生态城市实践时选择了新城运动，而见效慢、推动慢的建成区生态化改造则处于被冷落的境地。殊不知，建成区的生态化改造才是当前我国进行生态城市建设的重中之重，同时也是未来生态城市实践的发展趋势。

归纳中国生态城市建设的典型案例，可以得出以下几点启示。

（1）制订明确的生态城市建设发展目标

生态城市建设所涉及的方面较广，如果每个方面都想兼顾，所要投入的人力和物力是非常巨大的。因此，只有明确了发展建设目标，并使目标的实现具有非常好的操作性，才能更好地完成生态城市建设。例如：著名的生态城市——伯克利市就是依据理查德·雷吉斯特的观点进行建设的。他认为生态城市应该是三维的、一体化的复合模式，城市应该是紧凑的，是为人类设计的，而不是为汽车设计的。伯克利市，所有的规划与设计都考虑使人能够达到方便快捷的生活、工作和学习，整个城市是紧凑而协调的。清晰明确的生态城市建设发展目标，既有利于公众的理解和积极参与，也便于职能部门主动组织规划并实施，保障了生态城市建设能够稳步推进。

（2）建设各具特色的生态城市

生态城市建设应兼顾地域特色，不同地区所建设的生态城市应有自己的特色，避免当前城市建设中出现的千城一面的情况。这也就是说，生态城市应当是个性化的城市，应当从城市自身特色和文化内涵出发，在建设过程中充分考虑当地的地域文化特色，并通过适宜合理的措施和方法，将地域特色反馈到生态城市的建设中，使其成为生态城市的亮点。如库里蒂巴市根据自身发展需求，将生态城市建设的重点放在公共交通一体化发展和垃圾资源化利用方面；安吉县根据自身竹资源丰富的特色，将"美丽乡村、风情小镇、优雅竹城"作为不同层次的发展理念，努力实现经济发展与生态环境双赢的局面。

（3）创新生态城市规划编制内容和方法

生态城市的发展理念、目标和指标体系等，都需要通过与规划相结合才能落实到空间层面，从而实现生态城市从理论到实践的过程。因此，生态城市规划应当有效融合生态的理念和技术，以人居系统和自然系统的和谐为出发点，对传统空间规划设计方法和技术体系进行总结和提升，借助于软件模拟和分析研究生态理念植入城市规划的可行方法和途径，明确不同尺度的低碳生态城市规划编制的目标、原则和方法，明确不同规划要素（理念、目标、布局、技术、政策）相应改变的内容和深度。

（4）推行适宜技术和试点示范项目

生态城市的建设实践不但需要理论层面的指导，而且需要在具体实践上遴选示范案例项目为标杆、推广适宜技术作支撑。应当在遵循能推广、可复制、低成本、高效益的原则下，面向实际需求，研究开发一批节能、节水、节地、节材的适用新技术及产品。在全国不同的地域试点，示范生态城市建设所涉及的绿色建筑、新能源使用、绿色交通、循环产业、生态环境、废弃物利用、绿色基础设施等方面的新技术、新项目，并在条件成熟的地区，对适宜技术进行推广实施，形成示范基地，加快生态城市的建设步伐。

（5）建立生态城市的公众参与制度

建设生态城市、保护生态环境，是实现人与人、人与自然之间和谐相处的必由之路，需要全社会每一个人的参与和贡献。因此，加强公共参与是生态城市建设的一个非常重要的方面。国外的生态城市建设重点考虑了人的因素，无论是规划方案的制订、实际的建设推进，还是后续的监督监控，都有具体的措施保证公众的广泛参与，充分体现了以人为本的原则。而目前国内的公众参与，主要还是政府倡导下的形式上的参与。因此，应当通过合理有效的保障措施，拓宽公众参与的渠道，加强公众参与的广度和深度。要让公众了解生态城市建设的整体情况，并通过合理的方式反馈公众的诉求和建议，让公众参与有效地融合到生态城市的各个建设阶段。

（6）建立生态城市建设制度保障体系

生态城市建设的顺利开展离不开制度保障体系的建设，因此需要从法律、政策和管理制度等方面加以完善。生态城市应当建立一套包含生态城市规划、建设、激励、监管等方面的制度保障体系。同时，根据不同地区的地域特色、自然区划等因素，制订并完善有关生态城市建设发展的地方性法规和配套政策体系。合理有效的制度保障体系能够明确政府、企业和公众各自在生态城市规划和建设中的责任，让生态城市的建设规划落到实处，保障生态城市建设的顺利开展。

毋庸置疑，当前的生态城市建设已经成为中国应对和化解资源和能源危机的必要举措，也是在全球新一轮生态革命中谋求一席之地，为全球可持续发展做出贡献的重要机遇。尽管生态城市的发展之路还存在很多复杂的问题和困难，但责任和担当、挑战和机遇已使生态城市成为未来城市转型发展的唯一方向，需要我们积极行动起来，坚定不移地推动城市朝着低碳、生态、绿色的方向发展。

第三章
河西走廊自然环境、经济发展特征与生态城市建设

一、河西走廊自然生态系统特征

（一）总体特征

1. 河西走廊概况[33]

河西走廊位于甘肃省西部，东起乌鞘岭，西至甘肃与新疆交界，南以祁连山、阿尔金山主分水岭为界，北至内蒙古自治区和蒙古人民共和国边界。西北紧连库姆塔格沙漠和戈壁，北面和东面为巴丹吉林和腾格里两大沙漠，地处青藏高原与内蒙古阿拉善高原之间。东西长约1000多千米，南北宽10～100多千米不等。总面积27.55万 km²，占甘肃省土地总面积的60.4%。[34]

河西走廊生成于距今4亿～1.8亿年间。地壳运动使陆地上升，特别是经过印支、燕山及喜马拉雅等造山运动，造成巨型构造体系的强烈扭动，加之大规模的岩浆活动，断块间的强烈碰撞和剧烈上升，使青藏高原崛起，祁连山巍然耸立，阿拉善地台断陷沉降，形成了现在的河西走廊。[35]现置张掖、酒泉、嘉峪关、金昌、武威5个市，辖19个县（区）、268个乡（镇），拥有耕地面积70.98万公顷，有农业人口348.03万。

河西地区的地表物质主要为砾石和黄土，也有干燥剥蚀山地、残丘和流动沙丘。地表形态多种多样，有山地、平原、沙漠、戈壁和荒漠绿洲，相间或镶嵌构成3个大的地貌单元，即祁连山和阿尔金山山地、河西走廊高平原和走廊北山山地及阿拉善高平原。祁连山和阿尔金山山地分别位于河西走廊南部和西南部，海拔高度3000～4500m以上，祁连山最高峰大雪山5564m，阿尔金山最高峰阿克赛沟主峰高达5798m，南部山区地表物质多以沙、砾为主，一些山地地表甚至基岩裸露，海拔4500m以上地区发育众多现代冰川，常年积雪和寒冰（季节性积雪）的高山为河西走廊的母亲山。

2. 河西地区气候特征

河西地区位于欧亚大陆腹地，远离海洋，周围高山环绕，海洋暖湿气流不易到达，主要受中高纬度的西风带环流控制和极地冷气团影响，具有大陆性气候和青藏高原气候综合影响的特点。成雨机会不多，干旱少雨和蒸发强烈。年平均气温为 5 ~ 10℃，昼夜温差大。日照时间长达 3000 ~ 4000h/年。河西地区可划分为祁连山高寒半干旱半湿润区，河西走廊冷温带干旱区和河西西部暖温带干旱区。祁连山高寒半干旱半湿润区包括南部山区，年平均气温低于 4℃，最热月 7 月平均气温 10 ~ 20℃，最冷月 1 月平均气温低于 - 12℃，年降水量 100 ~ 600mm。本区内地势高，天气寒冷，热量不足，无霜期很短。河西走廊冷温带干旱区包括除疏勒河下游谷地以外的其余地区，年平均气温 5 ~ 8℃，最热月 7 月平均气温 19 ~ 26.1℃，最冷月 1 月平均气温 - 12.9 ~ - 8℃，年降水量 35 ~ 200mm。本区雨量稀少，气候干燥，光热条件较好，大风、干热风、霜冻等气象灾害较多。河西西部暖温带干旱区包括疏勒河下游谷地，年平均气温 8 ~ 10℃，最热月 7 月平均气温 24 ~ 26℃，最冷月 1 月平均气温 - 13 ~ - 8℃，年降水量低于 50mm。本区气候干燥，光热条件优越，风沙灾害严重。[36]

受地形和地理位置的影响，河西地区平均年降水量大都在 200mm 以下，且降水分布由东到西、自南而北逐渐减少。河西降水量可以分为 4 个不同的区域，分别是：河西东部区、祁连山区、河西西部区和马鬃山区。其中，祁连山区是全区降水量最多的地区，由于受太平洋和印度洋东南暖湿气流的影响，祁连山区降水较丰沛，年均降水量在 250 ~ 600mm 之间；其次是河西东部区，降水量略高于河西地区多年平均降水量；马鬃山区降水量最少；河西西部区介于马鬃山和河西东部区之间，降水量少于全区 20 个站多年平均值。河西走廊平原区是典型的内陆干旱区，是西北地区降水最少的地方，年降水量在 39 ~ 200mm 之间，大部分地方全年不足 100mm。西部敦煌的降水量更少，平均仅有 39mm，是全省最旱的地方。多年平均蒸发量为 1448.4mm。

甘肃河西走廊是沙尘暴发生的高频率区，是我国 3 个沙尘暴多发中心之一。年天数多在 10 ~ 30 天，最多可达 30 ~ 50 天。河西走廊民勤地区，40 多年来发生强沙尘暴达 15 次。河西走廊受蒙古—西伯利亚高原反气旋的影响，风力强劲。绿洲北部是大面积的戈壁和沙地，在生态环境严重退化的情况下，其抗拒自然灾害的能力十分脆弱，风暴等自然灾害极易成灾。

沙尘暴造成的损失是多方面的，也是深远的。概括起来为：土地生产力降低，可利用土地面积减少；直接危害农牧业生产，破坏各种生产和生活设施；沙粒尘埃造成大气污染，对环境影响很大。沙尘中有几十种化学元素，大大增加了大气中固态污染物的浓度。据测定，1993 年金昌市受沙尘暴影响时，室内空气含沙量为 $80mg/m^3$，室外则高达 $1016mg/m^3$，超过国家规定的生活区含尘量标准的 40 倍。

3. 河西地区水资源现状[37]

2010 年河西内陆河流域水资源总量 74.472 亿 m^3，比多年平均值 61.291

亿 m³ 增加 21.5%，比上年值增加 13.0%；自产水量 69.109 亿 m³，折合径流深 25.6mm，比多年平均自产水量 56.616 亿 m³ 增加 22.1%，比上年值增加 12.8%。具体地说，与多年平均值比较，疏勒河流域增加 43.4%，黑河流域增加 16.4%，石羊河流域增加 0.4%；与上年值比较，疏勒河流域增加 29.1%，黑河流域减少 0.2%，石羊河流域增加 8.8%。河西内陆河流域入境水量 16.233 亿 m³，占全省入境水量的 5.3%；河西内陆河流域出境水量 9.010 亿 m³，占全省出境水量的 2.0%；内陆河流域地下水资源量 56.040 亿 m³（山丘区 19.451 亿 m³，平原区 53.380 亿 m³，二者重复计算量 16.791 亿 m³），比多年平均值 40.57 亿 m³ 增加 38.1%，比上年值增加 1.2%。地表水与地下水间重复计算量 50.677 亿 m³，纯地下水资源量 5.363 亿 m³，比多年平均值 4.676 亿 m³ 增加 14.7%，比上年值增加 15.0%。河西内陆河流域产水系数 0.21，产水模数 2.76 万 m³/km²。

河西地区全境均属于内流区，主要的河流集中在走廊平原，自西向东依次为疏勒河、黑河和石羊河。三大河流水系均发源于祁连山－阿尔金山山地，分别由干流及其若干支流组成，往往自成体系。这些展布于广阔走廊平原之上大大小小的几十条河流，为本地区生产发展和人口繁衍提供了丰富的水资源和适宜的生态环境，成为丝绸之路的组成部分。可以说河西内陆河是丝绸古道上的生命之源。

石羊河水系源自冷龙岭和乌鞘岭北麓，由大靖河、古浪河、黄羊河、杂木河、金塔河、西营河、东大河、西大河 8 条河流及多条小溪小河汇集而成。石羊河过红崖山注入尾间湖泊——青土湖。河流长度 179.6km，流域面积 4.07 万 km²。大靖河水系主要由大靖河组成，隶属于大靖盆地，其河流水量在本盆地内转化利用。六河水系上游主要由古浪河、黄羊河、杂木河、金塔河、西营河、东大河组成，该六河隶属于武威盆地，其水量在该盆地内经利用转化，最终在南盆地边缘汇成石羊河，进入民勤盆地，石羊河水量在该盆地全部被消耗利用。西大河水系上游主要由西大河组成，隶属于永昌盆地，其水量在该盆地内利用转化后，汇入金川峡水库，进入金川—昌宁盆地，在该盆地内全部被消耗利用。河流补给来源为山区大气降水和高山冰雪融水，产流面积 1.11 万 km²，年径流量 15.04 亿 m³，与地表水不重复的净地下水资源量 1.0 亿 m³，全流域自产水资源总量为 16.6 亿 m³，加上景电二期延伸向民勤可调入水量 6100 万 m³ 和"引流济金"调水 4000 万 m³，流域内现状可利用水资源量为 17.6 亿 m³。石羊河流域总面积 4.16 万 km²，全长 300km。流域涉及武威、金昌、张掖和白银四市九县（区），流域内总人口约为 227 万，是河西平均人口密度的 3.4 倍。

经过多年以来大规模的水利建设，流域内已初步形成了以蓄、引、提为主的供水体系。全流域社会经济各部门现状实际总用水量为 28.4 亿 m^3，其中地表水 13.45 亿 m^3，地下水 14.78 亿 m^3，地下水年超采 4.3 亿 m^3。现有水浇地面积 455 万亩，农业总用水量 24.34 亿 m^3，占总用水量的 85.7%。流域内耗水总量已超过水资源总量，水资源消耗率达 109%，水资源开发利用程度高达 172%，远远超过水资源的承载能力。按现有人口计算，人均用水量 $1273m^3$，远高于全省人均 $478m^3$ 和全国人均 $430m^3$ 的水平；流域内单方水 GDP 为 3.33 元/m^3，远低于全省 8.03 元/m^3 和全国 16.39 元/m^3，水资源利用效率明显偏低。

黑河水系位于河西走廊中部，是本区最大的内陆水系，是我国西北地区第二大内陆河。黑河干流发源于祁连山腹地，由东西两支汇合而成：东支八宝河，发源于锦羊岭，长 100km；西支野牛沟河，发源于祁连山主峰东坡，长 175km。东西两支在祁连县的黄藏寺汇合折向北流，始称黑河，然后穿 90km 峡谷，在莺落峡出山，称为上游。黑河上游水能资源丰富，可开发量 16 万 $kW \cdot h$，现已在支流八宝河上建成两座小水电站，装机容量 1337kW，年发电量 400 万 $kW \cdot h$。中游进入走廊平原，经张掖、临泽、高台三县，流程 200km，经正义峡—大墩门穿过北山，进入下游内蒙古阿拉善平原，习惯称额济纳河。下游地域宽广，胡杨成林，绿洲连片，自南而北先后经过甘肃金塔县鼎新灌区、东风场区（酒泉卫星发射中心），在狼心山附近流入内蒙古额济纳旗草原灌区，并分为 19 条支汊，成扇形流向尾闾东、西居延海。黑河从发源地到居延海全长 821km，流域面积约 14.3 万 km^2。黑河流域东面与石羊河流域相邻，西面与疏勒河流域相接，北面延伸至额济纳旗境内的居延海，与蒙古国接壤。黑河流域有 35 条小支流，流经青海省的祁连县，甘肃省的肃南、山丹、民乐、张掖、临泽、高台、金塔县（市）和内蒙古额济纳旗。随着用水量的不断增加，部分支流逐步与干流失去地表水力联系，形成东、中、西 3 个独立的子水系。其中西部子水系包括讨赖河、洪水河等，归属于金塔盆地；中部子水系包括马营河、丰乐河等，归属于高台盐池—明花盆地；东部子水系即黑河干流水系，包括黑河干流、梨园河以及 20 多条沿山小支流。

黑河的战略地位十分重要。中游的张掖地区，地处古丝绸之路和今天欧亚大陆桥的要地，农牧业开发历史悠久，享有"金张掖"之美誉；下游的额济纳旗边境线长 507km，居延三角洲地带的额济纳绿洲，既是阻挡风沙侵袭、保护生态的天然屏障，也是当地人民生息繁衍和边防建设的重要依托。黑河流域生态建设与环境保护，是西部大开发的重要内容，不仅事关流域内居民的生存环境和经济发展，也关系到西北、华北地区的环境质量，是关系民族团结、社会安定、国防稳固的大事。

疏勒河发源于祁连山脉的岗格尔肖合力岭冰川，经青海省天峻县、甘肃省肃北县、玉门市、瓜州县、敦煌市，由东向西曾流入罗布泊，干流全长

670km，为甘肃省三大内陆河之一。流域内辖昌马、双塔、花海三大灌区，流域面积 4.13 万 km²。疏勒河流域位于走廊西段，疏勒河水系上游祁连山区降水较丰富，冰川面积达 850km²，多高山草地，为良好的牧场。中、下游地势低平，玉门镇、安西和敦煌诸绿洲的灌溉农业发展迅速。疏勒河流域年水资源总量为 11.34 亿 m³，其中，地表水总资源量 10.82 亿 m³（疏勒河干流多年平均径流量 10.31 亿 m³，石油河多年平均径流量 0.51 亿 m³）；与地表水不重复的地下水资源量为 0.52 亿 m³。

经过多年大规模的水利建设，尤其是疏勒河综合开发项目的建成，已初步形成以蓄、引、调、排为主的骨干工程体系。目前，灌区有昌马、双塔、赤金峡 3 座水库，总库容 4.722 亿 m³。有干渠 17 条 445.86km，支干渠 11 条 116.77km，支渠 120 条 548.10km，斗渠 619 条 1105km，农渠 6247 条 2950km，已形成较为完善的灌溉系统，是甘肃省百万亩以上大型自流灌区之一。疏勒河流域现有灌溉面积 10.4 万公顷，水资源利用率 77%，净利用率 47%，仍有开发潜力。

河西地区河川径流形成、利用、消失分区明显，可划分为径流形成区、利用区和消失区。上游山区（祁连山 - 阿尔金山山区）降水较多，又有冰川融水补给，下垫面为石质山区且植被良好，为地表径流形成区。河川径流补给形式多样，以降水补给为主，冰川融水和地下水补给也占有相当份额，地表水、地下水转换频繁。受特殊的水文地质条件决定，径流经过多次渗入、溢出的反复转换过程。河西地区河流还有平均河网密度偏小，为 0.5～0.7km/km²；有一定结冰期等主要特点。

据中国冰川编目结果统计，河西内陆河水系共发育有冰川 2194 条，冰川面积 1334.77km²，冰储量 61.54km³，其中 98% 的冰川面积分布在祁连山区。东部多为面积较小的冰斗冰川，西部除少量悬冰川外，多为面积较大的山谷冰川。面积最大的冰川是位于疏勒河流域的老虎沟 12 号冰川，面积 21.9km²，长 10.1km。面积大于 10km² 的有 9 条，占总数的 0.4%，其中有 8 条位于疏勒河流域。1961—2006 年，整个河西内陆河流域的冰川厚度平均每年减少 49.5mm，冰川厚度累积减少 2.3m。1991 年以后冰川的减少显著加快，冰川厚度年均减少 208.0mm，与 1961—1990 年相比，冰川减少平均年增加 243.0mm。2000 年以后是河西内陆河流域自 1960 年以来冰川亏损最严重的时期。石羊河流域和黑河流域冰川从 1961 年以来一直在减少，截至 2006 年，46 年冰川厚度累积减少了 5.9m 和 4.7m[38]。

河西地区地下水资源比较丰富，在山间盆地和山前盆地中，均分布有很厚的含水层。走廊南部地区砾卵石含水层厚达 100m 以上，走廊北部砂砾含水层厚约 50～100m。走廊西段的瓜州、敦煌，走廊以北的金塔、民勤南部以及黑河下游沿岸地区，含水层厚约 30～100m，以多层砂砾层和砂层为主；走廊东段的古浪等地，砂砾含水层厚度不稳定，从几米到几十米不等。河西地区的地下水在山区受降水和河水的补给，水质很淡，矿化度小于 0.5g/L，多属重碳酸盐类型。

研究表明，近半个世纪特别是近 10 年以来，由于河西内陆河中游灌溉面积不断扩大，引用河水量的增加和渠系利用率的提高等人类经济活动的不断加剧，以及全球干旱化趋势的影响，导致对地下水补给量的不断减少，已引起疏勒河流域中游地区地下水位累计下降 1～5m，泉水资源每年衰减 500 万～800 万 m^3；进而导致进入下游安西—敦煌盆地表水资源量由 1992 年的 2.61 亿 m^3 减少到 1999 年的 1.97 亿 m^3，致使安西县城附近泉水资源全部消失，区域地下水位累计下降幅度超过 3m，已经诱发了植被衰退、土地沙化等新的生态环境地质问题。

河西走廊盆地群是形成沉积盆地型地热田热储的有利场所，且普遍存在热水。热源主要靠大地热流的正常增温，属中低温盆地传导型地热资源。南部祁连山区丰富的基岩裂隙水和碎屑岩孔隙—裂隙水的侧向下渗补给，盆地内不同含水层间的垂向越流补给，是地下热水的主要补给来源，祁连山北缘深大断裂和盆地内分布的与区域构造相连的次级构造断裂，是地下水深循环良好的导水构造。据资料分析，分布于河西走廊的武威、金昌、张掖、酒泉、嘉峪关及敦煌等中心城市附近，均有开发地热的有利条件，推测最佳热储深度在 1200～2800m。西部的酒泉、嘉峪关及敦煌市热储层埋深相对较浅，东部的武威市埋藏较深，宜采用钻井取水方式开发，设计孔深 2300～3000m。据在酒泉盆地、安西－敦煌盆地和武威盆地的地热勘探资料，孔深 1600～2350m，含水层为白垩系－新近系的砂岩和砂砾岩，井口水温为 58～65℃，单井水量 490～720 m^3/d，属中低温盆地传导型地热资源。在当今能源日趋紧张的形势下，已证明热水具有医疗、洗浴、游泳、养殖、采暖等功效，属绿色环保可再生资源，在敦煌已产生了一定的社会、经济和环境效益。因此，地热是未来开发利用河西走廊深层地下水的主要方式，前景广阔。

4. 河西地区土地资源

河西地区可利用土地资源多，质量较好。现有耕地 89.72 万公顷，约占甘肃省总耕地面积的 18%，农业人口人均耕地 0.244 公顷。平地多，坡地少，大于 6° 的坡耕地仅占 20.62%；水地多，旱地少，水地占总耕地面积的 74.53%；耕地肥力状况普遍较好，粮食单产高于全省、全国平均水平。河西地区耕地后备资源数量也比较可观，近期可开发的约 33.3 万公顷，远期可开发的约 133.3 万公顷。河西地区现有林地面积 119.78 万公顷，占总土地面积的 3.5%。其中，石羊河流域林地面积 26.31 万公顷，占流域总土地面积的 6.5%；黑河流域林地面积最大，为 82.18 万公顷，占流域总土地面积的 6.2%；疏勒河流域林地面积 11.29 万公顷，占流域总土地面积的 0.7%。各类天然草地面积

944.78 万公顷，占区域总面积的 35.6%。其中，可利用草地面积 871.69 万公顷，山区草地面积占草地总面积的 38.66%，荒漠草地和盐化草甸分别占草地总面积的 52.27% 和 8.95%。另有部分疏林草地和灌丛，形成该区草地畜牧业的重要环境基础。但草地质量中等偏下的草场居多，没有一等一级型草场，二等草场所占比例不到 30%，而五等草场所占比例在 50% 以上。祁连山区草原质量较好，是全国最美的六大草原之一，也是我国主要的牧业生产基地之一；绿洲和北部荒漠区分布有大面积的荒漠草场，出产的羊肉味道鲜美，闻名遐迩。许多沙质土壤适宜种植中药材和蔬菜果品，且品质优良。

河西地区的土壤分布受经度地带性和垂直地带性影响十分显著。平原地区自山前地带起，依次分布灰钙土、灰漠土、灰棕漠土和棕漠土。地势高峻的山区则有着较为完整的垂直带谱，但由于受东南季风的影响，东部山地和西部山地的土壤垂直带谱有较大差异。祁连山东部山地海拔 1900～2300m 为山地灰钙土，海拔 2300～2600m 为山地栗钙土，海拔 2600～3200m 阴坡为灰褐土、阳坡为山地暗栗钙土，海拔 3200～3400m 阴坡为灰褐土、阳坡为山地黑钙土，海拔 3400～3600m 阴坡为亚高山灌丛草甸土、阳坡为亚高山草甸土，海拔 3600～3900m 为高山草甸土，海拔 3900～4200m 为高山寒漠土，海拔 4200m 以上为冰川和多年积雪带。祁连山西部山地和阿尔金山山地海拔 2300～2600m 为山地灰棕漠土，海拔 2600～2900m 为山地灰漠土，海拔 2900～3600m 为山地草原土，海拔 3600～4000m 为亚高山灌丛草原土，海拔 4000～4500m 为高山寒漠土，海拔 4500m 以上为冰川和多年积雪带。在高山寒漠土和亚高山灌丛草原土之间，有很窄的高山草甸草原土。非地带性土壤有草甸土、沼泽土、盐土、风沙土以及人工绿洲灌淤土等。

5. 河西地区生物资源

河西地区位于东疆荒漠、青藏高原、黄土高原和内蒙古高原的过渡地带，生态地带复杂，植被多样，具有中纬度山地和平原荒漠植被特征。植物区系属泛北极植物区的亚洲荒漠植物区和青藏高原植物区，但平原区和山地植物区系的组成又各有区别。地带性植被主要由超旱生灌丛、半灌丛砾质荒漠和超旱生灌丛沙质荒漠组成。北部山区以沙生针茅为主，伴生少量短叶假木贼和合头草，或以短花针茅为主，伴生驴驴篙、旱生篙等。在龙首山海拔较高处，出现紫花针茅草原，阴坡残存青海云杉林。剥蚀残丘和低山砾漠区植被稀疏，种类单一，以合头草和短叶假木贼为主。山前冲积洪积砂砾戈壁滩区，西部以琐琐荒漠为主，向东以红砂、泡泡刺、戈壁麻黄为主，酒泉以东则是以红砂、珍珠为主的荒漠。固定半固定沙漠地区植被以白刺和怪柳为主。流动沙丘地区植被极为稀疏，丘间低地植被较多，以篙类为主。湖盆地下水位较高地区，主要植被以炭炭草为主，或以芦苇、苏枸杞、苦豆子、甘草为主的盐生草甸。中心积水沼泽区主要以芦苇、水烛、阔叶香蒲为主。河流下游分布有以胡杨、尖果沙枣为主的少量天然林，河流中下游地区分布有大片人工绿洲。

在山区发育了较好的山地垂直植被带。东祁连山属于寒温性针叶林草原区。海拔 1500 ~ 1900m 为荒漠带；海拔 1900 ~ 2300m 为山地荒漠草原带；海拔 2300 ~ 2600m 为山地草原带；海拔 2600 ~ 3400m 为山地森林草原带，阳坡多为草甸草原或草原，残存少量祁连圆柏块林，阴坡分布青海云杉林或与油松、山杨、桦树的混交林；海拔 3600 ~ 3900m 为高山草甸带；海拔 3900 ~ 4200m 为高山寒漠带，植被稀疏；海拔 4200m 以上为冰川和永久积雪带。西祁连山和阿尔金山属半灌木荒漠草原区。海拔 2400 ~ 2600m 为山地荒漠带；海拔 2600 ~ 2900m 为山地半荒漠带，海拔 2900 ~ 3600m 为山地草原带，海拔 3600 ~ 4000m 为亚高山灌丛草原带，海拔 4000 ~ 4500m 为高山寒漠带，海拔 4500m 以上为冰川和永久积雪带。

河西走廊草地类型多样，全区共分沼泽草地类、低湿地草甸草地类、干荒漠草地类、山地荒漠草地类、草原化荒漠草地类、荒漠化草原草地类、山地草原草地类、山地草甸草地类、高寒草地类、高寒草甸草地类、附带利用地 11 个草场类型。其中走廊南山属青藏高原半湿润气候，林木茂盛，牧草丰美，是河西的天然林区和半湿润型高山草甸草原区，它既是草原畜牧业的黄金地带，又是河西走廊平原和绿洲赖以生存的生命线（水源涵养区）；南部祁连山中、东段，地势高寒，阴湿多雨，牧草生长较好，分布着高山草甸和山地草原；祁连山西段和阿尔金山，干旱少雨，分布着高山草原、山地草原、山地荒漠和半荒漠草场；走廊北山，山势低缓，干旱少雨，主要为山地荒漠和草原化荒漠草场，只有局部地段出现山地草原和亚高山草甸草场；中部走廊平原绿洲的河湖滩地上分布有草甸和盐化草甸草场。

河西地区的动物地理区划属于古北界的蒙新区，主要分布荒漠动物群和荒漠绿洲动物群等；南部祁连山–阿尔金山山地属于青藏区，有高地森林草原动物群和高地草甸草原动物群等。畜种以牦牛、骆驼、马、骡、驴、绵羊和山羊为主，其中甘肃高山细毛羊、河西绒山羊是当地优良畜种。

6. 河西地区生态环境面临的问题

（1）植被破坏，草地退化

河西走廊全区植被覆盖率很低，平均森林覆盖率仅为 2.98%，是甘肃省森林覆盖率最低的地区。1998 年底，张掖地区、酒泉地区、武威市、金昌市、嘉峪关市的森林分布面积分别是 4.19 万公顷、19.22 万公顷、3.32 万公顷、0.96 万公顷和 0.13 万公顷；森林覆盖率依次为 8.67%，5.08%，8.6%，0.60% 和 0.61%。石羊河流域上游祁连山区有 3.33 万公顷林草地被垦殖，水源林仅存 3.74 万公顷。与 20 世纪 50 年代的 23.87 万公顷相比，减少 20.13 万公顷，下降 84.3%；灌草面积仅存 25.28 万公顷，与 50 年代的 42.53 万公顷相比，减少了 16.20 万公顷，下降 39.20%。

河西草地畜牧业历年来在农业生产中占有较大比重，新中国建国以来，牲畜数量呈不断上升趋势，年末牲畜存栏数由 1950 年的 384 万羊单位增长到 1998 年的 909 万羊单位，是原有牲畜的 2.3 倍。由于自然环境（长期干旱、风蚀、水蚀、沙尘暴害、鼠、虫害等）、人为因素（过牧、滥垦、樵采、开矿等）、社会经济（草地产权不完善，政策科技和管理的缺失等）众多方面的影响，该区草地面积缩减，草地退化、沙化荒漠化严重。据统计，1978—1999年，草地面积减少了 273.22 万公顷；1985 年，河西走廊地区草地退化面积 866.54 万公顷，占草地总面积的 86%；到 2005 年，草地退化面积达到 871.45 万公顷，20 年间草地退化面积增加了 4.97 万公顷。在各类草场中，中度退化草地面积增加 17.78 万公顷，重度退化草地面积增加 117.43 万公顷，重度退化草地面积占可利用草地面积的比例由 31% 上升为 40%；全区强烈发展沙化草地占 29.22%，发展沙化草地占 1.5%，潜在沙化草地占 30.34%。其中金昌市和嘉峪关市强烈发展的沙质荒漠化草地面积比例最高，超过 60%。天然草地退化，直接表现为草地生产力下降，草群结构逆向演替；同时，草群组分变劣，可食牧草减少，毒杂草数量增加，草地载畜量及家畜生产性能降低。

（2）土地盐碱化严重

甘肃省盐碱地总面积 102.38 万公顷，占全省耕地面积的 2.26%，主要分布在乌鞘岭以西河西走廊干旱气候区。其中，面积最大的酒泉市约 58.89 万公顷，主要分布在疏勒河中下游的玉门泉水溢出带和下游地区安西、敦煌；张掖市 13.9 万公顷，主要分布在黑河中游的张掖、高台、临泽县城一线的以北地区；武威市 12.18 万公顷，绝大多数分布于石羊河下游民勤湖区和南湖一带。此外，金昌市和嘉峪关市分别有 4.26 万公顷和 0.15 万公顷。河西地区盐碱地盐分含量规律性十分明显。随着大气干燥度的提高，由东向西，由南向北，盐分含量明显逐渐增高。位于走廊东部的石羊河流域，盐土 0~30cm 土层平均含盐量一般在 2.0%~5.8%，下游高达 6.0%~8.0%；100cm 土层平均含盐量为 2.0%~4.0%，下游较高。中部黑河流域，盐碱土 0~30cm 土层平均含盐量为 3.0%~14.8%，南部较低，向北逐渐增高，最高可达 30.0%；100cm 土层平均含盐量为 3.0%~5.3%，北部最高可达 11.0%。西部疏勒河域，盐碱地 0~30cm 土层平均含盐量为 5.7%~37.3%，北部最高可达 45.0%；100cm 土层平均含盐量为 3.3%~14.7%，北部和西部最高可达 16%。

盐碱危害是河西绿洲农业区的严重生态问题之一。在灌溉农业区，常因不合理的灌溉、排水不畅、气候干燥、植被破坏等原因产生次生盐渍化。次生盐渍化实际上是在人为作用下的演变。盐碱土经过洗盐及合理耕作施肥，可以演变为农业耕地。盐碱地和农耕地在人为作用下，有双向演替的特征。目前，河西走廊西段的黑河、疏勒河流域，次生盐浸化面积仍在发展。

（3）沙漠化严重

河西走廊荒漠带东起景泰县营盘水，西至甘新交界，分属于腾格里、巴丹吉林和库姆塔格三大沙漠，风沙线长约 1600km。河西约有 30% 的村庄、农户分布于绿洲北缘的风沙线上。河西走廊东西两端和绿洲北部的三大沙漠分布面积约占 240 万公顷。另外，67 万公顷沙漠呈带状分布于内陆河中下游河岸，与绿洲、农田、草地交错分布，危害绿洲、农田、草场和水利设施。其中古浪、民勤、武威、敦煌等 9 个县市，遭受风沙危害尤为严重。1975 年 7 月中旬，河西一场持续了 8h 的大风，造成小麦掉粒，玉米倒折，受害面积达 3500公顷，损失粮食 4.7 万吨；1977 年 4 月，金塔县的一次大风，农作物受灾面积达 7.6 万公顷，占当年粮食播种面积的 56.9%；1990 年春播后，酒泉地区发生一场罕见的风暴，使 6700 公顷已种好的麦田受损，大风刮走了 4000hmZ 农田的全部表土和种子；1993 年 5 月 5 日，席卷甘新蒙宁的特大风暴持续 5h，造成 85 人死亡，262 人受伤，大量牲畜死亡或失踪，37.3 万 hm² 农田受灾，2000 多千米水渠沙埋，6021 根电杆刮倒毁坏，4412 间民房摧毁，直接经济损失达 5.4 亿元，间接损失难以估评；1995 年 5 月 16 日，沙尘暴再次席卷甘蒙宁，甘肃省降尘最高达 1243.1 万吨；1996 年 5 月 29 日，一场强沙尘暴袭击了古沙州敦煌，风力达 9 级，全市棉花受灾 3000 公顷，林果受灾 248.6 公顷，损坏日光温室 2660 个，合 53.3 公顷，损坏电线 10.2km，沙埋渠道 30 多 km，直接和间接损失达 5000 多万元；2000 年 4 月 12 日，又一场强沙尘暴降临金昌，瞬间最大风速达 26m/s，风力 10 级，最大能见度不足 50m，损失严重。资料表明，河西内陆河流域近 50 年来，沙漠化土地面积以 0.38% 的递增率逐年上升。以现代沙漠化过程为主的河西两段沙区、黑河中段沙区土地沙漠化扩展尤甚，年均递增率分别为 1.47% 和 1.03%。由于荒漠化的影响，河西绿洲地下水位以平均每年 0.5~1.0m 的速度下降。地下水矿化度达 4~6g/L，使人畜饮水发生困难，大量农田弃耕，且使红柳、梭梭等具有防风固沙能力的沙生植物大量死亡。

河西的沙漠治理始于 20 世纪 50 年代。50 年代中后期，由中科院治沙队组织，对甘肃河西走廊的戈壁、沙漠以及与河西走廊毗连的腾格里沙漠、巴丹吉林沙漠进行大规模的综合考察，成为河西荒漠区沙漠治理的起点和基础。60年代在各主要沙区陆续建立了一些治沙站和试验林场。70 年代随着西北沙荒地大面积植树造林技术的推广应用，开展了更大规模的沙漠治理，取得了明显的成绩。进入 80 年代，由于前 30 年来人类对自然资源开发幅度不断扩大，已经治理的沙漠重新出现了植被衰退甚至死亡的情况，流沙入侵形成新的沙丘。以民勤治沙站为主的研究单位开展了沙漠植物生理特征和固沙机理研究，抗逆性强的固沙树种筛选，抗逆性造林技术的研究，流沙固定后环境因素空间变化规律的研究等，取得了一系列研究成果。沙漠治理也取得了显著成绩，在河西沙区营造防护林 13.22 万公顷，共建起长达 1204km、面积为 11.41 万公顷的防风固沙林带；治理流沙面积 18.39 万公顷，恢复耕地 12.76 万公顷；封育天然植被 26.5 万公顷，其中保护原有灌木林 9.93 万公顷，恢复天然沙生植被 16.5 万公顷；共营造农田林网面积 5.16 万公顷，保护着 31 万公顷的农田与果园，占河西地区农田灌溉面积的 63.3%。然而，沙进人退的情况仍然存在，已经治理的沙漠由于流沙入侵形成了新的沙丘。河西风沙沿线共有风沙口 846 处，已经治理的 544 处，由于人为的过度砍柴、放牧、挖药，致使 20 多处风口流沙再起，风沙线以每年 3～5m 的速度南移。民勤湖区、武威东沙窝和玉门、金塔等地每年前移 8～10m。沙漠化仍在吞噬河西绿洲，值得引起关注。

（4）环境污染

河西地区的农业生态环境受到工业三废和农残的严重污染，且有加重的趋势。2010 年河西内陆河流域排污口 35 个，入河污水总量 0.667 亿 t，入河主要污染物中化学需氧量 1.684 万 t，氨氮 0.307 万 t。据 2010 年河西五市发布的《环境质量状况公告》《国民经济和社会发展统计公报》，2010 年河西全区共排放工业废气 1192.76 亿标 m³（不含酒泉市和嘉峪关市），工业二氧化硫 15.55 万 t，排放工业废水 6464.32 万 t，其中含有六价铬、铅、砷、挥发酚、氰化物、化学需氧量、石油类和氨氮类有害物质。河西地区的工业废水主要产自嘉峪关市和金昌市，分别占全区废水排放量的 39.70% 和 24.97%。固体废物产生量 1747.61 万 t（不含酒泉市），详见表 3-1。大量工业三废的排放，严重地污染了河西绿洲区的大气、土壤和水体，影响农业生态环境质量。特别是工业废水，大多数直接排放到各主要内陆河流，先污染水体，后因灌溉而污染农田土壤，使农产品质量降低。

表 3-1　　　　　　　　河西地区工业"三废"排放量

排放量或产生量	张掖市	金昌市	武威市	酒泉市	嘉峪关市	河西地区
工业废水排放量 /万 t	809.59	1614.10	741.71	732.88	2566.04	6464.32
工业废气排放总量/亿标 m³	469.79	631.96	91.01	—	—	1192.76
工业二氧化硫排放量/万 t	2.05	9.00	0.60	1.45	2.45	15.55
工业固体废物产生量/万 t	125.79	1006.82	33.42	—	581.58	1747.61

河西地区以有色金属冶炼和化工业为主的第二产业的发展，对当地经济起到了极大的推动作用，但对环境的负面影响也非常突出。在原本匮乏的水资源利用条件下，污水灌溉现象在当地普遍存在。另外，为了提高农作物的产量，

获取较高的经济效益，大量使用农药和化肥，还有金属开采等，使得土壤、水体、大气产生污染，并使一些重金属污染物残存在动植物以及人类的生存环境中，对人类健康构成严重威胁。对河西走廊金昌市城郊土壤中 Zn，Ni，Pb，Cu，Cd 的污染状况做了调查，发现在镍都农田表层土壤中，Cu 和 Ni 污染超过了国家土壤环境质量二级标准，污染较严重。对该地区的潜在生态风险评估结果表明，有近一半土壤样点的重金属潜在生态风险等级达到中度以上水平，Cu，Ni，Cd 存在不同程度的潜在生态危害。金昌市郊农田小麦籽粒中 Cu 超标率为 18.18%，而 Ni 由于较易在根部累积，所以籽粒中含量较低。

（二）嘉峪关市自然生态系统特征

嘉峪关市位于甘肃省西北部，河西走廊中部偏西，是古丝绸之路的交通要道，是明代万里长城的西端起点，也是丝路文化和长城文化的交汇点。东临河西酒泉市，西连玉门市，南倚祁连山与肃南裕固族自治县接壤，北枕黑山与酒泉和内蒙古额济纳旗相连接，中部为酒泉绿洲西缘。全市海拔在 1412~2722m 之间，绿洲分布于海拔 1450~1700m 之间，城区平均海拔 1600m，境内地势平坦，土地类型多样。城市的中西部多为戈壁，是市区和工业企业所在地；东南、东北为绿洲，是农业区，绿洲随地貌被戈壁分割为点、块、条、带状，占总土地面积的 1.9%。嘉峪关市属温带大陆性荒漠气候，年均气温在 6.7~7.7℃之间，年日照 8000h。自然降水量年平均 85.3mm，蒸发量 2149mm。全年无霜期为 130 天左右。全市总面积 2935km²，其中城区规划面积 120km²。2010 年全市总人口为 23.19 万，其中城市人口 17.82 万，农村人口 5.37 万。耕地 6.36 万亩，农田灌溉面积 5.43 万亩，林牧渔用水面积 5.98 万亩，牲畜 6.85 万头（只），粮食总产量 0.87 万 t，人均粮食 37.5kg，国内生产总值 183.91 亿元，人均 79305.35 元。

2010 年，嘉峪关市水资源总量为 0.075 亿 m³，其中地表水总资源量为 0.017 亿 m³，比多年平均水量 0.010 亿 m³ 增加 70%，比上年水量增加 41.7%。地下水资源量 0.913 亿 m³，与地表水重复计算的地下水资源量为 0.855 亿 m³。降水量为 2.385 亿 m³，比多年平均降水量 1.093 亿 m³ 增加 118.2%，比上年增加 78.1%。2010 年全市总用水量 1.6012 亿 m³，其中工业用水 0.7543 亿 m³，农业用水 0.4565 亿 m³，城镇公共用水 0.0407 亿 m³，居民生活水 0.0899 亿 m³，生态环境用水 0.2598 亿 m³。这些用水分别来自地表水 1.0269 亿 m³（0.4064 亿 m³ 为地表蓄水，0.6205 亿 m³ 为引水），地下水 0.5541 亿 m³，污水处理回用水 0.0202 亿 m³。

嘉峪关市已探明矿产资源有 21 个矿种，产地 40 多处，其中铁、锰、铜、金、石灰石、芒硝、造型黏土、重晶石等为本市优势矿产。镜铁山矿铁矿石总储量为 4.83 亿 t，现已达到 500 万 t 的生产能力，是国内最大的坑采冶金矿山；

西沟石灰石矿储量为 2.06 亿 t，为露天开采，年产量 80 万 t；大草滩造型黏土总储量为 9800 万 t。邻近地区还有储量可观的芒硝矿及可供开采的铬、锰、萤石、冰川石等矿藏。

2010 年，嘉峪关市废水排放总量为 3269 万 t，比上年减少 142 万 t。其中，工业废水排放量 2566 万 t，占废水排放量的 78.49%，比上年减少 150 万 t，工业废水排放达标量 2556.04 万 t，达标率为 96%。生活污水排放量为 703 万 t，较上年增加 8 万 t。城镇生活污水集中处理率为 83.12%，生活垃圾无害化处理率为 100%。废水中化学需氧量排放总量为 3700t。工业烟尘排放量 7883.73t，工业烟尘去除量 12.26 万 t；工业二氧化硫排放量 24.52 万 t，工业二氧化硫去除量 0.98 万 t；全市工业固体废物产生量 581.58 万 t，处置量 386.96 万 t，综合利用量 194.62 万 t，综合利用率为 33.46%。三废综合利用产品产值 2060 万元。

2010 年，嘉峪关市环境空气中的首要污染物为可吸入颗粒物，年日均值为 0.097mg/m^3。二氧化硫年日均值为 0.036mg/m^3，二氧化氮年日均值为 0.021mg/m^3。二氧化硫和二氧化氮年日均值低于国家规定的空气质量一级标准限值；可吸入颗粒物年日均值低于国家规定的环境空气质量二级标准限值。全年空气污染指数好于二级的天数达到 312 天，占全年总天数的 85.4%。2010 年共发生较强沙尘暴 11 次，主要集中在春、秋两季，最强的一次发生在 3 月，可吸入颗粒物浓度达到 2.074mg/m^3。

（三）酒泉市自然生态系统特征

酒泉市位于甘肃省西北部河西走廊西端的阿尔金山、祁连山与马鬃山（北山）之间，东接张掖市和内蒙古自治区，南接青海省，西接新疆维吾尔自治区，北接蒙古国。东西长约 680km，南北宽约 550km，总面积 19.2 万 km^2，占甘肃省面积的 42%。酒泉市地势南高北低，自西南向东北倾斜。南部祁连山地是一系列 3000~5000m 的高山群，峰峦叠嶂，陡峻高拔。自东而西有祁连主峰、讨赖山、大雪山、野马山、阿尔金山、党河南山、赛什腾山。南部海拔 4000m 以上渐渐进入冻土区，终年积雪冰封，有现代冰川分布，是本区河流发源地。山间有盆地，较大的有苏干湖盆地、石包城盆地、昌马堡盆地，以及许多沟谷小盆地。酒泉市属半沙漠干旱性气候，其特点为气候干旱降水少，蒸发强烈日照长，冬冷夏热温差大，秋凉春旱多风沙。从东到西海拔 1500~1100m，年均温 3.9~9.3℃，无霜期 127~158d。夏季干热而较短促，冬季寒冷而较漫长，但春季升温迅速。全市辖肃州区、玉门市、敦煌市、金塔县、瓜州县、肃北县和阿克塞县，有汉族、蒙古族、哈萨克族、回族等 40 多个民族，总人口 102 万。

2010 年酒泉市水资源总量 31.239 亿 m^3，其中地表水总资源量为 29.547

亿 m³；比多年平均水量 20.639 亿 m³ 增加 43.2%，比上年水量增加 29.2%。地下水资源量 24.458 亿 m³，与地表水重复计算的地下水资源量 22.766 亿 m³。降水量为 165.080 亿 m³，比多年平均降水量为 177.892 亿 m³ 减少 7.2%，比上年增加 66.0%。2010 年全市总用水量 23.8256 亿 m³，其中，工业用水 1.1182 亿 m³，农业用水 21.9419 亿 m³，城镇公共用水 0.1318 亿 m³，居民生活用水 0.3218 亿 m³，生态环境用水 0.3119 亿 m³。这些用水分别来自地表水 18.4431 亿 m³（12.8132 亿 m³ 为地表蓄水，5.6299 亿 m³ 为引水），地下水 5.3698 亿 m³，污水处理回用水 0.0127 亿 m³。

酒泉市境内河流分为疏勒河、黑河、哈尔腾河三大水系，均发源于南山冰川积雪区。自东而西，黑河尾部自天成以北入鼎新，跨本区最东沿。其余河流依次为：酒泉市的马营河、观山河、红山河、丰乐河、洪水坝河、北大河（讨赖河），是主要灌溉水源。城北有临水河、清水河，依靠地下潜流溢渗在地面，形成无数泉溪汇集成河，引以灌溉。以上诸河年径流量约 33.34 亿 m³。因气候原因，来水量各时期悬殊，水量不稳。每年 7~10 月是丰水期，而枯水期甚长。5 月和 6 月水量回升迅速，与农业的丰歉紧密相关。

酒泉富函资源。① 农牧业生产条件良好。酒泉光、热、土资源丰富，发源于祁连山冰川积雪区的黑河、疏勒河、哈尔腾河三大水系，16 条河流，年径流量达 33.34 亿 m³，与国家投资建设的大中型水利工程相配套，形成了旱涝保收的农业灌溉体系。已培育形成棉花、制种、草畜乳、蔬菜、葡萄、啤酒原料等六大农业特色产业，是全国最大的对外制种基地，全省重要的草畜产业基地和洋葱、孜然、啤酒原料等特色农业生产基地。② 新能源建设前景广阔。酒泉风能光热资源充足，境内的瓜州、玉门素有世界风库和世界风口之称，风能资源总储量 1.5 亿 kW，可开发量 4000 万 kW 以上，占全省储量的 85% 以上。可利用面积近 1 万 km²，占全市总面积的 5.15%。10m 高度风功率密度均在 250~310W/m² 以上，年平均风速 5.7m/s 以上，年有效风速达 6300h 以上，被国家批准为首个千万 kW 级风电基地。酒泉太阳能资源丰富，光电理论储量近 20 亿 kW，年平均日照时数 3300h 以上，太阳能辐射量仅次于西藏地区，是全国最具开发潜力的光伏发电基地。③ 矿产资源丰富。矿藏种类多，储量大，品位高。已探明有 5 个成矿带，共有矿点 572 处，构成矿床 92 处。矿种 48 个，石棉、钨、铬、菱镁、黄金等储量居全国或全省前列。

全市万元生产总值能耗 1.453 吨标准煤，比上年下降 4%。主要污染物二氧化硫排放量为 2.6 万 t，比上年增长 15.6%；化学需氧量排放量为 1.09 万 t，比上年增长 14.7%，环境保护投资指数 1.85%。城市水环境功能区水质达标率 100%。垃圾定点堆放、集中处理率 90%。工业废水排放量 732.88 万 t，比上年增长 12.7%；工业废水排放达标量 678.63 万 t，比上年增长 11.3%。工业二氧化硫排放量 1.45 万 t，比上年下降 1.4%，工业二氧化硫去除量 0.40 万

t，比上年增长 58.8%。工业烟尘排放量 3.21 万 t，比上年增长 4.8%；工业烟尘去除量 2.13 万 t，比上年增长 73.2%。工业固体废物综合利用率 90%，比上年下降 2%。全市建成烟尘控制区 9 个，总面积 96.3km²，覆盖率 100%。建成环境噪声达标小区 9 个，环境噪声达标区面积 77.7km²，覆盖率 100%。区域环境噪声平均值为 54.3dB（A），交通干线噪声平均值为 62.7dB（A）。空气污染指数 94.1%。

（四）张掖市自然生态系统特征

张掖市位于甘肃省西北部，河西走廊中部。地处全国地形的第二阶梯中心，在青藏高原与内蒙古高原的过渡地带。东屏大黄山（古称焉支山）与金昌市、武威市为邻，西沿走廊与酒泉市、嘉峪关市相望，南依祁连山与青海省门源县和祁连县接壤，北靠合黎山、龙首山与内蒙古自治区额济纳旗和阿拉善右旗毗连。东西长 210～465km，南北宽 30～148km，总面积 41924km²，占全省总面积的 9.2%。其中，山地（祁连山、合黎山、龙首山、大黄山）25851km²，占总面积的 61.7%；走廊平原 16073km²，占总面积的 38.3%；平原中，绿洲 4027km²，占总面积的 9.6%；沙漠 981km²，占总面积的 2.3%；戈壁 11065km²，占总面积的 26.4%。海拔 1200～5565m。张掖属大陆性温带气候。祁连山地属高寒半干旱气候，具有光能丰富、温差大、夏季短而酷热、冬季长而严寒，干旱少雨，且降水分布不均等特点。年太阳辐射量为 9.4 万 kW/m² 以上，仅次于全国太阳辐射最大的西藏和柴达木盆地。年日照 2702～3118h，年平均气温由东南向西北逐渐升高，变化范围在 3.0～7.7℃。其中川区的甘州、山丹、临泽、高台为 6.1～7.7℃，山区的肃南、民乐为 3.0～3.7℃。年降水量分布，东南多、西北少，山区多、川区少，变化范围约在 54.9～436.2mm。降雪始于 9 月末到 11 月初，结束于次年 4 月中旬到 5 月中旬。降雪期长达 164～233 天，年均降雪日数 15～43 天，祁连山区降雪期 248～300 天；积雪最大深度 9～18m。张掖市现辖甘州、山丹、民乐、临泽、高台、肃南一区五县，2010 年末全市常住人口为 119.95 万。其中，城镇人口 48.69 万，占全市常住人口的 40.59%；乡村人口 71.26 万，占全市常住人口的 59.41%。有汉、回、藏、裕固等 38 个民族，其中裕固族是全国唯一集中居住在张掖的一个少数民族。

2010 年张掖市水资源总量 34.626 亿 m³，其中，地表水总资源量为 32.742 亿 m³；比多年平均水量 28.723 亿 m³ 增加 14.0%，比上年水量增加 3.3%；地下水资源量 21.080 亿 m³，与地表水重复计算的地下水资源量为 19.195 亿 m³。降水量 121.436 亿 m³，比多年平均降水量 103.440 亿 m³ 增加了 17.4%，与上年相比增加了 14.0%。2010 年全市总用水量 23.8902 亿 m³，其中工业用水 0.4590 亿 m³，农业用水 22.6389 亿 m³，城镇公共用水 0.1059 亿 m³，居民生活用水 0.3667 亿 m³，生态环境用水 0.3197 亿 m³。这些用水分别来自地表水 19.9852 亿 m³（7.0250 亿 m³ 为地表蓄水，12.9232 亿 m³ 为引水，0.0370 亿 m³ 为提水），地下水 3.8150 亿 m³，污水处理回用水 61 万 m³，雨水利用 839 万 m³。

张掖市境内主要有黑河、山丹河、马营河、洪水河、大都麻河、梨园河、摆浪河、隆昌河等 26 条河流，年径流量在 1 千万 m³ 以上的大河 14 条，1 千万 m³ 以下的小河 12 条，皆为内陆河，属黑河水系，发源于祁连山的冷龙岭、走廊南山、陶勒山、陶勒南山等山峰。

区内地下水分南、北山地下水和平原地下水。南山地下水主要分布在陶勒河谷地和皇城盆地，陶勒河谷地地下水类型为潜水。北山地下水分布在合黎、龙首山区，因受极干燥气候条件影响，地下水量贫乏。平原地下水从地表到 200～300m 深度范围内的浅层含水层，是各盆地地下水的主要贮存层位。南部冲积扇带地下含水层渗透系数为 100～400m/天，潜水位自南而北由深变浅；南部山前地带埋深大于 200m，向北逐渐变为 100～200m，50～100m，小于 50m，潜水水质好，矿化度小于 1g/L。平原中、下部细土含水层具有双层结构型，主要含水层存度多为 50～100 米，矿化度一般小于 1g/L。某些地带几十米深的含水层被揭穿后，地下水可自流，流量为 2～6g/s。

冰川主要分布在肃南裕固族自治县和民乐县境海拔 4000m 以上的祁连山巅。共有冰川 988 条，面积 423.84km²，冰储量 14.36km³。其中，肃南 965 条，面积 416.9km²，冰储量 14.20km³；民乐 23 条，面积 6.89km²，冰储量 0.16km³。

张掖市林地占全市面积的 11.63%，草地占 32.97%，耕地占 11.28%，水域占 1.84%，建设用地占 0.79%，未利用土地占全市面积的 41.49%。森林林区主要有祁连山水源涵养林区，面积 385.87 万亩；中部绿洲农田保护林区，有风沙区周边林带及防风固沙林带、绿洲区农田林带、沿山地区农田林网。天然草地主要分布在肃南、山丹、民乐三县山区，沿山地区及甘、临、高三县（区）绿洲外围；绿洲内部也有零星分布的沼泽草地和低湿草甸。全市草场面积 3819.35 万亩，其中，天然草地 3787.35 万亩，人工草地 15 万亩，半人工草地 17 万亩。草原类型有：沼泽草场类、低湿地草甸草场类、干旱荒漠草场类、山地荒漠草场类、草原化荒漠草场类、荒漠化草原草场类、山地草原草场类、山地草甸草原草场类、高寒草原草场类、山地草甸草场类、高寒草甸草场类。

张掖市物产丰富。祁连山、东大山自然保护区和国家级森林公园风光优美，物种繁多。探明有铜、铅、锌、钨、铁等矿藏 32 种，开发利用前景广阔。张掖乌江大米、民乐苹果梨、紫皮大蒜、临泽红枣等，多次获国优、部优称号。张掖的天然林树种有青海云杉、祁连圆柏、青杨、山杨、胡杨、桦、榆等

10 多种；栽培树种有二白杨、新疆杨、北京杨、青海柳、国柳、枫、松、柏、沙枣等 20 多种；经济林木有桃、杏、李、枣、苹果、桑等 10 多种，达 200 多个品种；天然灌木有金露梅、锦鸡儿、灰枸子、沙棘、小巢、吉拉柳、珍珠、枸杞、沙拐枣、红柳等 50 多种；经济作物有西瓜、甜瓜、苦瓜、籽瓜、南瓜、北瓜、胡麻等 10 多种；蔬菜作物有白菜、萝卜、菠菜、芹菜、甘蓝、菜花、洋葱、葫芦、黄瓜等 30 多种；绿肥作物有苜蓿、苦豆子、毛苕子、箭舌豌豆、草木择等多种。张掖市家畜有黄牛、牦牛、犏牛、马、驴、骡、骆驼、猪、山羊、绵羊、貂等；家禽有鸡、鸭、鹅、火鸡、鸽、鹌鹑、鹦鹉等 20 多种。珍稀动物属于国家一级保护的有雪豹、藏野驴、白唇鹿、野牦牛、普氏原羚、金雕、白肩雕、玉带海雕、白尾海雕、胡兀梦、斑尾棒鸡、难鸡、遗鸥 13 种。

张掖市 2010 年空气主要污染物年均浓度值保持稳定，SO_2，NO_2，PM_{10} 年均浓度值分别为 0.039mg/m³、0.018mg/m³、0.081mg/m³，自然降尘量 9.43 t/km²。全年空气质量优良天数 344 天，占 94.77%。全年降水 22 次，PH 值在 7.32～7.72 之间，未出现酸性降水。全年共发生沙尘天气 4 次，可吸入颗粒物平均浓度分别为 0.569mg/m³、0.409mg/m³、0.277mg/m³、0.408mg/m³。黑河干流莺落峡断面为二类水质，高崖水文站、蓼泉桥、六坝桥断面为 Ⅲ 类水质，水质状况良好，各断面水质均达到相应功能区标准。山丹河水质为劣五类，属重度污染。六县区城区集中式饮用水源水质均符合国家标准，水质状况良好。2010 年全市工业废水排放量为 809.59 万 t，比上年增加 40.55 万 t，占全市废水排放总量的 27.03%，排放达标率为 78.86%。全市工业废气排放总量为 469.79 亿 Nm³，其中，SO_2 排放量 20495.86t，排放达标率 60.88%；烟尘排放量 7944.52t，排放达标率 93.39%；工业粉尘排放量 2831.25t，排放达标率 94.47%；NO_x 排放量 11403.93t。2010 年全市工业固体废物产生量为 125.79 万 t，比上年增加 35.54 万 t。综合利用量为 88.74 万 t，综合利用率为 72.12%。处置量为 0.41 万 t；贮存量为 33.81 万 t，排放量为 2.83 万 t。

（五）金昌市自然生态系统特征

金昌市地处河西走廊东部，祁连山脉北麓，阿拉善台地南缘。北、东与民勤县相连，东南与武威相靠，南与肃南裕固族自治县相接，西南与青海省门源回族自治县搭界，西与民乐、山丹县接壤，西北与内蒙古自治区阿拉善右旗毗邻。全境东西长 144.78km，南北宽 134.6km。土地总面积 9593km²，总耕地面积 161.61 万亩（净耕地 146.83 万亩），园林地 62.38 万亩，草滩地 669.40 万亩，城乡村镇、厂房等用地 17.71 万亩，交通用地 8.55 万亩，水域面积 10 万亩，剥蚀山地、沙漠戈壁等占地 509.3 万亩。金昌属大陆性温带干旱气候，光照充足，气候干燥，全年多西北风，昼夜、四季温差较大，霜期长，境内气温北高南低，降水北少南多。由东北到西南，大体可划分为 5 个气候区，即温和极干旱区和温凉干旱区，温寒干旱区，寒冷半干旱区和寒冷半湿润区，寒冷湿润区，高寒湿润区和高寒很湿润区。降水量由东北向西南随地势升高而增加，川区降水少，山区降水多。年平均降水量：市区 139.8mm，永昌 185.1mm，南部山区 351.7mm。每年雨季在 5～9 月，6～8 月降水占全年降水量：市区 66%，永昌 55%，南部山区 54%。春季由于冷空气侵袭频繁，气温忽高忽低，多大风，降水少。夏季为全年降雨集中时节，常有干热风出现。各地平均气温 12.8～22.2℃。秋初气温较高，阴雨天稍多，仲秋、深秋降温迅速，风速较夏季增大。冬季多处在蒙古冷高压控制下，天气寒冷，降雪少，空气干燥。最低月平均气温 -14.6～-9.5℃。

2010 年金昌市水资源总量 0.815 亿 m^3，其中地表水总资源量为 0.492 亿立方米；比多年平均水量 0.442 亿立方米增加 11.3%，比上年水量增加 24.2%。地下水资源量 2.201 亿 m^3，与地表水重复计算的地下水资源量为 1.878 亿 m^3。降水量为 17.352 亿 m^3，比多年平均降水量 13.276 亿 m^3 增加 30.7%，比上年减少 18.9%。2010 年全市总用水量 6.4055 亿 m^3，其中，工业用水 0.8887 亿 m^3，农业用水 5.1479 亿 m^3，城镇公共用水 0.0598 亿 m^3，居民生活用水 0.1729 亿 m^3，生态环境用水 0.1362 亿 m^3。这些用水分别来自地表水 5.3553 亿 m^3（4.6947 亿 m^3 为地表蓄水，0.2591 亿 m^3 为引水，从黄河流域调入 0.4015 亿 m^3），地下水 1.0219 亿 m^3，污水处理回用水 0.0283 亿 m^3。

金昌市主要河流有东大河、西大河和金川河，均属石羊河水系，为常年性内陆河。此外，还有清河（乌牛坝）和 18 条小沟小河，其中常年流水的只有 6 条，流量小，流程短。东大河发源于祁连山冷龙岭北麓，系境内第一大河，主要有直河和斜河两条支流，直、斜两河在皇城滩铧尖交汇后始称东大河。东大河流经皇城滩向东北进入 26km 的峡谷，经头坝口出祁连山。全长约 111km，集水面积 1614 km^2，年径流量 3.21 亿 m^3，落差 417m。河源区年降水量 800mm 左右，是河流水量的重要补给区。西大河发源于祁连山冷龙岭北坡，属境内第二大河。主要支流有小乌龙沟、大乌龙沟、鸾鸟沟、平羌沟等河，出山口后，汇入西大河水库，全长 61km，水库以上集水面积 811 km^2。多年平均流量 4.9 m^3/s，年径流量 1.54 亿 m^3。境内地下水大致分为山区基岩裂隙水和平原地下潜水两个类型。地下水的补给，主要靠山区沟谷潜流、山前河流渠道及降雨渗入。地下水分布区域较广，南部草原、西部草原、北部草原分布较多，但水量很小。全市地下水综合补给量 2.77 亿 m^3/年，可采量为 1.37 亿 m^3/年。

金昌市共发现矿产地 101 处。其中黑色金属矿产 15 处，有色及贵金属矿产 21 处，能源矿产 11 处。矿种包括铁、铬、镍、铜、钴、金、银、铂、磷、硅石、萤石、膨润土、建材花岗岩、煤、石油等 41 种。其中镍矿储量丰富，列世界同类矿床第三位，铜矿储量居中国第二，镍和铂族金属产量占全国的

90%以上，是国内最大的镍钴生产和铂族贵金属提炼中心。

金昌市草场植被可分为天然草场、改良草场和人工草场，总面积 1039.16 万亩。其中可利用面积 669.4 万亩。森林植被的分布是：祁连山、大黄山、龙首山等天然森林植被，平原绿洲及其边缘的人工林植被。全市有林地面积 62.38 万亩，其中，天然林 43.52 万亩（乔木林 5.92 万亩，灌木林 34.52 万亩，疏林 3.00 万亩），人工林 18.86 万亩（含果园 2.86 万亩），人均林地面积 1.41 亩。此外，还有中部低山残丘荒漠化草滩护牧林，北部荒漠戈壁防风固沙林，全市森林覆盖率 4.9%。金昌市境内有各类野生动物 220 种，属国家二类保护的有雪豹、淡腹雪鸡、兰马鸡 3 种；三类保护的有马鹿、麝、猞猁、石貂、黄羊、鹅喉羚、水獭、天鹅 8 种。全市现有国家级自然保护区 1 个，即甘肃省祁连山国家级自然保护区，面积 334.80km²；省级自然保护区 1 个，即甘肃省金昌市芨芨泉省级自然保护区，面积 510.71km²。粮食作物有小麦、大麦、青稞、谷子、糜子、莜麦、高粱、玉米等 16 种；经济作物有胡麻、油菜、葵花、花生、棉花、药材、甜叶菊、菊芋等 11 种（类）；蔬菜类作物有茄子、辣椒、番茄、黄瓜、葫芦、大白菜、马铃薯、冬瓜、甜瓜、西瓜等 29 种。

2010 年全市工业废气排放总量 631.96 亿 Nm³，较上年增加 203.7 亿 Nm³，上升了 47.56%。全市废气中二氧化硫排放量 9.00 万 t，较上年增加 0.17 万 t，上升 1.93%；烟尘排放量 1.57 万 t，较上年减少 0.36 万 t，下降 18.7%；工业粉尘排放量 0.65 万 t，较上年减少 0.03 万 t，下降 4.41%；氮氧化物排放量 2.30 万 t，较上年增加 0.17 万 t。2010 年全市废水排放总量 3251.65 万 t，废水中化学需氧量排放量 0.76 万 t，较上年减少 0.2 万 t，下降 27.13%；氨氮排放量 0.58 万 t，比上年下降 15.34%。工业废水排放总量 1614.10 万 t，达标排放量 1313.49 万 t，达标率 81.38%；工业废水中化学需氧量排放量 0.48 万 t，较上年下降 7.32%；工业氨氮排放量 0.55 万 t，较上年下降 15.33%；全市城镇生活污水排放量 1637.55 万 t，较上年增加 285.94 万 t，增长 21.15%；生活污水中化学需氧量排放量 0.27 万 t，较上年下降 37.21%。2010 年全市固废产生量 1006.82 万 t，较上年增加 76.37 万吨；固废综合利用量 198.71 万 t，较上年增加 49.16 万 t，固废综合利用率为 18.5%；固废贮存量 291.87 万 t，处置量 583.4 万 t，排放量 0.30 万 t。2010 年市区环境空气质量二级和好于二级标准天数达到 316 天。全市万元 GDP 能耗预计下降 3%。城市污水处理率 93.82%；城市生活垃圾无害化处理率 100%；城市绿化覆盖率 32.38%，建成区绿地率 29.71%，城市人均公园绿地面积 14.9m²，人均城市道路面积 22.12m²

（六）武威市自然生态系统特征

武威市位于甘肃省中部，河西走廊的东端。武威南依祁连山，北靠内蒙古，东南与兰州市、白银市接壤，西北和金昌市、张掖市毗邻。南北长326km，东西宽204km，海拔1367～3045m。地处黄土、蒙新、青藏三大高原交汇地带，地形复杂，南高北低。境内有灌溉绿洲、荒漠、高山草地、祁连山天然水源涵养林带及沙漠、浅山地带，是甘肃的缩影。总面积33238km²，其中，耕地面积381.37万亩，草地面积3552万亩，可利用草地面积2430万亩，是一个有水就有耕地和粮食，有水就有草原和畜牧的地方。境内有大小河流8条，年均径流量11.353亿m³。年日照时数2200～3030h，年平均气温7.8℃，无霜期85～165天。年降水量60～610mm，年蒸发量1400～3040mm，是典型的内陆型干旱气候。现辖凉州区、民勤县、古浪县和天祝藏族自治县，有93个乡镇，总面积3.3万km²。常住人口181.51万，其中城镇人口44.92万，乡村人口136.59万，聚居着汉、藏、回、蒙等38个民族。

2010年武威市水资源总量9.773亿m³，其中地表水总资源量为8.386亿m³，比多年平均水量11.353亿m³减少26.1%，比上年水量增加3.0%。地下水资源量8.261亿m³，与地表水重复计算的地下水资源量为6.875亿m³。降水量为66.830亿m³，比多年平均降水量71.661亿m³减少6.7%，比上年增加6.2%。2010年全市总用水量19.2178亿m³，其中工业用水0.7790亿m³，农业用水17.1538亿m³，城镇公共用水0.1156亿m³，居民生活用水0.4780亿m³，生态环境用水0.6914亿m³。这些用水分别来自地表水12.4945亿m³（8.1335亿m³为地表蓄水，3.1288亿m³为引水，从黄河流域调入1.2108亿m³），地下水6.6364亿m³，污水处理回用水0.0202亿m³，雨水利用0.0667亿m³。

武威市总面积332.38万公顷，其中耕地面积为382.07万亩，耕地的基本特征是山地、沙化地、旱地多，水地少；耕地质量与耕作土壤条件、土壤肥力、水分状况和气候条件等多种因素有关。荒漠化面积3355.8万亩，占全市总面积的67.3%。全市的天然林主要分布在降水比较丰富的祁连山中山和亚高山地带，是山地带普中山森林、灌丛草原的重要组成部分。林业用地面积1002.7万亩，森林面积601.2万亩，其中天然林面积343.2万亩，人工林面积258万亩，森林覆盖率12.06%。草地主要分布于南部山地和北部荒漠地区，草地面积2071万亩，其中天然草场面积1491.5万亩。全市有野生动物67种，其中珍稀野生动物有47种，一般野生动物有20种。属于国家一类保护动物，有金丝猴、普氏野马、野骆驼、高鼻羚羊、藏野驴、蒙古野驴、梅花鹿、白唇鹿、牛角羚9种，主要分布在凉州区和天祝县；属于国家二类保护动物38种，主要有马鹿、篮子鸡等。全市植物类型单一，树种单纯，主要有青海云杉、桦树、山杨、祁连圆柏、油松、针叶松、草叶杜鹃、山柳等。全市有自然保护区4处，总面积75.21万公顷，占全市总面积的22.63%。其中，国家级自然保护区2处：祁连山自然保护区武威属区，面积为21.49万公顷；连古城沙生植物保护区，面积为 38.99 万公顷。县级以上自然保护区 2 处，其中：凉州区沙生植物保护区，面积为 0.13 万公顷；古浪县马路滩保护区，面积为 14.6 万公顷。除自然保护区外，武威市东南角还建有甘肃省濒危野生动物繁育中心，地处腾格里沙漠边缘，总面积 850 公顷。

武威矿产、风力和太阳能资源丰富。武威矿产资源种类多、储量大、品位高，有各类矿点 100 多处、30 多种，探明储量的矿种有 15 种，约占全省已发现矿产的 23%，其中钛铁矿、石墨矿属国内特大型矿产。石墨资源储量 70.3 万 t，石膏资源储量 1987 万 t，水泥灰岩矿区储量 42944 万 t，煤炭、石灰岩矿储量也相当大，极具开发潜力。风能资源丰富，天祝县松山滩和民勤县红沙岗年有效风能贮量大，开发前景广阔。丰富的光热资源为太阳能开发利用提供了广阔的发展空间。

武威物产丰富。南部祁连山区，海拔在 2100～4800m 之间，气候冷凉，降水丰富，林草丰茂，极利于发展林业和畜牧业，并出产高山细毛羊、白牦牛和羌活、秦艽、冬虫夏草、鹿茸、麝香、牛黄等驰名中外的中药材。中部平原绿洲区，海拔 1450～2100m 之间，地势平坦，土地肥沃，日照充足，农业发达，是全省和全国重要的粮、油、瓜果、蔬菜生产基地。北部荒漠区，海拔 1300m 左右，出产滩羊、骆驼、红柳、发菜、沙米等几十种沙生动植物，以及甘草、麻黄草、锁阳等 10 多种中药材，资源开发前景广阔。武威日照时间长，昼夜温差大，极端气温相对持续时间短，最适宜酿造葡萄的种植，被专家称为"中国的波尔多地区"。农副土特产品品质优良、种类繁多。目前，80 万亩加工型玉米基地、50 万亩繁育制种基地、40 万亩无公害蔬菜基地、30 万亩优质瓜类基地、30 万亩棉花基地、15 万亩啤酒大麦基地、10 万亩酿造葡萄基地，以及微藻生产示范基地、人参果基地、畜牧业基地、花卉基地、食用菌基地、马铃薯基地、中药材基地等农业产业化基地的建成，形成了葡萄酒、面粉、黑瓜籽、黄河蜜瓜、无公害蔬菜、淀粉系列产品，以及白牦牛系列产品等一批具有武威区域标志性产业品牌和地方特色的农副土特产品，具有很高的开发价值。

2010 年武威市工业废气排放量 91.0114 亿 Nm^3。其中，燃料燃烧废气排放量 63.8120 亿 Nm^3，生产工艺废气排放量 27.1994 亿 Nm^3，工业烟尘排放量 2901.54t，工业二氧化硫排放量 5952.98t，工业氮氧化物排放量 3356.88t，工业粉尘排放量 4012.58t。2010 年全市废水总量 2794.69 万 t，其中工业废水 741.71 万 t，生活废水 2052.98 万 t。废水中化学需氧量排放总量为 11315.21t，其中工业废水中化学需氧量排放量 6433.40t，占化学需氧量排放总量的 56.86%；生活废水中化学需氧量排放量 4871.81t，占化学需氧量排放总量的 43.14%。废水中氨氮排放总量 867.23t，其中工业废水中氨氮排放量 283.65t，占氨氮排放总量的 32.71%；生活废水中氨氮排放量 583.58t，占氨氮排放总量的67.29%。2010年，工业固体废物产生量33.42万t，其中综合利用量26.85万t，利用率达80.34%，处置量0.61万t，排放量5.98万t。

2010年武威城区城市污水年排放量1279万t，年处理量1279万t，处理率100%，处理工业废水90.74万t，生活废水1168.26万t，污水再生利用量7万t。其中，武威市污水处理厂排放生活污水及工业废水1104万t，污水中化学需氧量去除量4363.00t，氨氮去除量463.68t，总磷去除量81.70t；武南污水处理厂排放生活污水及工业废水175万t，污水中化学需氧量去除量291.9t，氨氮去除量42.22t，总磷去除量15.09t。地表水水质有所改善。水质监测状况显示，2010年末，全市满足三类标准的断面比例为66.7%，比上年下降16.7个百分点；满足四类标准的断面为33.3%，提高16.7个百分点。全市有环境监测站3个，环境监察机构5个，环境监测和监理人员110人。自然保护区3个，其中国家级自然保护区2个。全年完成环境污染治理项目32个，工业污染企业废水达标率达到70.7%，城市空气质量达到二级标准。年末城市污水处理率90.4%，城市生活垃圾无害化处理率100%。

南部祁连山区，海拔在2100～4800m，气候冷凉，降水丰富，林草丰茂，极利于发展林业和畜牧业，并出产高山细毛羊、白牦牛和羌活、秦艽、冬虫夏草、鹿茸、麝香、牛黄等驰名中外的中药材。中部平原绿洲区，海拔1450～2100m，地势平坦，土地肥沃，是全省和全国重要的粮、油、瓜果、蔬菜生产基地。北部荒漠区，海拔1300m左右，出产滩羊、骆驼、红柳、发菜、沙米等几十种沙生动植物及甘草、麻黄草、锁阳等10多种中药材，资源开发前景广阔。

二、河西走廊的经济生态系统特征

（一）总体状况

1. 经济水平与结构

河西走廊地区光热、土地资源丰富，有一定数量的水资源，适于发展灌溉农业；矿产资源丰富，特别是有色金属矿产占优势地位；文物古迹旅游资源丰富，自然风光独特，开发前景广阔。

河西走廊地区地域辽阔，土地类型众多，具有发展大农业的条件。其中有宜农土地1.28万km²，宜农宜林土地0.44万km²，宜林土地0.29万km²，宜农宜林宜牧土地1.31万km²，宜牧土地12.86万km²。宜农土地中有连片可垦荒地467万亩，其中，石羊河流域65万亩，黑河流域223万亩，疏勒河流域179万亩。只要解决了水源问题，本区是灌溉农业发展潜力很大和较为理想的地区。

　　河西走廊灌溉农业区历史悠久，是甘肃省重要农业区之一，是我国西北内陆著名的灌溉农业区。土地资源丰富，人均土地面积100.38亩，其中人均耕地3.2亩，草地49.8亩，另有宜农荒地2019.7万亩。全区年日照时数2600～3300h，年平均太阳辐射量140～160kW/cm²，昼夜温差高达12～16℃。特别是走廊内多数地区人类干预较小，农业生产环境无污染或污染较轻，这为本区建设绿色农业商品粮基地提供了优越条件。它是西北地区最主要的商品粮基地和经济作物集中产区，提供了全省2/3以上的商品粮，几乎全部的棉花，9/10的甜菜，2/5以上的油料、啤酒大麦和瓜果蔬菜。平地绿洲区主要种植春小麦、大麦、糜子、谷子、玉米，以及少量水稻、高粱、马铃薯。油料作物主要为胡麻。瓜类有西瓜、仔瓜和白兰瓜，果树以枣、梨、苹果为主。山前地区以夏杂粮为主，主要种植青稞、黑麦、蚕豆、豌豆、马铃薯和油菜。河西畜牧业发达，如山丹马营滩，自古即为著名的军马场。

　　河西走廊地区矿产资源非常丰富，种类较多，是有色金属（镍、铜、钴、铂族、钨），黑色金属（铁、铬、钒），以及金、石油与化工原料（芒硝、重晶石、磷）等矿产的主要聚集区。已经发现的矿种就有61个，产地267个。其中金川地区的铜镍矿储量位居世界第二位，占全国总储量的70%，占甘肃省镍矿储量的100%，铜矿储量的80%，钴矿储量的88%，并伴有铂族、金等10余种稀贵金属。河西走廊地区铁矿储量占全省的76%，其中酒泉地区镜铁山大型铁矿保有储量3.94亿t，约占河西地区的70%，是我国西北地区大矿之一。肃北大道尔吉铬铁矿也是我国大型铬铁矿之一，矿石中伴生有铂、锇、钌、铱等元素。河西地区石油储量占全省的34%，主要分布在玉门地区。玉门油田是我国最早发现和开发的油田之一，是中国第一个石油工业的基地，但大部分油田开发已近后期，需要寻找新的储油构造。

　　南北两面障体夹峙、中间绿洲广布态势，使河西走廊自古就成为举世闻名的陆上交通咽喉。目前欧亚大陆桥纵贯走廊将近1400km，串联了其中大部城市，路区接触系数高达53km/万km²，大大提高了其交通区位优势。走廊南缘、北缘众多的隘口，又使其成为南北交流的重要过道。如南缘的扁都口、当金山口，使欧亚大陆桥得以将其影响范围延伸到大通河流域及青藏高原北部；北缘的人宗口、东小口子等，则是河西与内蒙古游牧民族联系的要冲，更是通往蒙古最理想的直接出口。河西走廊实际是一个贯通东西、带动南北两翼的交通要道。

　　河西走廊地区历史悠久，地域辽阔，景观独特，多民族聚居，汉唐以来就成为东西方文化交流和贸易的重要通道。丝绸之路贯穿全境，留下了许多珍贵的文化遗产和名胜古迹，在旅游资源的种类上具有奇特和丰富的特点，在分布上具有广泛和相对集中的特点。干旱的气候和高耸的祁连山，使河西走廊地区既有茫茫戈壁、万里沙海、块块绿洲等干旱区风光，又有冰山雪峰、高山牧场和中山森林等美景，汇丝路寻踪、绿洲览胜、古城凭吊、洞窟参观、登山探险、大漠驼铃等多种专题旅游于全境。景点多、容量大、环境多变、对比强烈，宜于满足旅游者访古、游历、考察、探险等的心理要求。干旱的气候使璀璨的历史文化得以保存，丝路沿途的古长城、古城堡、石窟、驿站、烽燧、古墓葬遍布，皆是有文化和历史价值的古迹。万里长城在走廊内绵延数百千米，嘉峪关雄踞戈壁大漠，巍峨雄伟；最西部大漠上的阳关和玉门关，最能引发人们思古之幽情；安西的榆林窟和锁阳城（苦峪城）遗址，嘉峪关的魏晋壁画墓，都值得一观；武威雷台出土的东汉艺术珍品"马踏龙雀"（铜奔马），被定为中国旅游的标志。特别是被联合国科教文组织列为世界文化遗产的敦煌莫高窟，素有"东方文化宝库"之誉，它以现存洞窟规模最大、艺术价值最高、内容最丰富，成为我国众多石窟中的佼佼者，强烈地吸引着中外学术界和广大旅游者。

随着河西走廊产业结构调整，新兴产业在河西走廊发展迅速。一是着力打造甘肃新能源基地，以太阳能、风能、核能、生物能源为主的清洁能源迅速发展；二是深化农业产业结构调整，大力发展生态农业，制种业、绿色农产品等特色农业发展迅速；三是依托自然地理条件及农产品资源优势，如酿酒等农产品深加工产业发展强劲；四是物流业为基础的通道经济发展加快。

2. 瓶颈制约——河西走廊的生态危机

长约1200km的河西走廊，处处可见戈壁荒漠。曾经富饶的丝绸之路黄金段，被生态问题折磨得苦不堪言。在东西两头，河西走廊都面临着十分严重的生态问题。在走廊东部，民勤县东西北三面被腾格里和巴丹吉林两大沙漠包围。因为缺水，民勤湖区已有50万亩天然灌木林枯萎、死亡，有30万亩农田弃耕，部分已风蚀为沙漠。全县荒漠和荒漠化土地面积占94.5%，其生态问题十分严峻。在走廊西头，敦煌的最后一道绿色屏障——西湖国家级自然保护区，66万公顷区域中仅存的11.35万公顷湿地，因水资源匮乏逐年萎缩，库木塔格沙漠正以每年4m的速度向这块湿地逼近。有专家指出，现在祁连山生态问题的严峻性，充分证明河西走廊生态危机全面升级，呈现全面围堵的局面，已成为河西走廊发展的最大瓶颈。由东至西，河西走廊境内分别是石羊河流域、黑河流域、疏勒河流域。甘肃省气象局的最新资料表明，与10年前相比，三大流域均存在较为严重的生态退化问题，这主要表现在植被覆盖度和永久性雪盖面积的减少，部分地区生态问题激化。在河西走廊东部，巴丹吉林和腾格里沙漠有合拢趋势，给镶嵌其中的民勤绿洲带来巨大压力；在西边，库木塔格沙漠正以每年4m的速度逼近敦煌。有专家断言，倘若任由形势恶化，河西走廊生态环境有可能在50年内全面恶化。

2007年全国"两会"期间，在参加甘肃代表团审议时，温家宝总理谈了他惦记甘肃的四件事情：民勤治沙，敦煌生态环境和文化遗产保护，祁连山冰川保护，黑河、石羊河沙化盐碱化治理。而这四件事情都与河西走廊生态环境有关。

2008 年全国"两会"期间，来自甘肃的人大代表安国锋和政协委员郝树声，在互不知情的情况下，不约而同地提出以"加强祁连山生态保护"为主题的提案，提到作为整个河西走廊母亲山的祁连山，最近几年出现了严重的雪线上移、冰川退缩、草原退化、林木减少等现象。

3. 功能定位和发展前景

河西走廊是甘肃省最主要的农业生产基地，特别是商品粮生产基地，是甘肃省乃至全国的有色金属生产基地，是甘肃省新能源发展基地，是甘肃省生态农业重点示范基地，是甘肃省绿色农产品主要生产基地，是甘肃省主要旅游胜地，是甘肃省通道经济发展的重要组成部分。

（1）河西走廊开发的基本理论思路

当前世界流行的区域开发理论是"三级跳"模式，即增长极开发、点轴发展和网络起飞 3 个阶段。在第一阶段，由于资源空间分布的差异性与区域经济增长的不均匀性，最初的开发必然首先在优势较突出的某些点（如城镇）上进行，逐步形成规模经济。当作为区域经济依托的增长极（城镇）的经济有了一定实力之后，其经济因子开始沿着点与点之间具有经济意义的轴线（如交通线、河流、绿洲连绵带等）进行扩散，通过点与点之间联系的中间机会及轴线扩张效应，带动轴线地带经济的发展，从而形成点轴系统，这就是第二阶段—点轴发展阶段。经过前两个阶段的发展，区域经济实力已大大加强，经济因子过分集中开始表现出一系列弊端，分散的效益开始高于继续集中的效益，促使经济因子沿着更次一级新的经济轴线向经济低势区转移，通过点轴扩散与滚动，带动新区经济的发展，新、旧点－轴系统不断发展、交织，逐步形成网络发展的态势。这样，一个区域经过极化－点轴开发－网络发展 3 个阶段，逐步实现全区经济普遍提高与持续增长的目标。单独采用其中任一种开发模式，都不可能有效地组织区内各种资源，促使区域经济迅速发展。

河西走廊的开发也应遵循时序渐进原则，在不同阶段采用不同模式。开发初期可将有限的财力、物力、人力集中于有限的点（城镇）上，有目的地进行极化，增加投资效果，同时逐步加强交通线网建设，进行点－轴开发，带动增长轴沿线经济的发展，最后建立起能支持区域发展和社会、经济、环境良性循环的区域网络发展格局。

（2）河西走廊区域开发的空间战略格局

目前河西走廊正处于由开发的第一阶段向第二阶段过渡的过程中。优化河西走廊区域开发格局，应从调整增长极与增长轴入手，建立起适合河西走廊特点的区域开发空间模式。

① 优化增长极系统。为了改变河西走廊城市"小、散、串"的特点，优

化增长极系统，调整城市体系结构及空间格局是区域经济战略布局的关键。

酒（泉）嘉（峪关）玉（门）一体化，并将其建成与兰州相对应的一级极化中心。目前甘肃省中部经济区（兰州、白银、定西）经济力已开始向外扩散，而河西走廊增长级则不成体系，亟需建立一个一级极化中心来接受中部经济波，并辐射整个河西走廊。而现有城市无一能够单独在近期发展成为一级中心，故提出酒嘉玉一体化并建成一级中心的设想。首先，该增长极区位选择在理论上是合理的。甘肃省唯一的一级增长极（兰州市）位于甘肃东部，广大河西地区缺乏有力的辐射源。酒嘉玉地区与兰州市区位对称，并基本位于走廊中心，可与兰州市呼应，构成点－轴开发系统，带动走廊经济发展。其次，三市一体化在实践中是可行的。第一，三市位置接近，联系方便，便于开展产业合作与经贸往来，具备建成组群式城镇的地理基础；第二，三市都是甘肃省重要的工业城市，有进一步发展的条件；第三，三市资源结构与产业结构有较强的互补性，内聚力强。嘉峪关的钢铁、玉门的石油、酒泉的高新技术产业互相结合、互相为用，完全具有把酒嘉玉建成与兰州相呼应的一级中心的产业基础。

加强城市建设，优化城市体系，发挥其作为区域增长级的作用。河西走廊酒嘉玉以外的4座城市都有进一步发展的条件。敦煌可辟为世界旅游特区，围绕旅游这一关键产业发展配套产业，可建成国际旅游城。金昌作为我国镍都，不仅硫化镍矿储量与品位居全国第一，而且伴生的铂、钯、锇、铱、铑等铂族金属及金、银等亦居全国之首，围绕有色金属开采，广泛与乡村企业合作，可将金昌建成重化工中等城市，并促使河西走廊向"有色金属走廊"转变。武威、张掖地处张武绿洲，素有"金张掖、银武威"之称，农业基础好，工业也较发达，可将其建成以轻工为主的综合性城市，加强城乡联系。

② 加强交通线网建设，优化增长轴网络体系。根据河西走廊的地理特点，该区增长轴应选择时分时合的两条轴线：一条是交通线，欧亚大陆桥串联了走廊的所有城市，是走廊开发的"黄金轴"；另一条是在西北干旱半干旱环境中形成的具有特殊意义的经济轴线－绿洲连绵带，这是走廊开发的"生命线"。

强化主干，构筑两翼，建设适合走廊特点的交通网络。强化主干就是完善现有铁路、公路骨干线路，消除卡脖子地段，逐步完成现代化改造，确保干线担当起开发的骨架作用。构筑两翼，则是配合干线布局一些地方集运线、分流线等二三级线路，形成以欧亚大陆桥为主干的"丰"字形交通网络，以增大干线与区域的有效接触面积。扩大其辐射范围，带动干线两侧腹地经济的发展。如柳园—马鬃山—蒙古交通线建成后，可把蒙古纳入欧亚大陆桥的腹地，而一些地方集运线路，则把绿洲与铁路线紧密联系在一起。

加强基础，护用结合，搞好特色绿洲建设。走廊内较大绿洲18块，计

19350km²，占河西走廊总面积的17.4%，集中了该区4/5的人口和绝大部分的工农业生产总值。但由于基础设施不配套，开发利用不合理，目前有不少地方的绿洲已经或正在退化。为确保绿洲的永续利用，须注意用养结合，完善基础设施，并结合产业结构调整，发挥本区光照足、污染少的优势，发展高效、优质的绿色创汇农业。

两条轴线建设应注意联系与协调，双轴并进，共同发展。戈壁荒漠区绿洲连绵带是点－轴滚动的活跃带，它与交通线之间正如机体器官与血管的关系，外部经济因子通过交通轴向外扩散。以河西走廊酒嘉玉和走廊外兰州市为两极，以欧亚大陆桥和绿洲连绵带为双重轴线的点－轴系统，是现阶段河西走廊开发的基本框架。

（二）戈壁明珠、西北钢城——嘉峪关

嘉峪关位于河西走廊中部，是明代万里长城的西端起点。它是随着1958年国家"一五"计划重点项目酒泉钢铁公司的建设而兴起的一座新兴的工业旅游现代化区域中心城市。素有"天下第一雄关""边陲锁钥"之称。1965年建市，全市总面积3000km²，城区规划面积260km²，建成区面积60km²。全市常住人口30万，城市化率91%。

嘉峪关市经济发展迅速，人民生活水平在全省处于领先地位。人均国内生产总值、人均大口径财政收入、城镇居民人均可支配收入，多年名列全省各地州市之首。1992年被列为全国首批36个小康城市之一，1994年进入全国55个人均GDP过万元的经济明星城市之列，1995年位于全国84个经济明星城市的第64位。此后又先后获得了全国卫生城市，全国环境综合整治优秀城市，中国优秀旅游城市，全国文明城市，国家卫生城市，国家环保模范城市，全国双拥模范城，全省"无毒市"，亚洲城市建设百强，中国十大最具投资价值的城市，中国特色魅力城市200强，全国园林绿化先进城市等诸多褒称。

全市已探明矿产资源有21个矿种，产地40多处，其中铁、锰、铜、金、石灰石、芒硝、造型黏土、重晶石等为本市优势矿产。镜铁山矿铁矿石总储量为4.83亿t，现已建成500万t的生产能力，是国内最大的坑采冶金矿山；西沟石灰石矿储量为2.06亿t，为露天开采，年产量80万t；大草滩造型黏土总储量为9800万t。邻近地区还有储量可观的芒硝矿及可供开采的铬、锰、莹石、冰川石等矿藏。

讨赖河横穿嘉峪关市境内，年均径流量6.58亿m³，地下水年净储量7.32亿m³，年补给量1.64亿m³，常年允许开采量为1.11亿m³，目前实际年开采量仅为0.46亿m³，还有库容6400万m³的大草滩水库作为工业用水的调节。城市供水综合生产能力44.6万m³/d，供水能力尚富余25.2万m³/d。目前，日处理污水5万m的城市污水处理工程已投入使用。随着城市污水回用和节水措施的推广利用，完全可以满足生态保护与经济建设的用水。

1. 经济水平与结构

嘉峪关市是一个新兴的工业城市，其铁矿、重晶石、石灰石、白云岩、造型黏土5种矿种居甘肃省前三位。全市已形成以冶金工业为主体，化工、电力、建材、机械、轻纺、食品为辅的工业体系。嘉峪关市经济质量较高，人民生活水平在全省处于领先地位。从1990年起，全市综合经济实力一直位居甘肃省14个地州市的第二位，人均国内生产总值、人均大口径财政收入、城镇居民人均可支配收入多年名列全省各地州市之首。

2010年，全市全年实现地区生产总值（GDP）183.91亿元，增长17.5%。其中，第一产业完成2.46亿元，增长7.1%；第二产业完成147.76亿元，增长20.8%；第三产业完成33.69亿元，增长5.9%。人均GDP达到83420元（折合12596美元），增长9.6%。全年城镇居民人均可支配收入16741.16元，增长10.7%，增速比上年上升6.5个百分点。城镇居民家庭人均消费支出12075.76元，增长11.3%。城市居民家庭恩格尔系数为34.95%。全年农民人均纯收入7865元，增长13.1%。

2010年，全市全年完成全社会固定资产投资49.58亿元，增长22.61%。其中，第一产业完成投资1.85亿元，下降12.55%；第二产业完成投资30.21亿元，增长29.7%，工业投资上涨成为全市投资增长的主要拉动力量，完成投资27.73亿元，增长20.5%；第三产业完成投资17.53亿元，增长16.6%。从投资主体看，地方投资完成28.74亿元，增长63.15%；酒钢（集团）公司完成投资19.05亿元，下降12.86%；中央及其他驻嘉单位完成投资1.79亿元，增长86.35%。从经济类型看，房地产开发完成投资11.77亿元，增长7.86%；国有经济完成投资6.99亿元，增长45.86%；私营、个体完成投资3.61亿元，增长2.78倍。

2. 瓶颈制约

嘉峪关市发展面临的巨大挑战是，经济社会发展仍然存在一些突出问题和深层次的矛盾，主要表现在：① 自然环境恶劣，生态环境脆弱，生产生活条件艰苦，土地整理、生态建设成本较高；② 科技创新能力不强，产业结构不尽合理，企业整体竞争实力较弱，资源要素制约和环境压力加大，现代服务业发展相对滞后，转变发展方式的任务依然艰巨；③ 城乡发展差距大，区域发展不平衡，基础设施历史欠账多，夯实发展基础的任务依然艰巨；④ 社会事业发展滞后，民生和社会保障水平低，就业压力大，统筹协调发展的任务依然艰巨。

3. 功能定位和发展前景

"十二五"期间，嘉峪关将建设成为全国重要的现代工业城市、新能源示范城市、旅游商贸城市、科技创新型城市、生态园林和文体休闲宜居城市，全面实现建成小康社会。

（1）大力培育接续产业，构建现代产业体系

"十二五"期间，着力培育一批具有自主知识产权、核心竞争力强、市场占有率高的强势企业、名牌产品。工业增加值年均增长25%，2015年达到435亿元。

壮大钢铁产业，建设优质钢铁基地。围绕铸就百年酒钢基业目标，继续全力以赴为酒钢（集团）公司做好服务，加快产品结构调整和新产品开发，提高资源保障能力与优化系统配置，实施钢铁、铁合金、装备制造、资源开发、环保及综合利用、特色冶金、能源化工、商贸、物流、现代农业十大产业链项目，大力培育企业核心竞争力与创新能力。争取在"十二五"末发展为省内乃至西北地区支柱型、带动型企业。

加快新能源及新能源装备制造业基地建设。① 加快实施1000MW光伏发电示范基地、200MW光热发电、分布式能源等项目。积极推进配套煤电项目和外送电网输送能力建设，支持建设±800kV直流等输电工程，争取在"十二五"期间形成稳定的风电、光电送出能力。② 积极引进国内具有经济和技术实力的企业，建设新能源装备制造业和科技研发中心、智能型生活基地等项目，支持现有企业的产能扩张和产业升级，大力发展风电、光电装备和不锈钢制品制造、核同位素源、核仪器仪表、核设备制造，打造西部装备制造产业集群。

稳步发展煤电高载能产业。坚持优势资源转换，充分利用电力充足的优势和周边地区锰矿、铁矿、铜矿等丰富的金属矿产资源，实施电解铝、气冶联产直接还原铁等项目，延伸产业链，发展铝制品深加工业，形成煤—热—电—冶金新材料产品产业链。

积极发展化工和建材产业。围绕铬盐项目，延伸铬盐产业链，形成铬盐—硫化碱—电解铬产业链；充分利用冶炼废渣、选矿尾渣和建筑垃圾等废弃资源，大力发展循环经济，发展环保节能型建筑材料。

发展壮大食品加工业，建设食品工业集群。① 依托紫轩酒业葡萄酒酿造优势，建设优质葡萄酒生产和酿造基地，重点发展系列高档葡萄酒、有机葡萄酒、白酒，"十二五"末达到年产葡萄酒5万t生产能力；充分利用葡萄酒生产副产物葡萄籽皮、酒泥等，开发葡萄籽油系列产品、化妆品。② 依托宏丰公司种植、养殖优势，发展功能化、专用化、休闲、营养、便利型乳肉制品。

发挥工业园区产业承载作用。① 产业向园区集中。强化政策引导，完善优惠扶持政策，鼓励关联企业向园区集中，增强园区吸纳和带动能力，共建共享动力、环保等生产辅助设施，促进企业集群式发展。② 优化工业园区产业布局，培育特色优势产业。突出"一区三园"产业特色，嘉东工业园重点发展机械装备制造业（清洁能源、冶金及化工）、高新技术（民用核技术）、精

品钢材（金属制品）加工、农副产品加工等产业链群，辐射长城区，带动新城镇发展；嘉北工业园重点发展不锈钢深加工、冶金新材料（高载能）、循环经济（资源综合利用）、化工（煤化工、铬盐产业链、聚氯乙烯产业链等）、现代物流、光电产业等产业链群，辐射雄关区，带动峪泉镇发展；双泉工业园重点发展高新技术、食品工业、现代物流业等产业，辐射镜铁区，带动文殊镇发展。③ 加快园区基础设施建设，按照"两个协调"和"园林式园区、花园式工厂"的总体要求，提高园区单位土地面积投资强度，使园区向科技园区、生态园区发展，从整体上进行科学规划，明确功能定位，分次建设，逐步推进，力争尽快升级为国家级经济技术开发区。

（2）发展现代服务业，提升城市竞争力

"十二五"期间，以建设游客集散和休闲度假中心、区域商贸物流及会展中心为目标，把加快发展服务业作为结构调整重点和经济增长的重要组成部分，不断提高服务业比重。第三产业增加值年均增长 25%，2015 年达到 95 亿元。

大力发展旅游业，打造旅游目的地城市。实施旅游品牌战略，大力开发和全面整合自然生态和历史文化资源，建设河西游客集散休闲度假中心、紫轩葡萄庄园、讨赖河生态旅游景区等项目，开发酒钢及华电太阳能光伏等工业旅游点，着力打造观光旅游、休闲度假旅游、商务会展旅游三大主体产品体系，培育壮大文化旅游、自驾车旅游等新型旅游产品，加快形成多层次、多样化旅游产品体系。培育精品旅游线路，增加嘉峪关至旅游热点地区旅游列车和航线、航班，将该市打造成全国重要的旅游目的地城市。规范建设星级宾馆，全面提高旅游接待服务能力。加大旅游市场开发力度，激活市内消费市场，推行市民旅游景点年票制。开拓国际国内市场，全面推行旅游行业国家标准，导入国际质量、环境和安全卫生标准，有效推进旅游服务和管理与国际接轨。加大旅游纪念品、工艺品、绿色特色食品开发，延伸带动商贸、餐饮、会展、物流、娱乐、休闲等服务业的互动发展，使旅游业逐步成为重要的支柱产业。到 2015 年，旅游及相关产业收入达到 23 亿元，年均增长 25%，旅游人数达到 500 万人次，年均增长 25%。加快发展现代物流业，形成现代物流产业聚集基地。加快构建支撑工业发展的物流体系。统筹规划布局工业物流园区，抓好嘉东、嘉北工业园物流中心建设，为企业提供多式联运、集散、转运、配送、仓储等多功能服务。依托区位优势、产业优势、基础设施和货物集散地优势，建设嘉峪关无水港，发展保税加工和保税物流，带动现代物流业、对外贸易以及外向型经济发展。

培育建设专业化市场，促进商贸流通业健康发展。① 按照完善功能、提高档次、集约发展、增强辐射的发展方向，全面建成农副产品综合批发市场、旧货交易市场、再生资源利用市场、二手车交易市场和工程机械交易市场，增强区域辐射力；对现有集贸市场继续按照"规划建设一批，改造提升一批，取缔淘汰一批"的总体要求，改善经营与购物环境，提高市场整体服务功能。② 积极发展新型商业业态。加快发展高档购物商场、超市、专卖店、货仓式商场等新型经营业态，建成新华中路商贸中心、新百盛购物中心、新世纪广场等大型商贸群，积极引进国内外大型知名品牌连锁企业落户。③ 推进三镇超市、村连锁农家店等现代流通网络建设。政府推动与市场机制相结合，引导城市连锁店和超市向三镇延伸发展，改造、新建农贸市场，最终形成以城区店为龙头、三镇店为骨干、村级店为基础的农村消费经营网络。

加快发展金融、保险等现代服务业。加强银企合作，创新金融产品和服务方式，提升金融服务水平；积极争取和支持外资银行以及国内更多股份制金融机构入驻嘉峪关；支持保险业拓展业务，拓宽保险资金运用渠道，提高保险公司承保能力和偿付能力；积极稳妥发展证券、信托、租赁、典当业；支持发展先导性的信息服务业，特别是网络、信息技术应用咨询、增值业务和数据库服务业；规范发展会计服务、法律服务、管理咨询、工程咨询、设计策划、包装营销等中介服务业，逐步建立和完善与优势特色产业发展相匹配的产前、产中、产后服务体系。

积极发展房地产、社区服务等新兴服务业。稳步发展房地产业和装饰装修业，实施南市区房地产开发项目，开发面积 350 万 m^2。规范发展物业管理业，不断提高居民居住水平和质量。鼓励兴办各种便民利民的家庭服务业，发展壮大社区服务。

（3）统筹城乡发展，实现城乡一体化

以省级城乡综合配套改革试验区为契机，全面推进城乡产业、基础设施、公共服务、社会保障、生态建设一体化。

① 加强农业基础设施建设。坚持用城市标准改造农村基础设施，加快城市和产业园区基础设施向城郊延伸的步伐，重点实施农村道路、水电、通讯、能源建设工程，争取每年新建和改造农村公路 30km，构筑城乡一体化的基础设施网络。继续推进灌区改造和高效农田节水技术推广等农田水利设施建设，灌区水利用率达到 60% 以上，农村饮用清洁水的村组达到 100%，建成宏丰养殖园、牧源滩养殖场大型沼气发电工程。加强农业技术推广，积极建设农业科技示范工程与科技发展支撑体系，增强农业的科技含量和竞争优势。提高农产品质量安全意识，加快农畜产品质量安全体系建设。

② 突出发展特色优势产业。继续加大对农业的投入，大力发展设施农业，以蔬菜、瓜果及花卉为主，大力发展高效制种业，以反季节蔬菜、林果为主发展农产品加工贮藏业，以畜禽养殖业为主发展肉食品加工业，以粮食作物为主发展酒业等高附加值的农副产品深加工业。推进农业产业化经营，提高农产品附加值，促进特色产业升级，加大对农业产业化龙头企业的培育、扶持，使进

入省级以上重点龙头企业增加至 5 家以上。扶持发展农民专业合作组织，增强农业适应市场能力。

③ 拓宽农民增收渠道。大力发展餐饮、休闲、旅游及农副产品加工等非农产业，拓宽农民增收渠道，促进农民收入持续快速增长。大力发展农村公司制经济，提高二、三产业占农村经济的比重，夯实农村经济基础。充分发挥产业园区聚集生产要素的优势，鼓励有条件的农民进入城市创业就业，逐步实现转移农民、减少农民、富裕农民的目的。鼓励引导农民从事客运、出租、货运等运输行业，商贸、农产品配送服务等服务业，实施"农家乐""田园风光"等旅游观光项目。加大"阳光工程""雨露计划""西部农民创业促进工程"等农村劳动力转移培训工程实施力度，加快农村劳动力转移，促进劳务经济快速发展，每年向城市、产业园区输送劳动力 3000 人次以上。落实增收减负政策，继续加大国家和省市支农惠农政策措施实施力度，落实好种粮直接补贴、良种补贴、农机具补贴、农业生产资料综合补贴等政策，完善补贴方式。

④ 加快推进城镇化。抓好新城、文殊镇镇区和中心村建设，做好农民住房改造，加强村容环境整治，改善生产生活环境。加快实施新 312 国道安远沟段武警支队至收费站两侧土地集中整治开发项目。加强乡镇文化站、村组文化室、农家书屋等公共文化设施建设；健全农村两级医疗卫生服务体系，提高农村医疗卫生水平；实现农民市民化和农村社区化管理，优化农村社区布局点，形成城乡和谐发展的局面。加快户籍制度改革，统筹城乡最低生活保障、医疗、教育、养老等标准，实现城乡基本公共服务配置均等化。

（4）加快资源节约型、环境友好型社会建设，增强可持续发展能力

① 大力发展循环经济和绿色经济，制订发展循环经济及绿色经济战略图，编制并组织实施嘉峪关中长期循环经济发展规划，重点支持矿渣资源综合利用、高炉水渣生产矿渣等一批循环经济项目建设，实施城市污水收集回用、垃圾处理场升级改造、绿色公共交通系统、太阳能路灯等项目。

② 加大节能力度，扎实推进低碳社会建设。在继续推进工业领域节能的同时，积极拓展建筑、交通、农业、商业、公共机构等领域的节能，落实节能工作目标责任制，加强节能监控体系建设。加强城市居民低碳消费观教育，推广应用节能产品，积极倡导低碳生活方式。

③ 加强生态环境建设和保护力度。坚持以人为本、以绿为基、以水为脉的理念，走生态立市路子，继续加强城乡绿化工作，把城市周边荒漠化治理同城市的绿化美化结合起来，促进生态改善，抓好城市北部防风林带、南市区水土保持、新城湿地保护、讨赖河两岸湿地公园等项目建设，形成以中心城区的生态园区、公园、绿地、路网绿化为"内网"，防护林为"中网"，防风林带和农村防护林为"外网"的生态布局。坚持经济发展和环境保护并重，落实减排目标责任制，清理整顿非法排污企业，严格控制污染物排放总量，改善环

境质量，建设宜居城市。

（三）新能源之都——酒泉

酒泉市位于甘肃省西北部河西走廊西端的阿尔金山、祁连山与马鬃山（北山）之间，甘肃省名"肃"字由来地。东接张掖市和内蒙古自治区，南接青海省，西接新疆维吾尔自治区，北接蒙古国。东西长约 680km，南北宽约550km，总面积 19.2 万 km²，占甘肃省面积的 42%。全市辖肃州区、玉门市、敦煌市、金塔县、瓜州县、肃北县和阿克塞县，有汉、蒙、哈萨克、回等 40多个民族，总人口 102 万。

全区有发源于祁连山冰川积雪区的三大河系、16 条河流，地表水年径流量 33 亿 m³，其中可供工农业开发的 27 亿 m³。地下水总补给量 29.7 亿 m³，可开采利用的水能蕴藏量 22 万 kW·h。总耕地面积 226 万亩，森林 81 万亩，草原 6689 万亩，还有宜农宜林荒地 478 万亩。

全区矿藏种类多，储量大，品位高。已探明的 5 个成矿带共有矿点 572处，其中经国家地矿部门勘察认定，构成矿床的 92 处，矿种 48 类，均分布在走廊南北的山脉中。金属矿藏主要有金、银、铜、铁、铅、锌、锰、钨、铬等，其中位于肃北县塔尔沟的钨矿储量居亚洲第一，大道尔吉铬矿储量居全国第三，黄金开采量居甘肃省首位。非金属矿藏主要有石油、石棉、菱镁、萤石、芒硝、煤炭、大理石、花岗岩等。其中石棉储量居全国第三，菱镁储量居甘肃省第一。石油资源也十分丰富，是全国最早开发的石油工业基地。

全区境内遗存着大量独具魅力的历史文化胜迹。已查明的文物景点有1153 处，其中国家级文物景点 14 处，省级 208 处。目前，已开发利用 98 处。举世闻名的敦煌莫高窟、安西榆林窟，矗立千年的阳关、玉门关，神奇的鸣沙山、月牙泉，别具一格的民俗游、庙会、狩猎等旅游项目，吸引着海内外旅游观光者，是古丝绸之路上旅游黄金地段。

酒泉土地资源丰富，开发潜力大，在甘肃省占有一定的地位和作用。高山丘陵，大漠戈壁，绿洲草原，构成了酒泉地区独特的自然景观，大自然的神工鬼斧，创造出众多山川形胜，蔚为奇观。南部祁连山，层峦叠嶂、绵亘千里、横空出世、高耸天际；北部马鬃山，岩石嶙峋、戈壁广布；中部走廊平原的每一片绿洲都是一个花果乡，每一片田野都是一个米粮仓。如碧毯般美丽的草原上，群马和羊群像朵朵白云飘荡，辽阔的草原面积居甘肃省之冠。

自西汉开始，这里就是中原通往西域直至中亚、欧洲的门户和咽喉，交通运输历史悠久，著名的丝绸之路横贯全境。在酒泉灿烂的文化中，建筑艺术可谓最辉煌的一页，傲然屹立的汉代长城烽燧，迄今还能同土筑墙同存，成为中国历史上因地制宜采用建筑技术措施的典范。一座美丽的城市中，现代追求与古老艺术交相辉映。酒泉从古至今是一个多民族居住区，各民族团结和睦。少数民族地区，资源丰富。肃北县盐池湾大道尔铬矿，矿床规模大，品位高，为甘肃省最大的铬矿；充沛的水利资源中，有现代冰川1942条，面积1485.5km²。

在敦煌西部和安西布隆吉，有两大片世界稀有的雅丹奇观，奇形怪状的土柱，似怪崖，似舢板，似巨龙，似神佛，惊心动魄之势让人不敢吁半口微气。酒泉日照充足，光能资源丰富，年日照时数3033.4~3316.5h，热量资源、水力资源丰富，太阳能、风能开发潜力大，全区太阳能年辐射总量在145.6~153.8kcal/cm²之间，境内风能资源总储量约1.5亿kW，可开发量4000万kW以上，可利用面积近1万km²，占全省可开发量的85%以上。

农田水利灌溉工作中，已建大中小型水库69座，兴修库容3.75亿m³，建成干渠478条，3418km，已衬砌2366km，占总长的69.22%。加上丰富的地下水、充足的光照和足够的劳力，发展农业生产的基本条件十分优越。

1. 经济水平与结构

改革开放30多年来，全区经济和社会各项事业发展迅猛、成果卓著，实现了从贫困到温饱、小康的飞跃。2001年，全区国内生产总值完成82.2亿元，增长12.5%，其中第一产业18.4亿元，第二产业36亿元，第三产业27.8亿元；人均GDP达到1035美元。作为基础产业的农业稳步发展，2001年农业总产值达到28.41亿元，粮食总产量达24.1万吨，亩产达575.5kg，棉花总产量达153万担，水果产量达11.19万吨，全区农民人均纯收入达到3514元。全区7个县市全部基本实现了小康目标，走在全省小康建设的前列。工业持续发展，地方工业体系初步形成。2001年辖区内全部工业总产值达104亿元，工业增加值达27.8亿元。第三产业发展迅速，旅游业的龙头作用日益明显，经济增长方式逐步转向依靠科技进步的轨道。市场商品充裕、物价平稳、购销两旺。2001年全区大口径财政收入完成8.77亿元，其中地方财政收入完成5.26亿元；全区金融机构存款余额达136.75亿元，其中城乡居民储蓄存款余额达90亿元，人均储蓄9000元。

2010年，全市实现生产总值405.03亿元，比上年增长18%。其中，第一产业增加值54.19亿元，增长4.9%；第二产业增加值210.18亿元，增长25.1%；第三产业增加值140.66亿元，增长14.6%。三项产业结构由上年的14.6：48.3：37.1调整为13.4：51.9：34.7，第一产业比重下降1.2个百分点，第二产业比重提高3.6个百分点，第三产业比重下降2.4个百分点。

2010年，全市财政收入突破50亿元，达到50.5亿元，比上年增长12.2%。地方财政收入16.68亿元，比上年增长38.4%。主体税种全面增长，其中，增值税10.59亿元，增长11.2%；营业税5.19亿元，增长34.8%；企业所得税2.56亿元，增长82.9%；个人所得税1.61亿元，增长47.7%；城镇土地使用税0.49亿元，增长41.4%；资源税0.3亿元，增长15.2%。财政支出 65.67 亿元，增长 32.3%。

2010 年，全年城镇居民人均可支配收入 15104 元，比上年增长 10.2%；城镇居民人均消费性支出 12139 元，比上年增长 11.8%。城镇居民恩格尔系数为 34.2%，比上年提高 0.35 个百分点。城市居民人均居住面积 $30.78m^2$，比上年增长 2.7%。全市人口平均预期寿命 72.81 岁。全年农村居民人均纯收入 7234 元，比上年增长 12.9%；农村居民人均生活消费支出 6043 元，比上年增长 17.2%。农村居民恩格尔系数为 34.3%，比上年下降 1.5 个百分点。农村居民人均住房面积 $40m^2$，比上年增长 1.6%。

2010 年，全年全社会固定资产投资突破 400 亿元，达到 438.6 亿元，比上年增长 46.1%。分城乡看，城镇投资 361.77 亿元，增长 44.4%；农村投资 76.85 亿元，增长 55.3%。从产业看，第一产业投资 16.97 亿元，增长 42.3%；第二产业投资 339.04 亿元，增长 48.5%，其中工业投资 327.6 亿元，增长 49.3%，占全社会投资额的比重为 74.7%，比上年上升 1.6 个百分点；第三产业投资 82.6 亿元，增长 37.7%。从行业看，能源工业完成投资 263.66 亿元，增长 64.7%；交通运输业完成投资 6.03 亿元，增长 1.69 倍；卫生、社会保障和社会福利业完成投资 1.79 亿元，增长 49.2%。

2. 瓶颈制约

“十二五”期间，酒泉的发展仍面临许多困难和问题，主要表现在：发展方式较为粗放，自主创新能力不强，资源环境代价较大；部分行业仍未摆脱困境，特别是矿产品采选冶炼效益下滑局面尚未扭转；地方税源不足，税收结构单一，财政收支矛盾加剧；农民持续增收难度加大，移民扶贫攻坚任务艰巨；蔬菜等基本生活必需品价格涨幅较大，城乡居民特别是低收入家庭生活负担加重；安全生产形势严峻，安全事故呈上升趋势；个别部门办事拖拉，服务意识、责任意识、创新意识不强，还不能适应科学发展的要求。

3. 功能定位和发展前景

“十二五”时期是全面建设小康社会的关键时期，是实现酒泉经济跨越式发展、加快推进强市富民进程的重要时期。国家大力支持低碳经济发展，并将酒泉市定位为新能源开发利用示范区、风电和太阳能发电示范基地、风电装备生产基地、光伏和光热产品研发制造基地，这为酒泉市新能源及装备制造业发展描绘了广阔的前景。国家新一轮西部大开发战略及支持甘肃发展的 47 条意见，为酒泉市实现跨越式发展提供了良好的政策机遇。国家扶持新疆发展的优惠政策，将进一步凸显酒泉市的地域优势，为酒泉市发展通道经济创造了有利条件。甘肃省委、省政府把酒泉市确定为“两翼齐飞”的重要一翼给予扶持，更加坚定了全市广大干部群众率先发展、加快发展的信心。酒泉市正在打造的“6＋2”现代工业体系、“一特四化”现代农业体系和区域性商贸旅游中心，将为酒泉市“十二五”发展奠定坚实的基础。这些有利条件表明，酒泉市完全可以发展得更快、发展得更好，率先实现全面建设小康社会的宏伟目标。

酒泉市"十二五"发展规划提出，全市经济社会发展的预期目标是：地区生产总值增长16%，固定资产投资增长30%，财政收入增长16%，社会消费品零售总额增长20%，城镇居民人均可支配收入增长13%，当地农民人均纯收入增长11%，移民人均纯收入增长20%，城镇登记失业率控制在4%以内，万元生产总值能耗降低4%，主要污染物排放完成省里下达的约束性指标，人口自然增长率控制在5.5‰以内。

以风电开发为牵引，加快推进振兴工业"6＋2"行动计划，着力抓好风电二期800万kW和65万kW大型国产化风机示范项目建设，新增风电装机300万kW。争取200MW光电和金塔50MW光热发电项目开工建设，力争全市光电装机达到200MW。继续争取风电、光电税收优惠政策，培植地方财源，加大新能源基地配套设施建设投入。加快明沙窝、常乐、红柳洼、国电酒泉热电厂二期和昌马电厂前期工作。新建、续建水电站5座，新增水电装机6万kW。破解电力输出瓶颈难题，做好±800kV特高压直流输变电工程前期工作，加快马鬃山110kV和柳园、敦煌330kV变电站建设。提高装备制造业水平，实现大容量主流机型批量生产，抓好关键零部件配套生产；引进光电装备制造企业，形成100MW光伏组件能力，风光电装备制造业销售收入突破300亿元。依托新能源基地建设，加快发展高载能产业，推进煤炭、黄金、石棉等矿产资源整合，促进资源节约、集约利用。加强与东中部地区的合作，探索建立"飞地"园区，加快承接产业转移。发挥民营经济在扩大就业、繁荣市场、培植税源等方面的重要作用，认真落实国扶民营经济36条政策，扶持民营经济做大、做强、做活，新培育销售收入亿元以上工业企业5户、千万元以上工业企业20户，力争工业增加值增长20%以上。

以农业转型升级和促进农民增收为重点，大力发展"一特四化"现代农业，加大强农惠农力度，完善以奖代补措施，财政支农资金增长10%以上。调整优化种植结构，建成市级农业科技示范园区20个，新增3000元以上高效田13万亩。扶持沿山片区发展特色产业，拓宽农民增收渠道。继续推进牛羊产业大县建设，扶持奶牛产业发展，调引良种羊2.2万只，新增肉羊50万只。做大做强农产品加工龙头企业，培育农民专业合作示范社10个，农产品贮藏加工增值率达到50%以上。开展农业科技培训20万人次，完成农民技能培训2万人，输转农村劳动力15万人次。加强耕地涵养保护，完善农产品质量安全监管监测体系，推行农产品市场准入制度，农产品质量安全合格率达到98%以上。健全县乡村土地流转服务体系，规范农村土地经营权流转。大力推进新农村建设，继续抓好"一池三改"、村镇基础设施建设、村组道路硬化和农村危旧房改造，整治提升村容村貌示范点100个，新建社区化中心村20个。深入实施移民开发两个五年规划，争取落实各类扶贫资金1.5亿元，改良土地

3万亩，发展特色种植2万亩，实现移民减贫6000人。

加大项目规划、策划投入，加快重大项目建设。推进瓜星高速、敦当公路、兰新铁路第二双线建设进度，开工建设酒航铁路、敦格铁路、"三北"通道酒泉段和桥红公路，抓好酒航高速、瓜敦高速项目前期工作，完成敦煌机场扩建工程和酒嘉城际一级公路路基建设，建成敦煌公路客运枢纽站。加强生态环境建设，以防风沙、培水源、造景观为重点，全面启动北大河生态综合治理项目，继续实施中小河流治理、水库除险加固等水利工程，完成洪临、党河、白石灌区续建配套年度任务，争取启动敦煌水资源合理利用与生态保护项目，"引哈济党"工程开工建设。加强交流合作，扩大对外开放，促进外经贸稳定增长，积极筹备参加"兰洽会"等重大招商节会，力争引进到位资金200亿元以上。

以建设"殷实、敦厚、低碳、宜居"的戈壁绿洲城市为目标，按照"中建西拓"的思路，加快新城区与工业园区连接带建设，向西拓建环保、低碳、零排放的工业园区，优化酒嘉一体化空间布局。编制城市用地储备规划，修编上报酒泉城区总体规划，实现全市乡镇总体规划全覆盖，村庄规划覆盖率达到95%以上。着力提升城市综合承载能力，加快已拆迁片区的开发建设进度，完善道路、供水、供气、供热和垃圾处理等市政设施，抓好污水处理、雨水分离收集和中水回收利用，提高城市水资源利用率。实施中心城区增绿工程，新增城市公共绿地54.6万 m^2。推行城市扁平化、精细化、规范化管理，加快数字城管建设，实现城市管理与城市建设同步跟进、无缝覆盖。深入开展市容环境综合整治，积极创建全国文明城市。研究制订有利于城市化发展的就业、居住、社保、户籍政策，促进农村人口向城市转移，新增城市人口1万人，城市化率提高1个百分点。

全面启动实施国家服务业综合改革试点工作，形成生产与服务并重，投资与消费互动，现代服务业与传统服务业融合的发展格局，力争第三产业增加值增长14%以上。以过境干线、管道和电力主网建设为依托，大力发展通道经济和现代物流业，加快酒嘉物流园区建设，抓好新能源配套服务，组建新能源研发中心和风光电设备检测认证中心。提高金融服务质量，争取交通银行、招商银行设立分支机构，启动筹建酒泉银行的前期工作。扶持发展科技、信息、咨询、担保、法律等中介服务组织，大力提升餐饮娱乐、商贸流通、维修等传统服务业水平。继续实施万村千乡和双百市场工程，推进社区、乡镇商业网点建设，做好家电、摩托车下乡工作，落实家电以旧换新政策，保持消费持续增长。加快旅游业发展，打造"中国飞天之都"新形象，努力构建三大品牌引领，两大旅游圈支撑，六条精品线路串联的"326"旅游发展体系。扩充旅游发展基金，扶持重点旅游项目，开工建设酒泉酒文化博览园、敦煌阳关景区二期工程，加快开发风电旅游项目，推进敦煌旅游上市，争取将鸣沙山·月牙泉创建为 5A 级景区。拓展周边及国内外旅游市场，力争接待海内外游客 500 万人次以上，增长 23.5%；实现旅游综合收入 46 亿元，增长 22%。

严格执行"三禁"政策，加大资金扶持力度，实行差别水价制度，加紧实施百万亩节水灌溉工程，提高节水示范园区建设水平，新增节水高效灌溉面积 2 万亩。继续实施封滩育林、禁牧休牧工程，抓好祁连山水源涵养区保护及疏勒河、党河、黑河流域治理。广泛开展全民植树活动，完成人工造林 11 万亩，义务植树 320 万株，全面完成集体林权改革任务。加快移民区农田林网建设和村镇绿化进度，促进移民区生态修复。落实节能减排目标责任，推广资源节约、替代和循环利用技术，淘汰落后产能。抓好工业园区、开发区及企业达标治理，确保完成节能减排任务目标。落实农村以奖促治政策，扎实开展环境优美村镇创建活动，抓好 22 个规模化畜禽养殖场的环境综合整治，加强农业环境保护，废旧农膜回收加工利用率达到 60% 以上，积极创建国家环保模范城市。

（四）湿地之城、塞上江南——张掖

张掖市位于中国甘肃省西北部，河西走廊中段。古称甘州，即甘肃省名"甘"字由来地。面积 40874 km²，人口 131 万。以汉族为主，另有回族、裕固族、蒙古族等 26 个少数民族。辖甘州区、临泽县、高台县、山丹县、民乐县、肃南裕固族自治县，6 个县区，是甘肃省商品粮基地，盛产小麦、玉米、水稻、豆类、油料、瓜果、蔬菜；工业有煤炭、机械、纺织、酿造等 10 余个部门。自古有"金张掖、银武威"之美誉。市内有大佛寺、木塔寺、镇远楼、黑水国遗址等名胜古迹。

张掖市资源丰富，有极大的发展潜力。位居全国第二大内陆河黑河中上游，河西走廊腹地为新亚欧大陆桥沟通国内东西交通的咽喉要道，是国家西部大开发的重点地区之一。全区有耕地 400 万亩（含山丹军马场），可垦荒地 300 多万亩。有大小河流 26 条，年径流量 26.6 亿 m³，地下水的储量十分丰富。有草原 2600 多万亩，森林 580 多万亩，森林覆盖率达 9.2%。全年日照 3000 h。

张掖市还具有丰富的矿产、土地、水利、光热和劳动力资源，有 30 多种矿藏，其中煤、铁、石灰石、芒硝等储量过亿 t。已探明的金属非金属资源有煤、石膏、黏土、砖石、铜、铁、锌、钨等，累计储量居全省之首。

张掖有黑河水灌溉，地势平坦，土壤肥沃，物产丰饶。盛产小麦、玉米、水稻、油菜、胡麻等农作物，为全国重点建设的 12 个商品粮基地之一。土特产品有圆葱、苹果梨、红枣、发菜、丝路春酒等，以乌江米最有名。

瓜果，蔬菜种类多、品质好，年产 60 多万 t，洋葱、辣椒、茄子、西瓜及新引进的精细瓜菜畅销全国 20 多个省、市、自治区，是著名的西菜东运基地。

红枣、苹果、苹果梨、桃子、葡萄及其他优质杂果颇负盛名。同时还出产姜活、麻黄等80余种中药材。

1998年，被甘肃省政府批准为省级农业高科技示范园区。多年来农业生产条件的不断改善和科学技术的应用推广，使全市农业发展不断跨上新的台阶，粮食、油料连年增产，分别达到100万吨和7万多吨。张掖市现已成为全国十大商品粮基地、十二大蔬菜瓜果基地之一。

1. 经济水平与结构

张掖市市场体系日渐完善，构建河西走廊中心城市的目标正在实现。张掖工业园区和4个乡镇企业东西合作示范区呈现出明显的规模优势和聚合效应，成为最具活力的经济增长板块。1992年8月和2000年6月，江泽民先后两次视察张掖，分别题词"金张掖"和"再铸金张掖辉煌"。这不仅为充满生机的张掖大地赋予了新的含义，也为张掖的发展提出了新的、更高的要求和殷切的期望，是对全市人民的亲切关怀和巨大鼓舞，更是推进全区干部群众同心同德、齐心协力加快社会主义现代化建设的巨大动力。

2010年，全市全年实现生产总值212.69亿元，比上年增长11.5%。其中，第一产业增加值62.33亿元，增长6%；第二产业增加值75.4亿元，增长16.5%；第三产业增加值74.96亿元，增长10.8%。三项产业结构为29.3:35.5:35.2。全市人均生产总值16400元，比上年增长10%。

2010年，全年城镇居民人均可支配收入10855元，比上年增加702元，增长6.9%；城镇居民人均消费支出10136元，增长5.8%；城镇居民家庭恩格尔系数为28.98%，比上年降低0.05个百分点。农民人均纯收入5575元，比上年增加586元，增长11.7%；农村居民人均生活消费支出4416元，增长12.8%；农村居民家庭恩格尔系数为40.08%，比上年降低0.03个百分点。

2010年，全年完成全社会固定资产投资126.5亿元，比上年增长32.9%。其中，城镇固定资产投资94.9亿元，比上年增长31.2%；农村固定资产投资31.6亿元，增长38.2%。全社会投资按产业分，第一产业投资10.02亿元，比上年下降11.73%；第二产业投资56.9亿元，增长35.51%，其中工业投资39.67亿元，增长50.75%；第三产业投资59.57亿元，增长42.44%。

2. 瓶颈制约

① 来自自身发展的压力。张掖市经济总量小，主要经济指标低于全国和全省平均水平，仍处于扩大总量、调整结构、夯实基础、强化保障、加快发展的阶段，争先进位、实现经济社会发展新跨越的压力增大。② 来自生态环境的压力。祁连山、黑河流域生态环境问题比较突出，资源环境对经济发展的瓶颈制约日益明显，转变经济发展方式和调整经济结构的难度加大。③ 来自区域内竞争的压力。周边地区的竞相发展，对资金、技术、人才等生产要素吸引力日趋增强，对张掖市的发展构成严峻挑战。④ 来自社会矛盾凸显的压力。

"十二五"时期，张掖市人均 GDP 将超过 3000 美元，进入社会矛盾凸显期，协调多方利益的难度较大。⑤ 基础设施薄弱，城镇公共设施建设滞后，城市承载力不足，农村居民生产生活设施与新农村建设的要求还存在较大差距。⑥ 社会发展滞后，就业和再就业压力较大，民生及社会事业低水平运行的问题尚未完全突破。

3. 功能定位和发展前景

《张掖市国民经济和社会发展第十二个五年规划纲要》确立了"生态安全屏障、立体交通枢纽、经济通道"的区域发展定位和"生态建设、现代农业、通道经济"三大工作重点，提出了建设"生态文明大市、现代农业大市、通道经济特色市、民族团结进步市"的奋斗目标，明确了"把发展生态经济作为转变经济发展方式的主线，把建设生态经济示范区作为经济结构战略性调整的主攻方向"的战略要求。同时提出了"一心、两带、四区"发展的空间布局。"一心"是以甘州区为中心，临泽县为辐射节点，推进甘临一体化，打造核心经济区。"两带"是依托铁路和主干道路，建设东西通道经济带和南北通道经济带。"四区"是以祁连山生态补偿区为核心的生态功能区，以张掖工业园区"一区三园"（循环经济示范园、冶金新材料产业园、农副产品加工产业园）为主体、五县工业园区共同发展的经济技术开发区，以张掖绿洲现代农业试验示范区为核心的现代农业示范区，以张掖公路运输枢纽及物流园区为重点的现代物流集散区。

张掖市"十二五"规划纲要确立了经济社会发展的主要预期目标是：生产总值增长 13%，固定资产投资增长 25%，大口径财政收入增长 18%，地方一般预算收入增长 15%；城镇居民人均可支配收入增加 1300 元，农民人均纯收入增加 560 元，社会消费品零售总额增长 18%。全面完成省政府下达的人力资源和社会保障、人口和计划生育、节能减排、安全生产等目标任务。

张掖市确定的"十二五"时期总体思路是：把建设生态经济示范区作为经济结构战略性调整的主攻方向，突出生态建设、现代农业、通道经济三项重点，大力推进十大工程，实现生产总值增速高于全国平均水平，实现张掖新跨越。

张掖市委书记陈克恭提出，张掖是典型的绿洲城市，水是张掖发展的第一要素。所以今后一定要做好水文章，把生态建设放在极其重要的地位，发挥黑河流域生态系统的完整性，借国家实验示范之力，推动张掖跨越阶段建设生态文明。同时大力推进城乡一体化发展，争取让农民过上和城里人一样的生活。

处于青藏高原和内蒙古高原两大高原交汇处的张掖市，在历史上就是一个交通枢纽。陈克恭表示，今后要积极向国家争取立项建设高速公路，打通南至青海祁连县通道，改造北至内蒙古阿右旗公路，成为连接青藏高原和内蒙古高原的大通道。依托高速公路建设高标准现代物流园区，形成集绿色农产品储运、外来资源加工转换、人居旅游和商贸服务于一体的集散中心，把张掖打造成"七彩丹霞、湿地之城、裕固家园、戈壁水乡"的旅游目的地和区域性中心旅游城市。

为此，在今后的5年内，张掖市必须做好以下9个方面的工作：① 扎实推进生态文明建设，增强可持续发展能力；② 做强做大特色优势产业，提升现代农业发展水平；③ 大力发展战略性新兴产业，打造新的经济增长点；④ 加快发展旅游物流业，培育第三产业发展新动力；⑤ 加强基础设施建设，拓展城乡一体化发展空间；⑥ 着力保障和改善民生，切实解决关系群众利益的突出问题；⑦ 大力发展社会事业，不断提高公共服务能力和管理水平；⑧ 推进重点领域改革创新，增强加快发展的活力动力；⑨ 加强政府自身建设，为推动发展新跨越提供有力保障。

（五）镍都——金昌

金昌市位于甘肃省河西走廊东端，祁连山北麓，市境总面积9600km²。辖永昌县和金川区，12个乡（镇），137个行政村，总人口43.77万。金昌地势西南高，东北低，山地平川交错，绿洲荒漠相间。

金昌是以有色金属、重化工为主体的重工业城市，是我国最大的镍钴生产基地和铂族金属提炼中心。被誉为丝绸古道上的夜明珠，祖国腾飞的镍都。金昌市有着得天独厚的自然资源，与铜镍伴生的其他稀有金属储量极大。这里还是甘肃省重要的商品粮油基地。独特的地理环境与气候，使这里的甜菜、西瓜、葵花子、黑瓜子等经济作物品质优良，驰名中外。

全市土地总面积1334.37万亩。其中耕地面积148.82万亩，林地面积74.35万亩，水域面积17.55万亩，交通用地9.09万亩，园地面积3.0万亩，草地面积257.98万亩，居民点工矿用地26.15万亩，未利用土地797.43万亩。

金昌市横跨两个地质构造单元，主要以龙首山南侧深大断裂为界，北部为阿拉善台块，南部为祁连山褶皱带，地层出露齐全，矿产资源丰富，共发现矿产地94处（不含伴生矿）。其中黑色金属矿产14处，有色及贵金属矿产20处，各类非金属矿产49处，能源矿产11处。矿种包括铁、锰、铬、镍、铜、钴、铅、锌、钨、金、银、铂、钯、锇、铱、钌、铑、硒、碲、硫、磷、硅石、萤石、玉髓—玛瑙、水晶、辉绿岩、滑石、石膏、煤、石油、稀土、铀等38种。根据所探明的储量，有大型矿床14个，中型矿床7个，小型矿床23个，矿点或矿化点50个。镍矿储量丰富，规模巨大，铜、钴等矿产储量较大。储量居全省首位的有镍、铂、钯、钴、硒、膨润土、铜、伴生硫以及花岗岩材等20种。镍、铂、钯、锇、铱、铑、碲等矿产储量均占全省100%，钴、硒、膨润土占全省90%以上，铜占全省50%以上。

有火力发电厂 1 家，水电站 5 座，总装机容量 34.385 万 kW，年发电量 19209 万 kW·h。金昌属多日照区，光能资源充足。市区年均日照时数达 2963h，永昌 2884h，南部山区 2210.5h，市区辐射量为 1380kcal/cm²，光资源利用条件优越。金昌干旱少雨，水资源较为匮乏，1992 年被国务院列为全国 108 个重点缺水城市之一。境内主要河流有东大河、西大河，均发源于祁连山，属河西内陆河石羊河水系，多年平均径流量 4.76 亿 m³。现有中小型水库 5 座，总库容 2.162 亿 m³。为此金昌市于 1995 年开始建设"引疏济金"工程，并与 2003 年初正式通水。引疏济金工程是目前全国海拔最高的引水隧洞工程，该工程的建成通水，有效地缓解了金昌缺水的矛盾。

1. 经济水平与结构

2010 年全市共实现地区生产总值 210.51 亿元，按可比价计算，比上年增长 11.34%。其中，第一产业增加值 11.18 亿元，增长 4.75%；第二产业增加值 166.91 亿元，增长 12.13%；第三产业增加值 32.43 亿元，增长 8.38%。人均 GDP 达到 43400 元人民币（6517 美元），比上年增长 10.66%。

2010 年末，金昌市常住人口 47.87 万，其中城镇人口 28.4 万，乡村人口 19.47 万，城镇化率达到 59.33%；金川区人口 21.69 万，永昌县人口 26.18 万。2010 年，全市城镇新增就业人数 9075 人，解决高校毕业生就业 1615 人；城镇登记失业人员 3786 人，城镇登记失业率 3.46%。输转城乡富余劳动力 8.2 万人，实现劳务收入 7.5 亿元，同比增长 32.3%。市区居民人均可支配收入达到 17679 元，比上年增加 1362 元，增长 8.35%；人均消费性支出 14186 元，增长 6.98%，恩格尔系数为 34.12%；城镇居民人均居住面积 30.42m²。农村居民人均纯收入达 5953 元，比上年增加 512 元，增长 9.41%。其中，永昌县 5937 元，增长 9%；金川区 6818 元，增长 10.7%。农民人均生活消费性支出 4147 元，增长 5.82%，恩格尔系数为 39.74%；农村居民人均房屋面积达到 40.1m²。年末在岗职工 7.1 万人，与上年相比减少 0.18%；在岗职工年平均工资 42104 元，增长 12.91%。

2010 年，全市实现大口径财政收入 23.49 亿元，同比增长 0.5%；地方财政收入 10.22 亿元，增长 10.7%。其中，市区 6.65 亿元，增长 8.9%；永昌县 1.24 亿元，增长 8.3%；金川区 2.33 亿元，增长 17.6%。全市财政支出 24.52 亿元，增长 14.7%。

2010 年，全市完成全社会固定资产投资 107.78 亿元，比上年增长 20.91%。其中，城镇投资 98.21 亿元，增长 21.43%；农村投资 9.57 亿元，增长 15.81%。全年共实施投资项目 297 项，其中新开工项目 193 项，本年投产项目 150 项。500 万元以上项目 192 项，完成投资额 101.47 亿元，同比增长 21.58%。

2. 瓶颈制约

① 水资源紧缺，农业基础薄弱，产业化程度低，农民持续增收难度增大。② 经济结构不尽合理，第三产业总量小、层次低、发展慢。③ 工业单位生产总值能耗高，节能减排任务重，环境空气质量稳定达标难度大。④ 固定资产投资总量小、大项目少、增速慢，对经济发展的拉动作用不够。⑤ 居民消费价格指数比较高，平抑物价压力大。⑥ 部分政府工作人员的责任意识、服务意识、工作效能还不适应发展的新要求，抓项目力度不够大。

3. 功能定位和发展前景

金昌市第七次党代会描绘了今后5年全市经济社会发展蓝图：以科学发展观为指导，按照省委、省政府"四抓三支撑"的总体思路和区域发展战略要求，认真贯彻落实市第七次党代会精神，紧紧围绕资源型城市可持续发展"一个主题"，突出循环经济和城乡一体化"两个重点"，加快新型工业化、农业现代化和城镇化"三化进程"，一手抓跨越发展，一手抓保障民生，全力打造科学发展的先导区、统筹发展的先行区、和谐发展的示范区。

主要奋斗目标是：在优化结构、提高质量的前提下，经济发展保持两位数增长，经济总量实现翻番，人均 GDP 和城乡居民收入保持全省前列；人居环境持续改善。继续推进工业区东扩、生活区北移，加强公益设施和城乡基础设施建设，丰富文化内涵，提升城市品位；社会发展更加和谐。覆盖城乡的公共服务体系不断完善，社会事业全面发展，城乡差距进一步缩小，城乡一体化水平显著提高。生产总值年均增长 15%，规模以上工业增加值年均增长 18%，全社会固定资产投资年均增长 20%，大口径财政收入年均增长 15%，地方财政收入年均增长 15%，社会消费品零售总额年均增长 18%，进出口贸易总额年均增长 20%，城镇居民人均可支配收入年均增长 14%，农民人均纯收入年均增长 13%，居民消费价格总水平涨幅控制在 4% 左右。

（1）在加快新型工业化上实现新跨越

坚定不移地改造提升壮大传统优势产业，坚定不移地发展新兴产业，坚定不移地发展循环经济，注重存量升级、增量创新，促进工业结构优化升级，初步形成优势产业集群。力争到 2016 年实现"11521"目标，有色金属初级产品达到 100 万 t 以上，各类化工产品达到 1000 万 t，有色金属加工材超过 50 万吨，光伏并网电站规模达到 200MW，风力发电规模达到 1000MW，把金昌建成西北地区重要的基础化工基地、全国最大的镍钴铜有色金属粉体材料生产基地和有色金属新材料循环经济基地，使有色冶金新材料加工增加值超过现有有色金属原材料加工增加值，为全省到 2015 年建成全国循环经济发展示范区发挥率先带头作用。

（2）在统筹城乡发展上实现新跨越

健全完善"以工促农、以城带乡"的长效机制，着力推进城乡一体化，大力发展优质高效节水现代特色农业，不断提高农业产业化、规模化、标准化发展水平，持续增加农民收入，加快推进农业现代化进程。加强基础设施建设，力争实现"6个100%、2个80%"的发展目标，农村自来水入户率达到100%，农村社社通柏油路或水泥路覆盖率达到100%，农村广播电视综合人口覆盖率达到100%，100%的村卫生室达到"三室分设"标准，100%的乡村建成高标准乡镇文化站、村文化室和农家书屋，100%的村建成体育健身活动场所；砖木、砖混结构农宅达到80%以上，末级渠道衬砌率达到80%以上。统筹推进城镇化和新农村建设，全面完成城郊四村改造任务，着力加强永昌县城和朱王堡镇、河西堡镇等小城镇建设，城镇化率提高5个百分点以上，把金昌建成国家农村改革市级综合改革试验区。

（3）在完善城市功能上实现新跨越

继续推进工业区东扩、生活区北移，加强市政公用设施和城市基础设施建设，加快老城区改造步伐，着力抓好龙首新区和金水新区规划建设，不断增强城市综合服务功能。龙首新区以建设中央商务区为目标，重点规划建设商务中心、文化传媒中心、体育中心、生态住宅区和龙首湖生态休闲观光区，努力把龙首新区建设成设计一流、功能完善、设施配套、环境优美、生态宜居的现代化城市新区。金水新区以建设东部工业港为目标，重点规划建设企业办公区、企业服务区和商务服务区。

（4）在资源环境保护上实现新跨越

大力发展循环经济，推广低碳技术，加快构建资源节约、环境友好的生产方式和消费模式，促进经济社会发展与人口资源环境相协调。积极支持金川集团公司实施资源战略，加大矿产资源开发力度，加强对外合作交流，将资源优势进一步转化为经济优势。加强水资源合理开发、高效利用和有效保护，建设应急备用清洁水源；加强生态环境建设，森林覆盖率提高到22.5%以上，市区绿化覆盖率达到38%以上，力争把金昌建设成全国内陆河流域生态文明和节水型社会建设示范区。扎实推进节能减排、污染防治和生态保护，确保二氧化硫、氮氧化物、化学需氧量、氨氮排放量在控制指标以内，万元生产总值能耗年均下降2.3%，城市污水处理率、垃圾无害化处理率分别达到90%和100%。

（5）在保障改善民生上实现新跨越

坚持把发展成果体现在提高人民生活水平上，体现在满足人民物质文化需求上，让公共财政的阳光普惠民生，努力促进社会就业更加充分，社会保障体系更加健全，收入分配更加合理，劳动关系更加和谐，公共服务更加便捷。继续抓好教育资源优化整合，注重发展学前教育、特殊教育和职业教育，在全省率先实现高中向城区集中，初中向城镇集中，小学向乡镇集中，教学点向行政村集中的目标。加强基层医疗卫生体系建设，促进基本公共卫生服务均等化。

加强民主法制建设，促进社会和谐稳定。

（6）在推进改革开放上实现新跨越

坚持把改革创新作为推动跨越发展的强大动力，加快推进城乡综合配套改革，医药卫生体制改革，社会管理体制改革，文化体制改革，国有企业改革，事业单位改革，财税体制改革，价格改革等。大力发展文化事业和文化产业，扎实推进国家公共文化服务体系示范区创建工作，着力构建充满活力、富有效率、更加开放、有利于文化科学发展的体制机制，促进文化繁荣发展。加快人才特区建设步伐，调整优化人才结构，为经济社会发展提供人才智力保证。健全完善招商引资和争取项目机制，促进非公经济快速发展，引进资金年均增长10%左右。认真落实《金昌—武威区域经济一体化发展规划》，加快建立产业协同发展和重大项目布局、基础设施建设、生态环境共建，以及公共服务资源共享的体制机制，促进两市共同实现经济社会跨越式发展。

（六）宝马故里、丝路明珠——武威

武威古称凉州，地处甘肃省河西走廊东端，是中国葡萄酒的故乡和世界白牦牛唯一产地，素有"银武威"之称。1986年被国务院命名为全国历史文化名城和对外开放城市，2001年5月经国务院批准撤地设市，2002年被命名为省级卫生城市。现辖凉州区、民勤县、古浪县和天祝藏族自治县。全市总土地面积3.3万km²，其中耕地面积382.32万亩。总人口193.02万，其中城镇人口50.96万。聚居着汉、回、蒙、土等38个民族。武威历史悠久，源远流长，是古丝绸之路上的重镇。

早在5000多年前这里就有人类活动。公元前121年，汉武帝派骠骑大将军霍去病远征河西，击败匈奴，为彰显其武功军威而得名。自汉武帝开辟河西四郡（敦煌、酒泉、张掖、武威），历代王朝曾在这里设郡置府，前凉、后凉、南凉、北凉国和隋末的大凉政权先后在此建都，成为长安以西的大都会，中西交通的咽喉，丝绸之路的重镇，民族融合的熔炉。悠久的历史孕育了灿烂绚丽的五凉文化、西夏文化、佛教文化和民族民间地域文化，名胜古迹众多，文化遗存丰富，是甘肃省的文物大市。现已普查清楚的文物保护单位543处，其中全国重点文物保护单位5处，省级文物保护单位58处。馆藏文物4.7万多件，其中宝级文物3件，一级文物177件，二级文物346件，三级文758件。突出的特色是一马（铜奔马）、一碑（西夏碑）、一寺（白塔寺）、一窟（天梯山石窟）、一塔（罗什寺塔）、一庙（文庙）。铜奔马是中国旅游标志，被誉为古典艺术品的最高峰；西夏碑是独一无二的稀世珍宝，是我国研究西夏历史少有的实物资料；白塔寺是元代阔端太子与西藏佛教领袖萨班举行"凉州会盟"之地，是西藏正式纳入中国版图的历史见证；天梯山石窟被称为中国"石窟之祖"，是我国早期石窟艺术的杰出代表；罗什寺塔是三藏法师鸠摩罗什讲经说法之地，鸠摩罗什被称为我国古代四大佛经翻译家之首，被誉为译经泰斗；文庙是全国三大孔庙之一，其规模壮伟宏耀，为陇右学宫之冠。同时还有国家级自然保护区1处，省级自然保护区3处。雪域高原、绿洲风光和大漠戈壁等自然景观与历史文化交相辉映，具有较高的文化旅游价值。

1. 经济水平与结构

2008年，武威市全年生产总值214.75亿元，增长12.22%；固定资产投资109.32亿元：增长20%；工业增加值59.05亿元，增长16.84%；大口径财政收入8.23亿元，增长14.32；社会消费品零售总额55.14亿元，增长18.1%；农民人均纯收入3591元，增长8.75%；城镇居民人均可支配收入9488元，增长11%。在项目建设和招商引资方面，全年共实施各类项目580项，总投资159.4亿元，当年完成投资83.96亿元，增长27.66%。其中，投资在亿元以上的项目34项；签约招商引资项目122项，拟引进资金44.98亿元。

2009年，全市实现生产总值236.9亿元，增长9.52%；固定资产投资133.8亿元，增长22.4%；工业增加值65.81亿元，增长14.05%；大口径财政收入9.94亿元，增长20.21%；一般预算收入4.84亿元，增长18.12%；社会消费品零售总额65亿元，增长18%；农民人均纯收入4039元，增长12.5%；城镇居民人均可支配收入10486元，增长10.5%；人口自然增长率为5.1‰。

2010年，全年实现生产总值228.77亿元，按可比价计算，较上年增长13.5%，"十一五"时期年均增长11.7%。其中，第一产业实现增加值60.45亿元，增长6.13%；第二产业实现增加值91.54亿元，增长19.1%；第三产业实现增加值76.78亿元，增长13.8%。第一、二、三产业结构由2009年的27.75：38.26：33.99调整为26.43：40.01：33.56。全年实现大口径财政收入12.96亿元，比上年增长30.41%；完成一般预算收入6.43亿元，增长32.74%。财政支出75.31亿元，增长22.50%。

2010年，全年城镇居民人均可支配收入11551元，较上年净增1104元，增长10.57%，"十一五"时期年均增长11.8%。农民人均纯收入4551元，净增579元，增长14.6%，"十一五"时期年均增长10.2%。农村居民家庭食品消费支出占家庭生活消费总支出的比重为34.79%，城镇居民家庭为32.52%。

2010年，全年续建和新开工项目达460个。其中，亿元以上项目64个，较上年增加24个。完成全社会固定资产投资189.17亿元，较上年增长49.02%，"十一五"时期年均增长24.1%。其中，城镇投资167.41亿元，增长65.5%；农村固定资产投资21.76亿元，下降15.62%。在城镇投资中，第一产业投资21.57亿元，增长46.05%；第二产业投资75.62亿元，增长1.32倍，其中工业投资70.39亿元，增长1.8倍；第三产业投资59.04亿元，增长

36.32%。全年房地产投资 11.18 亿元，比上年增长 7.07%。其中，商品住宅投资 10.81 亿元，增长 7.03%；商品房竣工面积 7.72 万 m^2，增长 4.3%。商品房销售面积 3.94 万 m^2，增长 5.3%。招商引资成效显著，全年共签约合同项目 122 项，到位资金 42.88 亿元。

2. 瓶颈制约

① 经济总量小、人均水平低、财政调控能力弱，发展基础仍很薄弱，实现赶超发展、跨越发展的难度和压力很大。② 结构性矛盾仍然比较突出，工业比重偏低，特色优势产业正处在起步阶段，支撑跨越发展尚需一段时间。③ 生态保护建设任重道远，石羊河流域重点治理任务依然艰巨，巩固"两大约束性指标"难度很大，还需要在制度创新和长效机制建立上下更大工夫。④ 城乡居民收入水平较低，民生保障能力较弱，特别是 2010 年第四季度以来物价上涨过快，影响了城乡居民生活质量。⑤ 部分干部思想保守僵化，思维方式和工作方法还不适应跨越发展的要求，服务意识、责任意识和大局意识不强，缺乏苦干实干精神，干事创业的劲头不足。一些部门协调配合意识不强，各自为政、相互掣肘严重，影响了加快发展的进程。

3. 功能定位和发展前景

武威市第三次党代会提出，要坚持以发展凝聚人心、用项目衡量政绩，大力实施城乡融合、工业强市和生态立市战略，培育壮大主导支柱产业，推进石羊河流域重点治理，加强基础设施和社会事业建设，促进金武一体化进程，提高民生保障水平，维护社会和谐稳定，奋力开创武威经济社会跨越式发展的新局面。今后 5 年，武威市的奋斗目标是：经济总量保持两位数的增速，主要经济指标比 2011 年翻一番，增速高于全省平均水平。2016 年，全市生产总值达到 600 亿元，年递增 14%；工业增加值达到 300 亿元，年递增 25%；全社会固定资产投资 5 年总计达到 2000 亿元；大口径财政收入达到 50 亿元，一般预算收入达到 25 亿元，年递增 20%；社会消费品零售总额达到 200 亿元，年递增 17.2%；城镇居民可支配收入、农民人均纯收入分别达到 24100 元和 10000元，年均分别递增 13% 和 14%。努力把武威建成全省重要的能源化工、制造业和农产品基地，西北重要的综合交通枢纽和物流节点区，全国节水型社会示范区和国家级生态恢复示范区。

武威物产丰富，人杰地灵，经济社会发展有明显的比较优势。

（1）有比较明显的区位优势。武威地处亚欧大陆桥的咽喉位置，是兰新线与包兰线、包中线的交汇点，处于兰州、西宁、银川经济发展三角形的重心位置和西陇海兰新线经济的中心地。兰新铁路、干武铁路、312 国道贯穿全境，拥有西北最大的铁路编组站武南火车站，西气东输和亚洲最长的铁路隧道——乌鞘岭隧道正在建设，道路交通四通八达。市内流动人口多，市场活跃，商埠气息浓厚，是甘肃省比较繁华的商贸集散地。

（2）有比较丰富的农业资源。武威位于青藏、黄土、蒙新三大高原的交汇地带，自古就是"人烟朴地桑柘稠"的富饶之地。市区地势平坦，光热土资源丰富。全市有耕地面积391万亩，有未开发利用的土地面积2470万亩，可利用天然草场3553万亩。日照时间长，昼夜温差大，农副土特产品分布广、品种多、品质优，是全国商品粮基地和全省瓜果蔬菜基地及肉类繁育生产基地，也是公认的绿色食品最佳产区。目前已基本建成了80万亩加工型玉米、40万亩商品蔬菜、30万亩优质瓜类、50万亩繁育制种、8万亩酿造葡萄和畜产品6个农业产业化基地。民勤黄河蜜瓜、黑瓜籽和天祝白牦牛享誉全国，全市无公害蔬菜远销近20个省市区。尤其是这里最适合发展酿造葡萄，产量占全省的65%。著名诗人王翰的《凉州词》"葡萄美酒夜光杯"，就是中国葡萄酒故乡——武威凉州——的历史写照。

（3）有发展食品工业的独特优势。依托丰富的农副产品资源，已经形成了以玉米淀粉、酿造、面粉、熏醋、药品、肉类等加工业为主的食品工业体系。葡萄酒年生产能力已达2.3万吨，占甘肃省的72%；啤酒年生产能力达8万吨，占全省的33%；益民熏醋是全国三大名醋之一，黄羊镇是中国西部最大的面粉加工基地。培育出了莫高干红、皇台干红、云晓熏醋、黄羊面粉、荣华味精、荣华淀粉、西凉啤酒等16种国家和省级名牌产品及3个甘肃省陇货精品，其中莫高干红、干白葡萄酒获得国家级优质产品。皇台、荣华、莫高已经上市，西凉已获准上市。

（4）有比较丰富的矿藏。境内矿产资源种类多、储量大，有名类矿产100多处、30多种，其中探明储量的矿种15种，钛铁、石墨、石灰石等矿产品具有广阔的开发前景。轻化、纺织、冶金、建材等也形成了一定规模。

三、生态城市建设是河西走廊城市发展的必然选择

当前，我国城市化飞速发展，同时也面临两种选择：或者走传统工业化发展道路，生产和生活方式不发生根本改变，最多只进行适当的调整；或者对传统发展模式进行根本性变革，探索一条符合中国国情的生态化发展之路。第一种选择是危险的，"边发展、边治理"或"先发展、后治理"，使人类生存危机无法从根本上解决甚至拖延解决，只会使为之付出的代价越来越大，到最后可供选择的余地也愈来愈小。

河西走廊城市建设应该也必须选择第二种，走生态化城市发展道路是该地区提高人居环境质量、实现资源可持续利用、维护生态安全屏障的迫切要求。城市走生态化发展之路标志着城市由传统的唯经济开发模式向复合生态开发模式转变，这意味着一场破旧立新的社会变革，因为它不仅涉及城市物质环境的生态建设、生态恢复，还涉及价值观念、生活方式、政策法规等方面的根本性

转变。在经济相对欠发达、资源约束特别是水资源约束极强的河西走廊，生态城市建设任务更加紧迫，难度也更大。因此必须走适合本地特色的渐进化生态城市建设之路。

（1）生态城市建设是实现人口、资源、环境、经济协调可持续发展的必然要求

科学发展观是坚持以人为本，全面、协调、可持续的发展观。以人为本，就是要把人民的利益作为一切工作的出发点和落脚点，不断满足人们的多方面需求和促进人的全面发展；全面，就是要在不断完善社会主义市场经济体制，保持经济持续快速协调健康发展的同时，加快政治文明、精神文明建设，形成物质文明、政治文明、精神文明相互促进、共同发展的格局；协调，就是要统筹城乡协调发展、区域协调发展、经济社会协调发展、国内发展和对外开放；可持续，就是要统筹人与自然和谐发展，处理好经济建设、人口增长与资源利用、生态环境保护的关系，推动整个社会走上生产发展、生活富裕、生态良好的文明发展道路。以科学发展观为指导，根本上是要实现人与周围环境和谐共处，经济发展不以环境损害为代价，在经济发展的同时实现资源的永续利用。河西走廊各族人民和各级政府必须以科学发展观为指导，努力吸取以往经济发展中的经验和教训，重新认识人与自然的关系，从人类共同利益和长远利益的角度出发，去思考自己的生存和发展问题。建设生态城市，城市建设的指导思想只能是科学发展观；城市建设的根本目标是居民生活质量的提高；经济发展方式是节约型、高效型和环境友好型的，资源流动方式是循环型的。

（2）生态城市建设是遏制河西走廊生态环境恶化和维护国家生态安全的必然要求

生态环境原生不稳定决定了河西走廊生态环境天然具有脆弱性特质。河西走廊是一种典型的高山—绿洲—荒漠复合生态系统，处于温带内陆干旱气候控制之下，年降水量为50～200mm，年蒸发量高达2000～3000mm，蒸发量是降水量的十几倍。维持这一高山—绿洲—荒漠复合生态系统的稳定性和持续性的关键在于：南部山地子系统的水源涵养及物种保护；北部荒漠系统稳定的屏障作用；各内陆河流域内地表、地下水资源的合理利用。其中，水资源在很大程度上决定着这一系统的运转机制和运转效率，水资源在人口、环境、经济各要素中居于主导和支配地位，客观上存在着以水定人口、定环境质量、定经济发展水平和模式的特殊机理。正是围绕水的问题，河西走廊发生了人口、环境、经济发展与水资源关系的失调，造成严重的"可持续发展问题"。

① 人口规模扩张超过了水资源的承载力。新中国成立后，河西走廊的人口增加了1.5倍以上。人口的大量增加，必然增加了粮食需求，加上光热和土地资源优势，河西走廊被确定为全国的商品粮生产基地。随之而来的就是大规模的垦荒种粮，灌溉面积突飞猛进地增长。灌溉面积的迅猛增长导致灌溉用水

急剧增加，从而挤占了原本用于维护天然植被生存的生态用水。

② 传统的低水平、粗放型经济增长造成水资源的不合理开发利用，是区域经济生态系统失调的经济原因。由于历史的、自然地理等诸多原因，河西经济发展一直处在低水平上。经济不发展对环境的影响是深刻的。与此同时，长期以来河西地区的经济增长一直在粗放的轨道上运行，表现为高投入，低产出。粗放的经济增长给环境造成了两方面的破坏：一方面浪费了宝贵的资源，加速了资源耗竭的进程；另一方面向环境排放出了过多的污染物质，增加了环境的负担。

河西走廊建设生态城市，战略规划上应该确定节水型社会建设目标和循环经济发展模式，着力推进发展方式转变，着力调整优化产业结构，着力改变传统的生产生活消费模式与观念，用生态城市建设统领人口、资源、环境、经济协调可持续发展。

（3）生态城市建设可以实现经济发展、社会发展、生态保护三重目标的统一和协调

人们越来越希望能生活和工作在有蓝天、白云、绿水、青山，抬头可见绿树、伸手可及花草的生态系统中。同时，人们也向往城市，以尽享现代化都市带来的文明生活。人们用经济发展中所取得的积累进行风险投资时，也希望投到城市建设中去，因为城市既是产品生产基地，又是人才、成果的摇篮，也是商品、信息的集散地。生态城市的建设为城市的可持续发展提供了现实的舞台和途径，生态城市谋求生态环境与经济发展的有机统一，最终实现生态系统的良性循环。城市的可持续发展标志着一个城市的运行摆脱了传统发展模式所带来的种种问题，进入了具有初步或较高可持续发展能力的阶段。

人们一直有一个疑问：建设生态城市是否符合经济理性？也就是说，生态发展与经济理性之间到底是一种什么关系？在一些人看来，经济理性与生态破坏是一对孪生兄弟。换句话说，经济发展与生态平衡永远是一对矛盾，要发展经济，就必然破坏生态平衡；而注意了生态平衡，就必然阻碍经济的发展。因此，有观点认为，发展中国家特别是其落后地区的城市，主要任务是发展经济，生态环境的破坏是不可避免的，只有等到经济发展到较高水平之后，才能顾及生态环境的保护。这也是人们对生态城市提出质疑的主要依据之一。这种把生态平衡与经济理性对立起来的观点虽然有其市场，但实则是一种悖论，是一种狭隘的观点。

英国学者舒马赫曾对这种悖论给予质问和讽刺："如果需要有一个高速增长的经济来与污染作斗争，而污染本身看来又是高速增长的结果，那还有什么希望来突破这种奇特的循环呢？"事实证明，经济发展和维护生态平衡之间更多地表现为一致性，也就是说，建设生态城市与经济理性之间并不存在根本性的矛盾。无论从自然环境的意义上，还是在人文生态的意义上，生态城市与经

济理性之间都不存在根本性的对立，而是具有根本的一致性。最好的解决办法不是建立在这些目标之间的取舍或平衡的基础上，而是兼顾所有目标进行一体化设计。生态城市建设就是这种"鱼和熊掌可以兼得"的办法。正如我们一再强调的，生态城市是一个包括经济、社会、文化和环境在内的综合性的概念，它是一个强调发展的建设性的概念，不但不排斥经济发展，相反，它是以经济的健康发展为基础的，经济高效发展是生态城市的特征和所追求的目标。没有经济的发展，生态城市就丧失了生机和活力，是不可能长久存在的。生态城市的经济理念有一个基本原则，即"自然可以承受，社会可以承受"，既能满足全体居民的真正物质需要，又不至于破坏人类的生存环境，追求一种可持续的经济发展。

第四章
水资源约束下的河西走廊生态城市建设

一、水资源短缺：河西走廊自然、经济、社会协调发展的共同约束

（一）水资源短缺的表征

水、空气、阳光构成了生命的母体。一旦没有了水，一切生命将不复存在。

河西走廊的生生息息、兴衰存亡，完全依赖于祁连山脉孕育的三大河流——石羊河、黑河和疏勒河。然而，近年来雪线上升、河道断流、湖泊干涸、水位下降，日益枯竭的水资源，严重威胁千里河西走廊的发展，难以抵御荒漠化的肆虐。由于地处西部内陆干旱荒漠区，独特的地理条件，使得河西走廊干旱少雨，年蒸发量远远高于降水量，所以自古以来，维系这里万物生息的，就只有源于祁连山脉的 3 条内陆河水系。可是，近几十年来，由于人口激增、开采过度、破坏严重以及气候变暖等因素，上述三条内陆河水系均出现严重的水资源短缺，部分河段断流已达数十年以上，并且情势仍在继续恶化。随之而来的，则是荒漠化的无情肆虐。

河西走廊的水资源问题由来已久。"亡我祁连山，使我六畜不蕃息。失我焉支山，使我女儿无颜色。"这是匈奴族失去河西走廊及周边牧场时，曾经留下的一首哀歌。千百年后，因为水的严重缺失，她又被赋予了更加沉重的意蕴。明清以来，伴随区域开发的大规模进程，河西走廊地区人地关系矛盾也更加突出，农业垦殖活动开始深入到南部山区的林草畜牧地带，祁连山区森林资源和草原植被遭到严重破坏，其涵养调蓄水源能力降低，河西地区的不少河流流量缩减，内陆河流下游来水也减少，有些较小的河沟甚至断流，地下水补给也减少，下游部分湿地沼泽湖泊开始干枯，被垦殖为农田。目前，河西走廊地区水资源问题已经相当严峻。据兰州大学王乃昂先生研究表明，至清乾隆年间（1736—1795 年），石羊河中下游流域人口突升至 73 万，当时农业灌溉用水量高达 9 亿 m^3 左右，占石羊河流域水资源总量的 53% 以上。按国际上通行的标准，河川径流量可供开发的限度不能超过来水量的 40%，世界干旱地区的总水资源利用率，一般只有 30% 左右。由此可见，随着人口的增长与耕地规模的扩大，河西三大内陆河水资源由过剩逐步转入饱和，至清代中期开发利用已经超过量限，输入下游盆地的水量迅速减少，引发了生态危机[39]。

这一时期在地方志中出现了大量为争夺水资源而由官府裁定的"水案"。例如：据乾隆《镇番县志》记载，甚至出现"河西讼案之大者，莫过于水利一起，争讼连年不解，或截坝填河，或聚众毒打"的现象。水案在本区的频发已经表明，这一时期区域人口总量严重超过了绿洲内部的自然承载力，人地关系已经处在失衡的状态，对水资源的不合理、无序性利用，导致了区域生产生活用水与生态用水之间矛盾的激化。

石羊河流域位于河西走廊东端，其下游有一片广阔的绿洲称为民勤绿洲，是我国典型的荒漠绿洲之一。这里多年平均降雨量为 110mm 左右，蒸发量为降雨量的 2.41 倍，为全国最干旱地区之一。"十地九沙，非灌不殖"是这里的生动写照。根据 20 世纪 50 年代以来的水文资料，石羊河流入民勤的入境流量，由 50 年代 5 亿~6 亿 m³ 逐渐减到 2 亿~3 亿 m³，近年已降低到 1.5 亿 m³ 左右。导致民勤绿洲地区的地下水位下降，河流中断，终端湖泊干枯，地下水矿化度不断升高，水质恶化，土地荒漠化、盐渍化面积扩大，植被退化等一系列生态环境问题。因为缺水，民勤湖区已有 3.32 万公顷天然灌木林枯萎、死亡。有 2 万公顷农田弃耕，部分已风蚀为沙漠。

疏勒河流域地处极度干旱的河西走廊西部，年均径流量为 16 亿 m³，年降雨量为 120mm，属严重干旱地区。疏勒河流域进入双塔河水库的水，20 世纪 80 年代初比 50 年代初约减少了 24%。随着大规模的水利建设，双塔水库、党河水库、赤金峡水库、榆林水库相继投入使用，进入下游的河水量不断减少，1951 年尚有 11km² 水域面积的哈拉湖，到 1960 年已彻底干涸，再未进水。疏勒河流域中下游地区，已出现了植被衰亡、草场退化、土地盐渍化、沙漠化等生态环境问题。

由于地下水位下降，世界奇景月牙泉正面临灭顶之灾。月牙泉不断萎缩，1960 年水域面积为 14880m²，最大水深为 7.5m，1997 年已分别降至 5380m² 和 2m，2000 年水深甚至不足 1m。月牙泉的问题只是位于党河下游的敦煌市水资源危机的一个标志。事实上，敦煌市已形成了全省最大的地下漏斗群，地下漏斗遍布整个敦煌绿洲。持续大量超采地下水是敦煌市出现地下漏斗群的主要原因。1968 年以后的 33 年间，敦煌市地下水水位下降了 27~32m，全市每年超采地下水 7500 万 m³，已导致该市秦安湖、新店湖等 6 个湖泊原有湿地大面积消失。

北石河尾端的干海子，1982 年被列为甘肃省省级鸟类自然保护区。昔日的干海子是一处天然湖泊，湖水清澈，游鱼穿梭，水草丰美，湖畔多种天然沙生灌木，形成一道道茂密的绿色屏障。如今，干海子已经彻底干涸了，湖底平均覆盖 10 多 cm 厚的盐渍浮尘，成为新的沙尘暴策源地。湖的周边除了零星的濒临死亡的沙生植物外，就是绵延起伏的沙丘。北石河上游年复一年的截水浇田，兴建鱼池，大量开采地下水，是造成干海子生态灾难的主要原因。

黑河发源于祁连山中段，是我国西北地区第二大内陆河。黑河中游地区人均水量只有 1350m³，亩均水量 510m³，分别为全国平均水平的 57% 和 29%，属于典型的资源型缺水地区，水资源问题突出。由于在黑河支流上修建了许多水库拦河蓄水，一些较大的支流逐步与干流失去地表水力联系。中游地区大规模开荒垦地，大量水资源被消耗，流到下游水量因之急剧减少，引发了一系列生态环境问题。首先导致湖泊消失，西居延海于 1961 年干涸，东居延海到 1992 年彻底干涸。与此同时，在强烈的蒸发浓缩作用下，地下水表层潜水矿化度上升，居延海附近井水中砷的含量超出国标 5~10 倍，使当地人民群众的身心健康受到严重的危害。

（二）河西走廊三大流域水资源问题产生的根源

1. 水资源供需失衡的现状

（1）河西走廊现有水资源

河西走廊水资源主要是指地表水资源和地下水资源，地表水产生于南部祁连山区的积雪融化，地下水资源主要来源于河流地表水的转化。[40] 习惯上将河西走廊水资源规划为三大水系：石羊河水系、黑河水系和疏勒河水系，共有水资源 74.86 亿 m³。扣除黑河水系每年向额济纳旗下泄 7.5 亿 m³，河西走廊实际可以利用的水资源量为 67.36 亿 m³（地表水量 62.42 亿 m³，占 92.67%；地下水 4.94m³，占 7.33%）。其中：石羊河水系 17.19 亿 m³（地表水 15.87 亿 m³，地下水 1.32 亿 m³）；黑河水系 31.82 亿 m³（地表水 29.33 亿 m³，地下水 2.49 亿 m³）；疏勒河水系 18.35 亿 m³（地表水 17.22 亿 m³，地下水 1.13 亿 m³）。[41]

（2）河西走廊各流域各部门年均耗水量

根据调查实测，按现有农田灌溉面积 65.38 万 km²，以农田灌溉净耗水（农作物蒸腾耗水和棵间土壤蒸发耗水）测算，河西走廊流域的总耗水大约 70.44 亿 m³。其中，农田净耗水 + 水面蒸发 + 潜水蒸发耗水 61.41m³，占总耗水的 87.19%，祁连山区耗水 1.42 亿 m³，工业耗水 3.35 亿 m³，生态林草耗水 3 亿 m³，城镇生活耗水 0.6 亿 m³，农村人畜饮耗水 0.66 亿 m³。

（3）水资源供需平衡分析

由上述可知，按现有灌溉面积、农田灌溉净耗水计算，目前河西走廊流域年均缺水 3.08 亿 m³，缺地表水 8.02 亿 m³。由于落后的灌溉方式和农民节水意识淡薄，河西走廊流域年均实际耗水大约 $77.62 \times 10^8 m^3$（农业实际耗水 + 水面蒸发 + 潜水蒸发耗水 68.55 亿 m³，占总耗水的 88.36%），目前实际年均缺水 10.26 亿 m³，缺地表水 15.2 亿 m³。地表水不够，地下水补充。只民勤一个县全年运行的机井就有 14000 眼，年采地下水 5 亿 m^3。随着地下水的严重超采，水位下降，许多机井已深达 300 多 m，地面植被大量枯死，流沙以每年 8～10m 的速度向绿洲逼近。造成腾格里沙漠与巴丹吉林沙漠在青土湖北部汇合淹没湖区，迫使农民迁居他乡。[42]

随着社会经济的发展、人口的增加和生态环境的改善，工业耗水、城镇生活用水、人畜饮水和林草耗水都在急剧增加。河西走廊水资源供需矛盾越来越突出，水资源短缺已严重地威胁到走廊地区人的生存，制约着这一地区经济社会的发展。

从有记载的水文资料看，祁连山雪线逐年上升，水源涵养林锐减，涵养能力持续下降，河西走廊水资源逐年减少。只石羊河流域的来水减少了 5 亿 m^3，平均每年减少 1000 万 m^3。从河西走廊流域的实际耗水情况看，农业实际耗水 + 水面蒸发 + 潜水蒸发耗水 68.55 亿 m^3，占总耗水的 88.36%，其他各部门的耗水只占 11.64%。所以，河西走廊水资源供需主要应依靠农业节约用水、合理用水、提高水的利用率和生产效率来平衡，只能靠减少蒸发损失（棵间土壤蒸发 + 水面蒸发 + 潜水蒸发耗水占总耗水的 54.78%）来平衡。还要根据河西走廊各流域地表水资源的情况，以节约用水、合理用水、提高水的利用率和生产效率为目的，兼顾农林牧协调发展，以水定发展规模，以水定产业布局。只有这样，河西走廊水资源才能平衡，经济社会才能持续发展。

2. 人口增加，耕地比重过大，导致水需求量激增

与 20 世纪 50 年代相比，石羊河、黑河、疏勒河流域人口增加了 250 万，截至 2010 年底，总数已达 468 万。人口的大量增长，势必加大对粮食的进一步需求。随之而来的，便是大规模的垦荒种田，而灌溉面积的突飞猛进，直接导致了农业用水的急剧增加，最终挤占了原本用于维护天然植被生存的生态用水。

数十年间，河西地区的耕地面积，已由新中国成立初期的 390 多万亩，增加到现在的 1000 多万亩，农业用水因此每年增加 34 亿 m^3，几乎超过了石羊河流域两年的径流量总和。同时，随着经济的不断发展和居民生活水平的日益提高，工业和城镇生活用水也增加了 4 亿 m^3。进入 21 世纪以来，整个河西地区水资源开发利用率已经达到 115%，远远超过了国际公认的 40% 左右的合理开发利用率，形成了寅吃卯粮的可悲局面。

3. 发展模式与资源禀赋严重失衡

从水资源承载能力模型可以看到，水资源开发利用超载有两方面原因：一是水资源禀赋相对于人口数量不足，即人均水资源量少；二是水资源利用效益不高，即人均全员耗水量多。提高人均水资源禀赋，或降低人均全员耗水量，都可以改善水资源超载压力。河西走廊三流域从西到东，水资源超载度依次增大，人均 GDP 水平依次降低。显然，其有着水资源利用效益不同、社会经济

结构不同的内涵。

2000年，疏勒河流域水资源已处于超载状态，但仍处于警戒区内。若照提高水资源利用效益的模式发展，可以在警戒区内持续提高承载能力，而不会产生大的生态问题。遗憾的是，限于20世纪90年代初的认识，世界银行贷款开展了疏勒河流域农业综合开发项目，开发水资源、开垦耕地，以容纳甘肃中部贫困山区的移民和使当地农民致富。虽然在2000年对项目进行了调整，减少了土地开垦和移民数量，但已形成的规模和惯性仍使流域水资源超载加剧，产生新的生态问题。

4. 水资源利用秩序逐渐失效

河西走廊三流域由于土地广袤，只要有水，就可以变为丰饶的绿洲。随着水利工程技术的不断进步，特别是机井的大规模兴起，河西水资源开发利用水平不断提高。在没有分配和规定水资源在社会经济与生态环境中的比例时，水资源开发利用使得原本给自然生态系统的水资源，不断被挪用到社会经济系统来，生态环境不断恶化。在没有分配和规定水资源在上下游的比例时，由于地利，水资源开发利用使得原本流向中下游的水资源，不断被截留到中上游，中上游绿洲发育，中下游绿洲萎缩，绿洲重心将向上游转移，下游将呈现衰败和死亡的荒漠景观。这是水资源短缺地区没有水资源利用秩序情景下的必然趋势。

众所周知，河西走廊三流域乃至新疆，水资源利用秩序即分水秩序存在已久。清代年羹尧所设立的均水制，就详细规定了流域上下游各县的用水时间，在下游用水期，上游不得引水，这是早期的水权的一种体现。这种分水制度在新中国成立后几经修改，至今在一些流域的各县间仍然使用，石羊河流域就是如此。

研究均水制的历史及其使用背景，对照现在的环境背景，在水文模型及水资源模型仿真技术的帮助下，我们惊讶地发现，尽管石羊河流域上下游各县坚持以取水时间为技术要素的水资源使用秩序，但是，这种秩序是建立在以地表水开发利用为基础，且程度较低的天然水循环的背景之上的，在水资源开发利用程度高，地下水超采严重的条件下，这种水资源利用秩序存在的条件荡然无存，这种秩序当然也就失去了协调上下游用水的功能了。当地下水开采严重时，在下游用水期，即使上游不从河道引水，中游原本出露的泉水不再显现，下游也无水可引，用水秩序失效。因此，必须建立与水循环条件相适应的用水秩序，建立现代水权制度。

二、实现节水型社会、循环经济和生态城市的耦合发展

（一）节水型社会建设

河西走廊作为西北干旱地区，随着社会经济的发展，水资源供需矛盾不断加剧。在水量不变甚至减少的情况下，要保证工农业生产用水、居民生活用水和良好的水环境，必须建立节水型社会。作为典型的缺水地区，张掖被确立为我国第一个节水型社会建设试点城市。其中包括合理开发利用水资源，在工农业用水和城市生活用水的方方面面，大力提高水的利用率，要使水危机的意识深入人心，形成人人爱护水，时时处处节水的局面。

节水型社会作为一种以节水为基本特征的社会意识形态，即建立一种支持生产发展、生活富裕、生态良好的水资源管理体制，以此来调整以水资源优化配置和高效利用为核心的生产关系，从而促进生产力的发展。建立节水型社会，是制度建设的过程，是一项涉及社会各层面的综合性系统工程。要建立水资源管理体制，形成以经济手段为主的节水机制，不断提高水资源的利用效率及效益，促进经济、资源、环境的发展。节水型社会要求人们在生活和生产的各个过程和阶段中具有节水意识和观念，通过建立节水的管理体制，在整个社会形成促进节水的机制，采取法律、经济、行政、技术、宣传等多种措施，在水资源开发利用的各个环节，实现对水资源的节约和保护。使有限的水资源能更好地保障人民生产、生活用水，发挥更大的经济效益和社会效益，创造优良的生态环境。

2002 年 3 月，水利部正式批准黑河中游的张掖市为全国第一个"建立节水型社会"的试点，试点时间为 2002—2004 年。张掖市在一年多的建立节水型社会实践中，"从加强水资源的统一管理，水务一体化，实行总量控制与定额管理相结合，水价改革，调整生产、生活与生态用水比例，建立高科技农业示范园区，调整农业产业结构，退耕还林还草，实行高新技术节水与工程节水、常规节水等措施，提高水资源利用率等方面进行探索，形成了建立节水型社会的基本思路。"这对河西走廊乃至整个西北地区解决水资源问题都具有重要的示范意义。

对河西走廊来说，解决水资源问题的根本出路在于实现水资源的持续利用，建立节水型社会。

1. 加强水资源的统一管理

长期以来，我国沿袭以行政区域为单元的水资源管理体制，缺乏对流域的统一管理，使水资源管理处于无序状态。1999 年，水利部黄河水利委员会成立了黑河流域管理局，作为黑河流域水行政管理机构，这为全流域水资源的统

一管理和高效开发、利用奠定了基础。一年多来，为适应水资源统一管理的要求，张掖市水务局和所属各区、县水务局也相继成立。

河西走廊应根据《中华人民共和国水法》的精神，借鉴黑河流域和张掖市的做法，进一步理顺管理体制，健全流域管理机构。石羊河、黑河、疏勒河各流域管理局和河西五市、区（县）的水行政主管部门——水务局，应明确各自的职责和权限，相互配合，密切合作，兼顾各流域上、中、下游的用水需求和利益，合理配置生产、生活和生态用水，力争最大限度地节约水资源，使经济效益、社会效益和生态效益相协调，在水资源的统一管理中发挥积极作用。

2. 努力探索水资源市场化管理的途径

水资源市场化管理的核心是明确水权，并依法实行水权转让。张掖市的做法是：各灌区根据区（县）水务局下达的配水计划总量，将灌水指标配置到农民用水者协会，再由农民用水者协会分解指标配置到农户，核发水权证。农民依据水权证到水管处（站）交纳水费，购买水票，凭水票灌水。对定额内用水部分，购买基本价水票；对超定额部分用水，购买高价水票。水票可以转让，随行就市。水票制管理不但解决了水权的问题，而且使农民节省了大量水费，达到了节水的目的。黑河流域的梨园河灌区，亩均节水 $81m^3$，农民全年每亩节约水费 7 ~ 10 元。

河西走廊应积极引入市场机制，普遍推行水票制管理，把水票作为农业灌溉用水的水量配置、水费结算和水权交易的凭证。在进行水权交易或转让时，必须严格遵守《中华人民共和国水法》和有关管理规约。通过探索，逐步建立合理的水价体系。合理的水价体系要体现市场经济运作原则，做到成本补偿，合理收益；按供求关系调整水价，实行动态水价和超计划累进加价制度。

3. 建立农民用水者协会参与式管理模式

在传统的水资源管理模式中，农业灌溉用水只由水利管理部门管理，缺乏用水户的参与，透明度低，水费收缴混乱，搭车收费严重，水资源浪费现象突出。在黑河流域建立节水型社会试点过程中，临泽县的梨园河灌区、民乐县的洪水河灌区、甘州区的盈科灌区、高台县的骆驼城灌区，分别建立农民用水者协会45 个、61 个、33 个、9 个，山丹县共建立农民用水者协会89 个。农民用水者协会主要负责斗渠以下水利工程管理、水权管理、水票管理、水事纠纷调处等工作，对灌区灌溉用水的决策、管理进行监督。农民用水者协会参与式管理，增强了农民对水利工程管理的责任感、节约用水的自觉性和水资源的商品观念，促进了科学用水和节约用水，使农民从中得到了实惠。例如，民乐县洪水河灌区的刘总旗村共有耕地5562 亩，亩均节水达 $30m^3$，亩均节省水费4.1元，全村节省水费达2.2 万多元。由此可见，农民用水者协会参与式管理模式，具有节水、减负的巨大优越性，在河西普遍推广这种管理模式，对于建立节水型社会具有重要意义。

4. 大力调整农业产业结构，发展节水农业

水资源配置不合理，农业用水比重过大，大量水资源被浪费，要从根本上解决这些问题，必须大力调整农业产业结构，发展节水农业。河西走廊农业产业结构的调整和优化，必须考虑区域水资源的承载力，量水而行。根据河西走廊的实际情况，今后农业产业结构调整的基本方向是：

（1）以水定产，优化经济结构。应从优化水资源配置出发，不断改造、提升第一产业，快速发展二、三产业，紧紧围绕节水、增收的目标，积极调整并不断优化产业结构，为实现河西的可持续发展创造条件。张掖市提出，到2005年，三项产业结构由2000年的42∶29∶29调整到32∶35∶33，到2010年，结构比达到23∶38∶39。这个目标反映了河西农业产业结构调整的基本走势。

（2）压缩高耗水作物种植面积，扩大林、草、经济作物种植面积。河西地区应禁止大规模的开荒、移民，禁止水稻等高耗水作物的种植；进一步压缩带田和小麦、玉米等普通粮食作物种植面积，扩大林、草、经济作物种植面积，大力发展低耗水、耐旱、优质作物的种植，以减轻水资源的承载压力。

（3）发挥比较优势，发展优势主导产业。根据河西的自然地理特点和产业结构调整的要求，应大力发展草畜、制种、果蔬、花卉和啤酒花、酿酒葡萄、中药材等轻工原料生产，并逐步把它们培育成主导产业，加大基地建设和产业开发力度，壮大加工龙头企业，延伸产业链，实行产业化经营。

（4）加大退耕还林还草力度。河西走廊水土流失、土地沙化严重，其重要原因之一就在于种植业挤占了生态用水。河西五市应根据国家退耕还林还草的政策要求，从各地的实际出发，努力完成退耕还林还草任务。这不但有利于节约农业灌溉用水，而且有利于全面改善河西走廊生态环境状况，培育强势草畜产业，优化产业结构。

5. 加强节水水利工程建设，提高水资源利用率

由于资金投入不够、管理不善，河西走廊的相当一部分水利工程已经老化，渠道输水渗漏损失严重，渠系水利用率只有50%左右。国家和各级政府应加大对河西水利工程建设的投入，搞好灌区节水配套和挖潜改造工程建设，加强节水示范区项目建设，对输水渠道进行高标准衬砌，如果能把干、支渠的衬砌率提高到80%，把斗渠的衬砌率提高到70%以上，就可节水20%~30%。要大力发展喷灌、滴灌、微灌和管道输水灌溉、地膜覆盖种植等高新节水技术，不断提高水资源利用系数。一般来说，管灌可节水50%~60%，地膜覆盖种植节水率高达60%。同时，还要加强机电井的成井配套工程建设，适度发展井灌，使地表水和地下水联合调度、综合利用。在黑河中游，要有计划地废除平原水库，改建引水口门，合理开采地下水。在疏勒河流域，要加大地下水开采力度，充分挖掘地下水资源的潜力，以减轻对地表水开发利用的压力。

为了有效防止河西走廊的水资源污染，河西各级地方政府应抓紧制订流域水资源保护规划和有效防治水资源污染的政策措施，严格控制污水排放，逐步实行清洁生产。要加大对城市污水处理工程建设的资金投入，以提高水资源的重复利用率。

在河西走廊建立节水型社会，就是要从根本上树立全局意识和辩证思维，通过观念创新、管理体制创新和科技创新，不断强化法制观念和市场意识，以水权制度改革为中心，以产业结构战略性调整为动力，逐步形成政府调控、市场引导、公众参与的运行机制，构建与水资源承载力相适应的经济结构体系，为河西走廊的可持续发展奠定基础。

（二）用循环经济思维破解经济发展中的环境难题

河西走廊自然、社会经济系统当前的发展模式是不可持续的。河西的经济社会发展表现出水资源约束不断强化，说明该地区的产业结构不合理，是一种资源消耗型的经济发展模式，因而是一种不可持续的经济发展模式。如果继续沿袭这种传统的发展模式，经济持续发展是难以为继的。发展循环经济是实现自然、社会经济系统可持续发展的必然选择。通过单方面减少生产系统对自然资源的依赖，降低人造资本的折旧率、增加环保资金投入、增加技术进步速度等政策和手段，都不能扭转经济系统崩溃的趋势。只有彻底改变当前的经济发展模式，在生产、分配、消费等各个环节全面发展循环经济，将社会经济活动对自然资源的需求和生态环境的影响降低到最小程度，才能保证自然、社会经济系统的可持续发展。

1. 发展循环经济的特点和优势

循环经济是国际社会推进可持续发展的一种实践模式，它强调最有效利用资源和保护环境，表现为"资源—产品—再生资源"的经济增长方式，做到"生产和消费污染排放最小化，废物资源化和无害化"，以最小的成本获得最大的经济效益和环境效益。循环经济要求按照生态规律组织整个生产、消费和废物处理过程，其本质是一种生态经济。与传统经济模式相比较，循环经济具有3个重要特点和优势。

（1）循环经济可以充分提高资源和能源的利用效率，最大限度地减少废物排放，保护生态环境。传统经济是由"资源—产品—污染排放"构成的单向物质流动。在这种类型的经济活动中，人们以越来越高的强度把自然资源和能源开采出来，在生产加工和消费过程中又把污染和废物大量排放到环境中去，对资源的利用常常是粗放的和一次性的。循环经济倡导建立在物质循环利用基础上的经济模式，根据资源输入减量化，延长产品和服务使用寿命，使废物再生资源化3个原则，把经济活动组织成一个"资源—产品—再生资源—再生产品"的循环流动过程，使得整个系统从生产到消费的全过程基本上不产生或少产生废弃物，最大限度地减少废物末端处理。

（2）循环经济可以实现社会、经济和环境的共赢发展。传统经济通过把资源持续不断地变成废物来实现经济增长，忽视了经济结构内部各产业之间的有机联系和共生关系，忽视了社会经济系统与自然生态系统间的物质、能量和信息的传递、迁移、循环等规律，形成高开采、高消耗、高排放、低利用"三高一低"的线性经济发展模式，导致许多自然资源的短缺与枯竭，并产生大量和严重的环境污染，形成对社会经济和人体健康的重大损害。循环经济以协调人与自然关系为准则，模拟自然生态系统运行方式和规律，实现资源的可持续利用，使社会生产从数量型的物质增长转变为质量型的服务增长；同时，循环经济还可拉长产业链，推动环保产业和其他新型产业的发展，增加就业机会，促进社会发展。

（3）循环经济在不同层面上将生产和消费纳入到一个有机的可持续发展框架中。传统的发展方式将物质生产与消费割裂开来，形成大量生产、大量消费和产生大量废物的恶性循环。目前，发达国家的循环经济实践已在3个层面上，将生产（包括资源消耗）和消费（包括废物排放）这两个最重要的环节有机联系起来：一是企业内部的清洁生产和资源循环利用；二是共生企业间或产业间的生态工业网络；三是区域和整个社会的废物回收和再利用体系。

总之，大力发展循环经济，能从根本上解决在经济发展过程中遇到的经济增长与资源环境之间的尖锐矛盾，协调社会经济与资源环境之间的关系，同时有利于提高经济增长质量，是转变经济增长方式的现实需要，是走新型工业化道路的具体体现，也是生态文明建设的必然要求。因此，在小城镇建设进程中，应该加快制订促进循环经济发展的政策、法律法规，加强政府引导和市场推进作用。发展循环经济需要确立科学发展观倡导的理念，从规划抓起，开发并建立循环经济的绿色技术支撑体系，以绿色消费推动循环经济发展，发挥国家产业政策和与保护环境有关的法律法则的保障作用，从而使我国的小城镇建设获得更快、更好的发展。

2. 河西地区发展循环经济的模式选择与政策取向

发展区域循环经济的基本原则是以土地、水和能源为基础性资源，按促进清洁生产和保持生态系统良性循环的要求，优化产业配置，使资源利用最优化、经济效益最大化、废弃物排放最小化。实现河西走廊可持续发展的根本出路在于发展循环经济。严格地说，发展循环经济没有固定的模式，但是河西地区有着特殊的区域特点，处于一个相对独立的经济体内，各地区与整个区域的资源环境有着密切的关系。在这种情况下，设计河西地区发展循环经济模式显得十分必要。

河西走廊循环经济发展目标是实现区域生态、经济和社会效益最大化。根据区域循环经济发展的具体目标，综合开发利用河西地区优越的光热条件和丰富的矿产资源，突破水资源紧缺的限制，形成以"绿洲农业＋工矿城市"为特色的区域循环经济复合模式，把本区建成全省重要的商品粮和商品蔬菜基地、农畜产品加工基地、金属冶炼基地，带动周围地区循环经济的发展。

河西走廊经济带产业循环体系如图 4-1 所示。

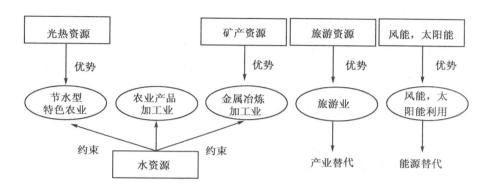

图 4-1　河西走廊经济带产业循环体系

（1）点模式

"点"包括河西地区行政区划上的各地区（市），也包括各行政区域内的工业和农村基本组织单位。从宏观上看，河西地区是由各绿洲点构成的发展循环经济必须首先从各地区、各行业开始，形成循环经济星火点。当然，也包括建立循环经济示范点，鼓励建立生态园区。比如在张掖建立农业生态园示范点，在嘉峪关建立工业园示范点。就像甘肃省在武威凉州区建立的循环经济示范点一样，在一个地区试验，逐步推进。而在工业企业内部推行清洁生产，实施废弃物的全过程控制，达到污染物的减量化。再结合本企业的实际情况，进行开发、推广成熟有效的清洁生产技术、产品。培植一批高标准、规范化的清洁生产示范企业。推出资源利用好、污染少的清洁生产企业典型案例，指导全行业的内部治理，使企业内部物质形式上的循环变成更低成本、更高效益、多效用的循环，突出经济效益与环境保护这条主线。对于广大农村，从点上着手，在经济聚集区及城市近郊，建设布局合理的种植养殖绿色小区，建立农村生态示范点。兴建一批绿色食品、有机食品生产基地，培植"猪—沼—秸—鸡""粮—猪—沼—果"等各种类型的生态家园经济和生态家庭细胞。

（2）"线"模式

这是河西地区发展循环经济的更高级别的循环经济模式。它包括把河西地区各地、市的星火点发展成星火带，形成真正意义上的河西走廊循环经济；也包括把共生企业群层面和大范围的农村区域发展成循环经济链。一个地区、一个企业大力延伸和打造产业链，把一个地区发展成一两个产业链的中心，并且围绕该支柱产业，在河西地区建立符合该区域优势的工业系统或农业系统。由于河西地区是处在不同行政区划下的独立区域，缺乏统一的规制系统，因此，各地、市必须从市场角度及长远发展的角度考虑，根据本地、市的优势，着力发展补链企业，区内产业链、产品链、废物链共生互补不断完善，鼓励企业积极开发核心技术，向产业价值链的高端迈进，并且形成梯次发展的循环经济群。政府规划时要从地区和产业远景出发，防止出现地区重复的产业群或产业链，并对形成的或即将形成的产业链给予优惠措施等。

河西地区不但要大力推进以点带线、以点带面，形成河西走廊经济带状发展，而且还要在涉及生产和消费领域重点产业体系中，形成生态工业体系、生态农业体系、绿色服务体系和各产业体系的有机组合与共生。

（3）生态环境修复模式

河西走廊荒漠化土地面积 13.4 万 km²，而且每年以 1.2 万 km² 的速度扩张。河西是我国西北地区阻止腾格里沙漠、巴丹吉林沙漠和乌兰布和沙漠三大沙漠连片的核心绿色屏障。如果失去河西走廊，将失去西北地区防御沙尘暴的一个重要前沿阵地，沙漠将拦腰斩断新亚欧大陆桥。据统计，中国北方 20 世纪 50 年代共发生大范围强沙尘暴灾害 5 次，60 年代 8 次，70 年代 13 次，80 年代 14 次，90 年代 23 次。这些沙尘暴的策源地主要有 4 处，其中 2 处在河西走廊石羊河下游的民勤县和黑河下游的额济纳旗。荒漠化发生的主要途径除了就地起沙、风蚀绿洲、流沙入侵、洪积物掩埋绿洲之外，还有水蚀荒漠化、盐渍荒漠化和冻融荒漠化。其规律是荒漠化和绿洲化相互交替发生；沙漠化主要发生在内陆河流下游，河流的流量越大，其下游的荒漠化面积也越大，且主要分布在冲积扇缘洼地、湖盆周围、河流下游；荒漠化一旦发生就很难逆转。目前面临的主要问题是水资源的承载力超过极限，水源涵养林遭到破坏，冰川面积缩小，草原退化严重，土壤盐渍化严重。

根据以上实际，河西走廊必须从制度、政策、技术 3 个层面进行生态修复。

① 制度层面的工作，包括：第一，建立国家生态补偿机制。加大对保护祁连山区和水源涵养区的财政转移支付力度，并逐步建立生态补偿专项资金；加大对干旱半干旱地区及农牧交错带草地的财政转移支付力度，并建立生态补偿专项资金；国家对跨省际的生态建设和治理，如对生态公益林、水源涵养林制订国家补偿办法。第二，建立区域生态补偿机制。开发性破坏，由开发者补偿。如矿山资源的开发造成局部小流域的生态破坏，矿硐闭矿后，对于矿硐水和尾矿造成的长期污染，应由开发者支付矿山生态治理补偿金。对开发利用资源，由开发者支付资源利用生态补偿金，用于资源的恢复，促进资源的永续利用。谁受益谁补偿。如源头区森林植被保护、水源涵养林建设，使水库、水电

站开发主受益,水电开发业主应对涵养水源的生态建设者给予生态补偿。第三,建立流域生态补偿机制。协调青海、内蒙古和甘肃的关系,使受益省份对建设省份做出补偿。如黑河上中游每年全线封闭,集中下泄向内蒙古输水 10 亿 m^3,内蒙古应向甘肃做出补偿。第四,建立市场生态补偿机制。国家应设立环境资源税,由环境资源税列支生态补偿资金,使生态补偿资金的筹措有法可依、来源稳定、具有保障;建立生态补偿捐助机构,接受国内外团体、企业、个人的捐赠;尝试发行生态彩票,由国家批准发行,所筹资金专用于生态建设与环境保护。

② 政策层面的工作,包括:第一,建议国家立项实施"河西走廊内陆河三大流域源头治理工程"。治理要从源头抓起,加大水源涵养林的保护和建设力度,提高涵养水源的能力。仅把省属祁连山自然保护区的 1.78 万公顷天然林纳入到天保工程,对保证河西走廊三大水系涵养是不够的。由地县管理的 267 万公顷自然保护区的森林、灌丛、草地,都具有涵养水源的功能,都应纳入天保工程的范围。第二,建议国家将三大内陆河流域退耕还林还草纳入国家计划。河西走廊只有黑河流域国家规划确定了 2.13 万公顷的退耕还林还草指标。石羊河流域实施综合治理,也必须实行退耕还林还草。提请国家考虑 10 年内全流域退耕 66.67 万公顷,退耕后享受西部大开发退耕还林还草政策。第三,建议国家对石羊河流域综合治理给予专项资金支持。石羊河流域进一步节水需采用高新节水技术。高新技术节水虽效果显著,但投入较大,当地群众难以承受。请国家像治理塔里木河、黑河流域那样,对石羊河流域推广高新节水技术予以专项资金支持。第四,建议国家将河西走廊荒漠化治理列入国家生态环境建设重点项目。河西走廊荒漠化严重,北部三大沙漠南侵势头加剧,已经成为整个西北乃至华北沙尘暴的源头。按目前三北防护林工程进度实施,难以遏制沙漠推进。因此,请国家专项实施河西走廊防沙治沙工程,加大草场退化治理和荒漠化治理的力度。第五,建议国家立项建设景电二期延伸向民勤调水末端续建工程。已建成的民调工程第五分水闸距民勤红崖山水库尚有 61km,调来的黄河水需流经洪水河及石羊河天然河道才能进入水库,而该段天然河床平均宽度达 250m,河床质地均为细沙,蒸发渗漏十分严重,沿途损水量达 25.6%。为了提高外调水利用率,急需续建 61km 专用输水渠道。第六,建议国家立项建设"引大济西工程"。石羊河流域属资源性缺水地区,流域自产水量难以平衡,从长远计议,确需从外流域调水补给。引大济西工程是从青海省境内的大通河主流纳子峡调水到甘肃永昌县的西大河水库。年引水 2.5 亿 m^3,其中调入民勤县水量 1 亿 m^3,可在一定程度上缓解民勤水资源紧缺的矛盾。

③ 技术层面的工作,包括:第一,植物固沙。这是控制流沙最根本且经济有效的措施。固沙植物能为沙区人畜提供燃料,同时又可恢复和改善生态环境。其内容主要包括:建立人工植被或恢复天然植被;营造大型防沙阻沙林

带，以阻截流沙对绿洲、交通线、城镇居民点的侵袭；营造防护林网，控制耕地风蚀和牧场退化；保护封育天然植被，防止固定半固定沙丘和沙质的沙漠化危害。第二，工程治沙。治理流沙时，采用柴草、黏土、卵石、网板等材料设置障碍物或铺压遮蔽，借以阻沙固沙；利用地形地物设置屏障，改变大风方向，输导流沙定向吹移；采取一定的工程措施，机械地进行干扰控制，以固定阻挡、输导搬运流沙，定向塑造风沙地貌，改变沙地条件，转害为利。第三，化学固沙。在流动沙地上通过喷洒化学胶结物质，使其在沙地表面形成有一定强度的保护壳，隔开气流对沙面的直接作用，提高沙面抗风蚀性能，达到固定流沙的目的。第四，旱地节水。水资源匮乏，是制约荒漠化地区土地综合整治与开发的主要难题。因此，引进和开发节水技术，发展灌溉农业就显得至关重要。可采取渠道防渗、低压管道输水、喷灌微灌、田间节水等技术。第五，退化地开发。在农业上，采用引水拉沙造田、老绿洲农田改造、沙地衬膜水稻栽培、盐碱化土地改良，以及日光温室栽培与养殖、地膜覆盖栽培和无土栽培等技术；在牧业上，采用合理轮牧、以草定畜、草场改良和温室养殖技术；农牧综合技术可采用"小生物经济圈"建设，以及小流域综合技术。

总之，只有通过减量化（Reducing）、再利用（Reusing）、再循环（Recycling）、替代（Replace）和修复（Repair）"5R"原则，在河西走廊构建"农牧绿洲＋能源基地＋工矿园区＋旅游胜地＋荒漠化特区"的循环经济复合模式，才能实现生态城市、循环经济与节水型社会的耦合发展，建设一个资源节约型和环境友好型的河西走廊。

（三）生态城市、循环经济、节水型社会的耦合发展

1. 节水型社会建设要求发展循环经济

节水型社会是水资源高效利用、经济社会快速发展、人与自然和谐相处的社会，这几方面的实现都离不开循环经济理论的指导。循环经济要求高效利用资源，保持生态良好，经济社会可持续发展，这也是建设节水型社会的重要指标之一。循环经济是建设资源节约型社会的重要途径，它在水资源可持续利用方面属于节水型社会建设的一部分。

节约水资源有3种途径：减少水资源利用量，高效利用水资源，减少社会对水资源的需求。这3种途径与循环经济的3个原则是相似的。循环经济一方面通过水资源的再生资源化，减轻了经济系统对水资源的需求压力，使得水资源可持续利用；另一方面减少了污水向自然环境的排放量，降低了环境污染程度。

节水型社会包含3重相互联系的特征：微观上水资源利用的高效率，中观上水资源配置的高效益，宏观上水资源利用的可持续。循环经济也分3个层面：在企业内部层面的小循环清洁生产，提高资源的利用效率；在企业之间的

中循环建立生态园，优化配置资源；在整个城市的大循环要求建设节约型城市，实现资源的可持续利用。因此，从这3个层面上说，循环经济是建设节水型社会的必要保证。① 微观上提高水资源利用的效率，建立节水型农业、工业和服务业，采取各项措施，减少水资源在开发利用各个环节的损失和浪费，降低单位产品的水资源消耗量，提高产品、企业和产业的水利用效率。需要将循环经济的理念贯穿于生产的各个环节，由源头预防、全过程治理代替末端治理模式。② 中观上资源配置的高效益需要构建节水型循环经济。建立农业生态园区、工业生态园，使各个行业之间对水资源实行综合、高效利用，园区内部争取实行污水的零排放，通过结构调整优化配置水资源，将水从低效益领域转移到高效益领域，提高单位水资源消耗的经济效益。③ 宏观上要求区域发展与水资源承载能力相适应，塑造持续发展型社会。要求一个流域或地区量水而行，以水定发展，建立与当地水资源条件相适应的产业结构；协调好生活、生产和生态用水的关系，将农业、工业的结构布局和城市人口的发展规模控制在水资源承载能力范围之内。经济社会发展在水资源承载能力以内，才能实现可持续发展；否则，就会造成生态系统破坏和生存条件恶化。

2. 生态城市的经济发展模式必然是循环经济

循环经济既是生态城市建设的重要组成部分，又是生态城市建设的动力。循环经济是一种以资源的高效利用和循环利用为核心，以减量化、再利用、资源化为原则，以低消耗、低排放、高效率为基本特征，符合可持续发展理念的经济增长模式，是对大量生产、大量消费、大量废弃的传统增长模式的根本变革。循环经济本质上是一种生态经济，它要求遵循生态学规律和经济规律，合理利用自然资源和环境容量，打破企业间单向线性生产方式，按照自然生态系统物质循环和能量流动规律重构经济系统，使经济系统和谐地纳入到自然生态系统的物质循环之中，从而实现经济活动的生态化。

循环经济本质上是一种生态经济，它把经济发展、环境保护和社会文明与进步有机地统一起来，是可持续发展的"三赢"经济。生态型城市的实质就是实现人与自然的和谐发展。和谐的生态城市体现在社会的生态化、经济生态化和环境生态化上。因此，建立生态型经济发展体系和绿色消费体系对城市发展尤为重要，而用循环经济的生产、消费模式去取代资源高消耗的模式是建立生态型城市的有效途径。

发展循环经济是生态产业体系建设的拓展和深化，是为了更好地建设生态城市。因此，循环经济与生态城市，二者是途径与目标或手段与目的的关系。建设生态城市就是将循环经济作为生态型城市建设的途径、切入点和最佳形式，通过发展循环经济来缓解城市建设过程中日趋凸现的非和谐发展的问题，构建产业循环体系、城市人居环境和基础设施体系以及生态保障体系等，最终达到现代生态文明城市的建设目标。因此，循环经济发展规划与生态市建设规划目标是一致的。二者密不可分，相互联系，相互依赖，又相互促进。

三、以流域为单元的河西走廊生态城市发展模式探索
——以张掖市为例

城镇是本区整个绿洲地域系统内部人类活动最集中，人地关系最为敏感的区域，也是本区最为精华的部分。因此加快本区城镇化步伐，走出一条符合本区区情的城镇发展模式，对于全面建设小康社会和构建社会主义和谐社会具有非常重要的意义。下面以黑河流域张掖市为例，探讨河西走廊生态城市发展模式。

张掖绿洲城镇行政范围包括张掖市、临泽、高台、民乐、山丹和肃南五县一市，国土面积 4.19 万 km^2，绿洲面积占 9.8%。2010 年人口为 126.4 万，农业人口占 81.61%，属于典型的农业绿洲。黑河是维系张掖绿洲存在和发展的主要水源。在黑河分水方案中，张掖绿洲可用水资源总量为 17 亿 m^3，人均 $1250m^3$，为全国平均水平的 57%，属严重缺水地区。农业用水量占总用水量的 89.7%，而农业在国内生产总值中仅占 37.8%，工业和第三产业的用水量为 5% 左右，其产值却占到 62.2%。[43]水资源利用结构不合理，经济效益低下，是张掖绿洲水资源利用存在的最大问题。通过大力发展商贸、旅游及特色农业加工业等城镇产业，调整水资源的用水结构，以绿洲城镇的合理发展促进水资源的可持续利用。绿洲城镇发展模式的优化，是促使水资源持续利用和绿洲城镇快速发展，达到良性循环的主要途径。

（一）制订生态城市规划

以科学发展观为指导，科学合理地制订和完善生态城市发展规划，是建设生态城市的前提和条件。张掖市坚持以城市规划引领城市建设，先后委托省内外规划单位完成了 4 轮城市总体规划的编制。随着规划的逐步实施，张掖城市面貌发生了翻天覆地的变化，市区人口达到 20 万，建成区面积达到 $27km^2$，城镇化率达到了 34.5%，从一个边塞小镇发展为甘肃省重要的中等城市之一。

近年来，张掖市做出了"顺应自然，建设生态张掖"的总体部署，确定了以湿地生态保护和开发引领城市发展的城建规划思路，坚持做到 4 个统筹，充分发挥规划的龙头作用，有力地促进了城市又好又快发展。目前，张掖市把建立生态城市作为重要发展战略，这就要求在生态城市建设规划中处理好以下 3 种关系。

1. 统筹城市扩张与产业升级的关系

张掖市着眼未来城市发展，以旧城改造、结构调整和区域扩张为依托，不断提高城市综合承载能力。

（1）改造旧城，提升城市功能。大量平房区、城中村的存在，造成规划区相互割裂，区域功能难以发挥，直接制约着城市的发展。张掖市采取"集中连片、改造升级、一房一店、费用减免"的办法，先后投资 1.5 亿元，完成了城区 8 个村社 1200 户城中村和 15 个片区 2800 户平房区的改造任务，城市区域服务功能明显增强，有力地带动了第三产业的快速发展。旧城改造是一个政策性强，人民群众普遍关注和敏感的问题，解决此类问题要从城市整体和长远规划出发，注意解决好人民群众的目前利益与长远利益，个人利益与整体利益之间的关系，依法依规，稳步推进。

（2）优化结构，转变发展方式，规划建立生态化产业园区。针对城区工业污染严重的问题，张掖市在距离主城区 16km 处规划建设了面积与主城区相当的循环工业园区，以循环经济替代污染工业，促进产业升级。市政府出台优惠政策，引导城区现有工业企业外迁，置换现状工业用地；转变招商理念，按照环境承载力、资源利用率的要求选择项目，力促发电、煤化工、钨钼冶炼、特色农产品加工等大型项目集群入驻园区。生态化产业园区建设的核心任务是要实现主导产业的生态化和发展区域循环经济，将生态工业园置于一个更大范围的区域空间，使物质和能量的循环更加充分。

（3）扩张规模，提升承载能力。针对主城区承载力不足、发展乏力的问题，经过充分论证，充分利用黑河滩涂和湿地资源优势，规划建设总面积达 24km² 的北部生态新区和滨河新区，基本满足远至 2020 年城市发展的需要。通过规划，张掖市形成了"一心三区四轴"的组团式城市结构，在主城区的基础上再造了两个相当面积的规划区，大大扩张了城市规模，有力地促进了城市经济结构调整和产业升级。

2. 统筹城市发展与生态保护的关系

张掖是一座坐落在湿地之上的美丽城市，丰富的水资源是城市的命脉和灵气所在。数十年来，由于人们认识上的落后，经济活动加剧，盲目改造自然，造成城市水系严重破坏，天然湿地不断退化，"一城山光、苇溪连片"的生态美景逐年消褪，经济与社会发展矛盾不断加剧。要按照"顺应自然，建设生态张掖"的城市建设思路，把城市规划的重点调整到城市生态的保护上，按"打好生态牌、做足水文章"的规划工作思路，全力打造戈壁水城、湿地之城，推动城市生态建设进入一个跨越式发展的新阶段。

（1）梳理水系，重塑水脉。要以强烈的危机意识和责任意识，从规划入手，着力梳理城市水系，重塑城市水脉。要编制和实施城市水系恢复规划，实现"荡着小舟看张掖"的水系建设目标；投入资金，实施引水入城工程、环城水系恢复工程、清污分流工程等多项水系恢复工程；利用废弃的砂石料场，建成面积达 2000 多亩的湖面，实现与城市原有水系的对接，成为城市兼具生态和旅游功能的最大水域。通过城市水系规划的实施，初步形成水系畅通、水文化丰富的脉络体系，使戈壁水城的原生态特征得到逐步恢复，"三面杨柳一面湖，半城芦苇半城塔"的独特城市魅力得以再现和张扬。

（2）保护湿地，彰显特色。针对湿地退化、破坏严重的现实，要及时将城北郊 2.6 万亩湿地列入湿地保护和城市规划范围，果断制止排水造田、围垦造田、乱建乱占、超标排污等破坏湿地生态的极端行为。规划建设总面积达33.4km²，堪称全国距城市最近、面积最大、生态保存最原始、观赏最佳的国家湿地公园，逐步使昔日藏污纳垢的盐碱滩变成风景如画的城市后花园。目前，该规划已得到国家有关部委的关注，总投资 36.3 亿元的黑河流域（张掖）湿地保护工程已报国家有关部委待批，投资 4.5 亿元的国家城市湿地公园已启动实施。规划全面实施后，城郊湿地将为城市提供 1.77 亿元/年的生态价值，湿地保护工程将成为带动城市发展的支撑点、经济发展的增长点和城市新的核心竞争力。

（3）狠抓绿化，改善环境。在搞好大型城市生态项目规划的同时，要狠抓城市绿化规划建设工作，着力提升城市绿化质量。编制城市绿地系统规划等绿化规划，将绿化率作为规划审批的硬指标进行刚性控制，督促建设主体履行绿化义务，确保城区绿地指标的完成。张掖目前采取兑换、购买、带建等方式，在城区规划建设城市小游园 6 个，城区绿地总面积已达 600 公顷，城市绿地率达到 30.1%，人均公共绿地达 10.72m²，走在了河西走廊各市的前列。

3. 统筹现代文明与历史传承的关系

张掖是国务院公布的历史文化名城，城区塔寺遍布、会馆众多，曾经是西域的宗教圣地、商贸旺地和战略要地。张掖市坚持创新思路，在发展中保护，在保护中开发，文物保护与经济发展相互促进、相得益彰。

（1）强化重点文物保护。张掖市已高起点编制了《张掖市历史文化名城保护规划》，在城市核心区规划面积达 12 公顷的保护区，基本与该寺鼎盛时期的面积相当，占到主城区面积的 3%；先后投资 4000 万元，搬迁单位 4 家，搬迁居民 300 多户，占地 50 亩的市政府招待所张掖宾馆也在加快搬迁中，使"天下第一卧佛"少了深藏间间小巷的尴尬。在城市主干道南大街拓建时，针对省级重点文物山西会馆占压道路的情况，规划设计城市主干道在此处适度折弯，使山西会馆山门免遭拆除厄运，保护了重要历史遗存的完整性。随着时间的推移，这种保护思路得到社会各界的充分认可，对旅游业的发展必将发挥重要作用。

（2）注重历史街区保护。张掖古城是典型的棋盘式路网格局，在编制城市总体规划时，要继承和延续这一特点，主城区路网均由原有四大街向外延伸而成，较好地保留了城市空间格局。大佛寺巷等历史街区新旧混杂、拆留两难，重点是梳理外围环境，暂缓新建改建，尽量保护老城区的原有机理、道路尺度和天际轮廓线，形成有特色的历史街区。对确实影响城市建设的万寿寺山门、配殿等历史遗存，坚持原样保护、异地恢复安置。目前，全市有 3 处文物实现了异地安置，得到文物保护部门的充分肯定。

（3）探索实践保护性开发。对有保护必要、具备开发条件的历史遗存，引进市场机制，采取与开发主体签订文物保护协议，落实保护责任的办法，寓保护于开发当中，改变过去文物保护政府一家管的传统做法，走上社会大家管的良性循环之路。如在山西会馆实施保护中，内部设施进行了适当完善，引进档次高、人流少的文化经营企业入驻，目前已成为全市重要的文化市场。木塔寺按照修旧如旧的原则，改造后开辟为艺术品展厅，迅速成为高雅文化交流场所。下一步，将加紧编制高总兵府等文物的保护规划，继续实行文物保护性开发，提升文物保护水平，打造一个天蓝、地绿、水清、气爽，独具文化魅力和生态文明的西部旅游休闲宜居城市。

从张掖的自然环境与资源的实际出发，把张掖建设成为一个生态城市，从城市规划的角度出发，还需要采取以下 6 项措施：

一是维护和强化张掖山水格局的连续性。任何一个城市，或依山傍水、或兼得山水为其整体环境的依托。城市是区域山水基质上的一个斑块。城市之于区域自然山水格局，犹如果实之于生命之树。因此，城市扩展过程中，维护区域山水格局和大地机体的连续性和完整性，是维护城市生态安全的一大关键。张掖市是经国务院公布的历史文化名城之一。它地处河西走廊中部，南依祁连山、北傍黑河水，是茫茫山前戈壁中的一块绿洲。自汉元鼎六年（公元前111年）建郡，为河西四大名郡之一，是历代王朝在西北地区的政治、经济、文化和外交活动的中心，也是丝绸古道上的重镇。但是，随着人类活动的加剧，原有的生态环境遭到了严重的破坏，骆驼城消失了，黑水国也永远埋在历史的沙尘之中。破坏山水格局的连续性，就会切断自然的过程，包括风、水、物种等的流动，必然会使城市这一大地之胎发育不良，以致失去生命。历史上许多文明的消失也都归因于此。

二是保持和恢复河道的自然形态。河流水系是大地生命的血脉，是大地景观生态的主要基础设施。污染、干旱断流和洪水是目前中国城市河流水系所面临的三大严重问题，而干旱断流对位于西北内陆的张掖水系来说最为严重。然而，人们往往把治理的对象瞄准河道本身。耗巨资进行河道整治，而结果却使欲解决的问题更加严重。采用水泥护堤衬底，各大城市水系治理中几乎未能免灾，许多动植物也因此而无处安身；采取裁弯取直，事实上，弯曲的水流更有利于生物多样性的保护，有利于消减洪水的灾害性和突发，为各种生物创造了适宜的生境，且尽显自然形态之美。其实，城市河流中用以休闲与美化的水不在其多，而在其自然的动人之态。如张掖的饮马河，就应保留其原有的流向和河道形态，而不应填之、断之和盖之。

三是保护和恢复芦苇湿地系统。湿地是地球表层上由水、土和水生或湿生植物（可伴生其他水生生物）相互作用构成的生态系统。湿地不仅是人类最重要的生存环境，也是众多野生动物、植物的重要生存环境之一，生物多样性极为丰富，被誉为城市之肺。张掖城区最重要的湿地就是城区的芦苇池，它对城市及居民具有多种生态服务功能和社会经济价值，既可提供丰富多样的栖息地，又能调节局部小气候，还能净化环境。在城市化过程中因建筑用地的日益扩张，不同类型的湿地面积逐渐变小，而且在一些地区已经趋于消失。随着城市化过程中因不合理的规划城市湿地斑块之间的连续性下降，湿地水分蒸发蒸腾能力和地下水补充能力受到影响，使得城区的水塘一个个干枯，一个个消失，张掖城"四面芦苇三面水，一城杨柳半城湖"的盛景只能成为历史。同时，随着城市垃圾和沉淀物的增加，产生富营养化作用，对其周围环境造成污染，张掖昔日的芦苇塘已经变成了今天的臭水坑。所以在城市化过程中要保护、恢复城市湿地，避免其生态服务功能退化而产生环境污染，这对改善城市环境质量及城市可持续发展具有重要的战略意义。

四是城郊防护林体系与城市绿地系统相结合。1978年以来，以三北防护林为代表的防护林体系是在区域尺度上为国土的生态安全所进行的战略性工程。到90年代初，京津周围的防护林体系，长江中上游防护林体系，沿海防护林体系以及最近的全国绿色通道计划相继启动，从而在全国范围内形成了干旱风沙防护林体系，水土保持林体系和环境保护林体系。这些带状绿色林网与道路、水渠、河流相结合，具有很好的水土保持防风固沙，调节农业气候等生态功能，同时也为当地居民提供薪炭和用材。

事实上，只要在城市规划和设计过程中稍加注意，防护林网的保留并纳入城市绿地系统之中是完全可能的。这些具体的规划途径包括：① 保护沿河林带：随着城市用地的扩展和防洪标准的提高，加之水利部门的强行修建，夹河林道往往有灭顶之灾。实际上，防洪和扩大过水断面的目的可能通过其他方式来实现，如另辟导洪渠，建立蓄洪湿地。而最为理想的做法是留出足够宽用地，保护原有河谷绿地走廊，将防洪堤向两侧退后设立。在正常年份，河谷走廊成为市民休闲及生物保护的绿地，而在百年或数百年一遇洪水时，可以作为淹没区。② 保护沿路林带：为解决交通问题，如果沿用原道路的中心线向两侧拓宽道路，则原有沿路林带必遭砍伐；相反，如果以其中一侧林带为路中隔离带，或将原有林带作为两侧绿化隔离带，则可以保全林带，使之成为城市绿地系统的有机组成部分。更为理想的设计是将原有较窄的城郊道路改为社区间的步行道，而在两林带之间的地带另辟城市道路。如张掖的民主街、大佛寺巷、马神庙街等，都是将原有的林带作为两侧的绿化隔离带，较好地保护了原有的林带。③ 改造原有防护林带的结构：通过逐步丰富原有林带的单一树种结构，使防护林带单一的功能向综合的多功能城市绿地转化。如黑河山庄和森林公园，以前只有白杨树、沙枣树等常见的几种普通树种，现在种植了大量的松树、柏树、云杉等树种，变成了张掖市民避暑、休闲、度假的一个好去处。

五是建立社区绿色通道。作为城市发展的长远战略，利用目前城市空间扩展的契机，建立方便生活和工作及休闲的绿色步道。如仿古街、大佛寺巷等，这一绿色通道网络不是附属于现有车行道路的便道，而是完全脱离车行的安静、安全的绿色通道，它与城市的绿地系统、学校、居住区及步行商业街相结合。这样的绿色系统的设立，关键在于城市设计过程的把握，它不但可为步行及非机动车使用者提供了一个健康、安全、舒适的步行通道，也能大大改善城市车行系统的压力，同时，鼓励人们弃车从步，走保护生态和可持续的道路。

六是完善城市绿地系统。在现代城市中，公园应是居民日常生产与生活环境的有机组成部分。随着城市的更新改造和进一步向郊区化扩展，工业化初期的公园形态将被开放的城市绿地所取代。孤立、有边界的公园正在溶解，而成为城市内各种性质用地之间以及内部的基质，并以简洁、生态化和开放的绿地形态，渗透到居住区、办公园区、产业园区内，与城郊自然景观基质相融合。这意味着城市公园在地块划分时不再是一个孤立的绿色块，而是弥漫于整个城市用地中的绿色液体。

（二）搞好生态示范工程

建设生态城市是一项系统工程，它涉及自然经济和社会各个方面，内容多、范围广、时间长，没有成规可循。因此，要建设生态城市，首先应从城市的最基层单位抓起，逐级搞好生态村庄、生态乡镇和生态县区的试点工作。同时，还要根据生态目标和要求，建设一批生态企业、生态社区、生态园区和生态示范项目。在此基础上，认真总结基层经验，逐步在面上开展和推进。

在 2011 年"中国城市投资环境及绿色生态建设高层论坛"中国城市投资环境及绿色生态城市公益评选颁奖盛典上，张掖市荣获全国绿色生态示范城市、中国最具投资价值绿色生态城市称号。这是对张掖市依托"祁连山自然保护区、黑河湿地、北部荒漠"三大生态系统，建设生态文明大市的充分肯定。

从 2004 年起，张掖市率先在全省开展了环境优美乡镇和生态村创建活动，制定了考核验收标准和规划，将环境优美乡镇和生态示范村建设列入环保目标责任书。优化整合农业资源，积极探索农村人居环境清洁化，庭院经济高效化，农业生产无害化，生态系统良性化的小康社会建设新途径，努力实现能源、生态、经济的协调可持续发展。建设了一批以小康住宅、暖棚养畜、卫生厕所、沼气、无公害果蔬为内容的五位一体生态家园。2008 年，甘州区党寨镇、临泽县平川镇芦湾村被命名为全国环境优美乡镇和全国第一批生态示范村，是甘肃省首次获此殊荣的乡镇和村。截至目前，张掖市已累计建成全国生态乡镇 2 个，国家级生态村 3 个，市级环境优美乡镇 28 个，生态示范村 25 个，位居全省第一。

临泽县大沙河小流域综合治理和生态经济发展成效显著。张掖市下辖的临泽县，坚持生态立县，做活水文章，培育水系特色产业带，立足于节水、治水、活水，着力培育大沙河流域特色产业带，打造枣乡临泽城市景观带，带动形成城区房地产开发带的大沙河流域综合治理工程。在河道治理中，沿河道整理出的近4000亩土地成功拍卖，交由开发商主要发展房地产业。这些土地既没有征地拆迁，也没有居民安置，几乎是零成本。如今，沿大沙河的土地上已是高楼林立，新的房地产开发带已经形成。以城养城、以城建城、以城生城，临泽县由此"点土成金"。短短一年，大沙河流域综合治理工程粗具雏形，一处处河岸景观，向世人彰显了戈壁水乡、塞上江南的风情。随着大沙河河道蓄水泄洪、水域景观、路桥配套、污水处理、绿化美化等工程的实施，构筑了新的"河在城中、城在绿中、人在景中"的园林化生态城市美景，城区面积也由原来的3.8km² 扩大到了5.2km²。

该县还以大沙河流域综合治理为产业发展平台，提出了"两头一产、中间二产、中心三产"的产业发展布局，营造了一个多层次、立体化、点面结合、城乡一体、河流平原自然衔接的绿洲生态经济发展体系。在大沙河上游，临泽县依托丰富的水能资源，开发建设了10座梯级水电站，装机容量2.63万kW，年发电量8700万kW·h。依托流域内丰富的光、热、水、土资源，大力发展玉米制种、加工番茄、红枣、鲜食葡萄、温室蔬菜、淀粉、柠檬酸等特色产业。在中游，临泽县借于工业园区被省里命名为循环经济产业园区的时机，大力发展以雪晶公司为龙头的玉米深加工及生物发酵为主的生物产业循环经济产业链，以奥瑞金、屯玉绿源等种子企业和汇隆化工为主的废弃物、农作物秸秆再利用深加工经济产业链，以番茄、蔬菜深加工为主的蔬菜产业循环经济产业链，以红枣加工企业为龙头的红枣深加工循环经济产业链，形成了医药化工、玉米加工、番茄制品、红枣加工、食品酿造、种子繁育和加工等产业，园区工业经济总量占全县工业经济总量的70%。这样大的一个比例，意义还不仅是它的经济效益，更重要、更长远的是其凸显的生态意义。

在下游，临泽县按照多采光、少用水、节约地、高效益的要求，大力发展现代设施农业，重点在大沙河上游倪家营乡境内的山前戈壁和中下游的沙河镇新民滩、鸭暖乡、南板滩等地段，引导群众积极发展以日光温室、奶肉牛养殖为主的荒漠区现代设施农业。依托大沙河流域，临泽农民已经走出了一条在存量土地上，甚至不占用土地的情况下，增加生产总量、提高生产效益、发展高效节水农业的新路子。据统计，至目前，仅在大沙河流域已累计发展日光温室、精品玉米制种基地、红枣和葡萄等设施农业近10万亩，建成规模化奶肉牛养殖小区20个。如今，承载着临泽60%的人口和80%以上经济总量的大沙河生态经济产业带，已成为该县综合实力最强、发展潜力最大的区域。

总而言之，通过生态示范区建设，可以做到以点带面，事半功倍。其示范作用可以拓展到发展理念（可持续的）示范、生态技术示范、生态景观示范、生态文化示范、生态效果示范等，使其建设成为生态城市系统工程中的重要支点和推动力。

（三）构建城乡一体的绿色生态网络

1. 城乡一体绿色生态网络的内涵

构建城乡一体的绿色生态网络是建设绿色生态城市的重要内容，也是实现绿色生态新农村的重要途径。城乡一体的绿色生态网络是指以城市景区为基点，以风光带、防护林带、绿化带为骨架构建生态网络。城市中心区以广场绿地、临街游园为点，以各类公园、单位绿地、居民区绿地为面，以林荫道、园林路及水系、交通干道、绿化带为线，形成点、线、面穿插的市区绿化网络，以山林、果园、农田及交织成网的林带构成郊区绿化网络，市区的"绿"和郊区的"带"直接相连，使两个绿化网络形成统一整体，人工环境为主的城市与自然环境为主的郊区融于一体。一体化的绿化网络，加强了城市生态系统的代谢作用，对保持城市生态平衡和提高城市环境质量将发挥重要作用。

2. 城乡绿化一体化是构建城乡一体绿色生态网络的核心

园林绿化是营造连接、贯通和融合城郊关系的纽带，城乡一体化园林建设的核心内容应是占有合理的绿地面积、绿地的合理分布及各类绿地形态和功能的多样性和兼容性（包含绿地系统中的自然地理结构和地貌特征），使各类绿地成为贯穿于市区—小城镇之间有机的桥梁，并融合于大小城镇的内部。这样既能避免城市"摊大饼"式的畸形发展，又可在城市市域广袤的大地上，构建城乡一体的绿色生态网络，实现由绿色植被（包括自然的和人工建造的）和自然山水所组成的自然环境，与由人工构建形成的城市人工环境协调共存，从而实现人与自然共存。

现代城市绿化必须以生态学原理为指导，以城乡绿化一体化发展为思路，建立与城市化相适应，以城市绿化为核心，以乡镇（农村）生态绿化为依托的城乡一体化大园林。把城市核心区绿化、建制镇绿化和乡村绿化都放在相对应位置，将城郊过渡地域及周边建制镇的绿化，一同纳入整个城市的绿化规划体系中，相应地做出绿化用地安排，并且保护好自然山体，实施林相改造，封山育林。坚持以城带镇，乡镇联姻，以乡促城，城乡联动，总体推进，加快城乡绿化一体化，建设田园城市、生态城市。做到城乡生态环境建设协同发展，城乡绿化融为一体，实现城区园林化，郊区森林化，乡村林荫化，点上绿化成景，线上绿化成荫，面上绿化成林，环上绿化成带。

3. 重视城郊森林、农田林网建设

城郊森林带位于城市与郊区的过渡地带，直接关系到城乡绿化的联系与一体化，其建设可同城郊森林公园或其他生态公园结合进行，同时要进一步丰富树种，发挥农田林网的功能。除改善农业小气候、减灾防灾功能外，还可与水系绿化相结合，利用农田林网减少农业径流中的一些水源污染，改善城市水环境。如国外为了防止农业径流中硝酸盐对河流和地下水的污染，沿河栽种杨树，使地表水的硝酸盐含量明显减少。农田林网建设，有利于加强郊区绿化的连通性，促进城市绿色生态网络的形成。国内外实践表明，城郊经济林的建设可以结合观光游憩功能，发展观光果园或其他经济林形式，成为观光农业的重要组成部分。至于郊区的村落绿化，在我国城市绿化中一直没有得到应有的重视，所以相对滞后，主要为少数乡土树种构成的自然残存植被景观。发展村落绿化可以在研究自然残存植物群落的基础上进行，保持乡土特色，与农田林网及观光经济林建设结合。它既是构建城乡一体绿色生态网络的重要组成部分，又能从根本上改变城郊农村的绿化面貌。

（四）发展城市生态产业

城市产业应当是代表生态文明潮流和先进生产力发展方向的生态产业。建设生态城市，首先应以生态产业作支撑。要按照"资源高效利用，废弃物循环使用"的要求，积极培育生态工业。一方面加快污染企业的搬迁改造，严格限制在市区建立工厂；另一方面加快生态工业园区的建设，积极推进清洁生产，开发无污染和低污染、能治理的绿色工业产品。在发展生态农业方面，要积极建设生态科技示范园，发展无公害绿色农产品生产基地，大力推广田间套养、秸秆还田等生态技术和有机复合肥、生物农药等无毒害、无污染产品，并通过工程治理、技术集成、模式带动和政策引导，促进生态农业的规模化和产业化。还要努力培育和发展生态旅游、生态物流和房地产以及文教卫生等生态产业，通过生态产业发展，带动和支撑生态城市建设。

依托张掖的自然环境与资源特征，立足现有基础，走特色发展道路。结合建设生态城市的目标要求，今后应当着重培育和发展好生态工业、生态农业和生态旅游业三大产业，大力发展以现代服务业为主要内容的第三产业。

1. 建立循环经济工业园区，发展生态工业

所谓生态工业，是指工业经济活动与生态资源配置，资源消耗和污染排放最小化，对生态破坏最低化的基础上，实现工业持续发展的模式。生态工业要求在生态良性循环条件下，生态与经济协调统筹发展，甚至实现污染物的零排放，产业发展中对生态链条零破坏。在不损害基本生态维护的前提下，促进工业长期为区域社会和经济利益做出贡献的工业化模式。这种对工业产业生态化的认识是现代工业发展历史性的突破，它注重企业与企业之间（通过工业园区）、区域之间甚至整个工业体系的生态优化，生态工业是循环经济在工业体系中的运用。

张掖工业园区按照《甘肃省循环经济总体规划》要求，以提高资源综合

利用率和实现节能减排目标为重点，把发展循环经济作为实现可持续发展的重要举措，形成了"企业小循环、产业中循环、区域大循环"的循环经济发展模式，目前被确定为全省循环经济试点园区。

近年来，该园区遵循减量化、再利用、资源化的循环经济发展原则，规划建设循环经济示范园。投资 3600 万元配套基础设施，编制完成循环经济产业发展规划并通过评审。引进建成一批资源利用好、产业链条长、能源消耗低的项目和产业。张掖发电公司成为西北第一个以城市污水处理后的中水作为循环冷却水的节水型电厂，将烟气脱硫工程与机组建设同步实施的环保型电厂，年节约地下水开采量 1400 万 m³；辰旭生物科技公司和钧方建材公司利用张掖火电厂余热供汽，利用排放的粉煤灰生产下游产品，分别建成 3 万吨谷氨酸和工业固体废弃物综合利用项目。园区还投资 1.06 亿元，建成日处理 4 万吨污水处理厂、日处理 280 吨城市垃圾处理厂各 1 座。昆仑生化、泰鑫有色、甘绿集团、雪源麦芽等企业先进的生产设备和环保处理装置与技术，位居同行业领先水平。企业排放废气或粉尘全部安装高效收尘处理装置，供热锅炉排放采取脱硫除尘措施，外排废气、粉尘和烟气均实现达标排放。园区企业工业用水重复利用率、工业固体废物综合利用率分别达 88% 和 80%。

张掖生态工业园区下一步建设，要体现促进区域经济发展和生态维护的双重目标，应当贯穿以下基本原则：

（1）与自然和谐共存原则。园区应与区域自然生态系统相结合，保持尽可能多的生态功能。对于现有工业园区，按照可持续发展的要求进行产业结构调整和传统产业技术改造，大幅度提高资源利用效率，减少污染物的产生和对环境的压力。新建园区的选址应充分考虑当地的生态环境容量，调整列入生态敏感区的工业企业，最大限度地降低园区对局地景观和水文背景、区域生态系统以及对全球环境造成的影响。

（2）生态效率原则。在园区布局、基础设施、建筑物构造和工业过程中，应全面实施清洁生产，尽可能降低企业的资源消耗和废物产生，通过各企业或单元间的副产品交换，降低园区总的物耗、水耗和能耗，通过物料替代、工艺革新，减少有毒有害物质的使用和排放。在建筑材料、能源使用、产品和服务中，鼓励利用可再生资源和可重复利用资源，贯彻减量第一的最基本要求，使园区各单元尽可能降低资源消耗和废物产生。

（3）生命周期原则。加强原材料入园前以及产品、废物出园后的生命周期管理，最大限度地降低产品对生命周期的环境影响。鼓励生产和提供资源、能源消耗低的产品和服务，鼓励生产和提供对环境少害、无害和使用中安全的产品和服务，鼓励生产和提供可以再循环、再使用和进行安全处置的产品和服务。

（4）区域发展原则。尽可能将园区与社区发展和地方特色经济相结合，将园区建设与区域生态环境综合整治相结合，通过培训和教育计划、工业开发、住房建设、社区建设等，加强园区与社区间的联系，把园区规划纳入当地的社会经济发展规划，并与区域环境保护规划方案相协调。

（5）高科技、高效益原则。大力采用现代化生物技术、生态技术、节能技术、节水技术、再循环技术和信息技术，采纳国际上先进的生产过程管理和环境管理标准，要求经济效益和环境效益实现最佳平衡，实现双赢的结果。

（6）软硬件并重原则。硬件指具体工程项目，包括工业设施、基础设施、服务设施的建设；软件包括园区环境管理体系的建立，信息支持系统的建设，优惠政策的制订等。园区建设应当突出关键工程项目，突出项目或者企业之间的工业生态链建设，以项目为基础，建立和完善软件建设，使园区得到健康、持续发展。

2. 结合张掖国家级绿洲现代农业试验示范区建设，大力发展生态农业

生态农业概念的界定，一般更多的是从生态的角度，强调运用生态技术维护资源的持续性利用。从区域产业的角度出发，可以更加偏重于把生态农业认为是特定区域内，通过生态系统内部物质和能量的循环利用，以最低生态负面为限度，适量输入化肥、农药等材料，实现生态效益和经济效益的聚合辐射作用的农业。生态农业可以有效地改善区域生态，保持水土，不仅是区域农业持续发展的战略选择，而且是区域经济可持续发展的战略选择。生态农业的目的，其一是实现区域内农业的各产业对资源的生态化配置，更多地保护农业资源的生态平衡；其二是提供安全的生态食品，即在自然生态的土地上，用生态的生产方式生产生态的食品，提高人们的健康水平，促进农业的可持续发展。

张掖绿洲现代农业试验示范区被农业部确定为第一批现代农业示范区，成为全省唯一的国家级现代农业示范区。这将对建立节水农业与生态环境相生相伴的耦合体系，探索祁连山水源涵养区生态保护、综合治理之路，推进全市现代农业发展水平，产生重要的积极作用。要继续大力推广节水农业、设施农业，推动农业生产上水平；应用先进科学技术，千方百计提高单方水的产出效益，积极探索建立节水型农业与生态保护相生相伴的耦合体系。着眼于实现黑河水资源的可持续利用，加快实施以黑河中游生态保护和发展现代节水农业为重点的黑河流域综合治理规划，把过去依靠建设渠系枢纽调水恢复下游生态的做法，调整到实施滴灌等节水新技术上来，形成上中游涵养节水、中下游恢复生态的格局。张掖还将充分利用水、土、光、热丰富的资源，培育玉米制种、马铃薯加工、肉牛等具有鲜明地域特色的主导产业。

把生态农业与发展区域经济结合起来，实现生态效益与经济效益的耦合，需要做好以下几个方面的工作：

（1）培育不同区域类型的生态农业发展模式。以县域为单元开展的生态农业建设，是生态农业的主要实施区域单位，它既有利于发展县域经济，支持

主导产业的生态化和经济化重合发展，又有利于以此为基础，逐步形成跨县市的区域系统，促进生态农业建设进入一个新的发展阶段。生态农业不是局部区域或部分系统组分的拼接、堆砌，而是农业系统各组分、各链条的有机耦合，包括不同区域、不同产业之间的有机耦合，初级农产品生产与其后续性加工的紧密衔接等。生态农业要多元化发展，根据生态、自然、经济、社会、市场条件，发展高效实用的生态农业模式。

（2）在产业配置中，调整优化农业内部结构。要使农、林、牧、渔各个产业协调发展，延长农业生产的产业链，提高农业生态系统的综合生产力和经济效益。积极倡导按照生物链规律，发展生物农业；大力发展农产品的粗加工、精加工、包装、保鲜、储藏、运输和销售业，形成种养—加工—运销配套成龙的产业链，提高农产品的质量和附加值，减少农业生产废弃物的排放。积极发展无污染的生态食品，要建立无公害农产品、绿色食品、有机农产品的生产基地，创建品牌，扩大规模，逐步提高健康、安全食品的份额，提高农产品的档次和知名度。生态农业要与无公害食品、绿色食品、有机食品的生产、经营和开发有机结合起来，实现产业链条的延伸和对接。加快建立区域性与全球化的无公害农产品市场信息、饲料安全体系、食品安全和质量标准体系，构建安全食品生产和销售平台，解除消费者对食品安全的担心，这是生态农业发展的最大市场动力。

（3）在商贸制度配套方面，建立符合生态要求的农工商一体化模式。推动生态型农业龙头企业的发展，并确保农民的利益，配套发展生态家园、生态民居与生态村、生态农产品加工业、生态旅游农业等。

（4）在污染防治方面，防治农业污染。推广应用低残留、高效、低毒农药和生物防治，禁止使用有机磷农药，尽可能少施化学农药。积极推广秸秆、粪便沼化还田，加快有机废弃物的资源化处理。推广使用可降解农膜，减少农业的白色污染。通过实施沃土计划，推广秸秆综合利用，实现秸秆直接还田和过腹还田，提高土壤有机质含量。

（5）在农业技术方面，推行精准农业。按照农作物生长需要和各地土壤环境，应用现代科学技术，精细准确地实施各项土壤环境和作物管理措施，优化各项农业物质投入，高效利用农业资源，以获取最佳经济效益和生态效益，促进农业生产和生态环境的良性循环。重点推广以节水为主的精准灌溉，以配方施肥为主的精准平衡施肥，以培育优良品种为主的精准育种和播种，大力推行精准平衡施肥。以现有农业科技服务体系为基础，建立健全土肥检测系统，培养熟练的测土队伍，推行配方施肥技术，推广生物肥料，降低肥料投入成本，增加地力，提高农作物产量。

3. 突出张掖历史文化名城、湿地生态之城特色，发展生态旅游业

联合国环境规划署旅游项目协调员希拉尔给生态旅游的定义是："生态旅

游是在纯自然的环境中进行的旅游，旅游者在旅程中会受到环保知识的教育。这种旅游对目的地的生态环境没有任何破坏作用。而且，它要求当地的社区更多地参与并从中长期获益。"国内有专家定义说，"生态旅游是为了了解当地环境的文化与自然历史知识，有目的地到自然区域所作的旅游。这种旅游活动的开展在尽量不改变生态系统完整的同时，创造经济发展机会，让自然资源的保护在财政上使当地居民受益。"可见，人们对生态旅游的认识是趋于一致的。

生态旅游应具有以下3个基本特征：① 责任感，在旅游过程中还承担保护旅游区的旅游资源乃至整个自然资源，提高当地人们生活水平的双重责任；② 知识性和教育性，旅游的过程也是"旅游 + 环境教育"式的双重行为；③ 鼓励互动式参与，旅游者既充分欣赏、享受生态旅游区的人文生态环境，又积极充当人文及生态环境的保护者。

4. 强调民主与公平，生态旅游业所带来的效益在政府、社区、居民之间合理分配

生态旅游业成为旅游业中发展最快的产业，是绿色产业的一部分。世界旅游业每年以4%的速度增长，而生态旅游业则以平均20% ~30%的速度增长。在张掖区域发展中，生态旅游起步晚，但发展快。生态旅游在开发初期就应注意产业的经济性和生态性的切实融合。

（1）为了生态旅游区的永续性发展和生态旅游产业的发展，注重该区域的生态保障，对于生活垃圾的处理，水质量的保障，生物多样性的保护，空气质量的维护等方面，要规划在先、保护在先，将旅游资源优势与生态环境优势有机结合起来。旅游开发要服从于生态环境保护，使自然景观与人文景观相互协调、相互促进。

（2）积极发展以认识大自然、享受大自然、爱护大自然为内容的生态旅游。重点推出历史文化名城游、湿地休闲观光游、丹霞地质公园观光游、草原森林休闲观光游、裕固风情观赏游、红色旅游等，加强生态保护的宣传教育，普及生态旅游知识，提高环境意识，倡导文明旅游。

（3）平衡生态旅游与其他产业之间的利益均衡，以获得最大的产业收益。发展生态旅游，一些工业项目发展会受到一定的抑制，一些退耕还林、退耕还草工程也会产生短期内区域的经济贫困。但是从长远看，只有生态资源的持续开发和利用，才能实现区域的持续发展和开发。

（4）整合区域产业资源，积极寻找新的区域产业。一些以工业生产过程、工厂风貌为主要内容的工业旅游，以农业生产过程、农村风貌、农民劳动生活为主要内容的农业旅游，可以作为生态旅游的一个类型。主要作用在于促进经济结构调整和经济社会发展，解决三农问题和就业再就业问题，培育工业经济和农业经济新的增长点。还可以通过发展地方餐饮服务行业、住宿服务行业、土特产品市场，为当地居民提供就业机会，缓解其"靠山吃山"的传统生活

方式与保护自然环境之间的矛盾，减少偷猎、偷伐现象的发生，减轻自然保护区的压力。同时也能缓解自然保护区和周边居民与当地政府的关系，使直接受益居民参与生态旅游和自然保护工作，实现保护自然保护区的旅游资源与促进当地社会发展相结合。

（5）做好生态旅游的资源评估、发展战略和建设。政府是责任的主体，要协调开发思路、开发程度、相关配套措施等。把张掖定位在"中国生态旅游的主要目的地，世界生态旅游的重要基地"的高度。因此要对生态旅游发展态势以及区域内生态旅游资源状况、发展战略和建设规划进行研究。

（6）进行生态旅游区域合作。一方面是旅游线路的打造，另一方面是旅游市场的开发和策划。这里的区域合作既包括河西走廊各市县区域合作，也包括一些省内区域合作，还包括省际区域合作。要依据自然生态资源的分布和旅游特征来确定，避免由于区域之间的利益冲突而产生的生态资源破坏和生态旅游资源整合不够等问题。在开发中，鼓励多种投资主体参与生态旅游区建设，引入市场机制，以企业开发方式为主，引导企业利用区域生态环境资源优势，加快旅游景区的建设。

（7）加强生态旅游中的保护意识。生态旅游依靠的是独特的自然风景，一般具有不可复制性、区域性和破坏后的不可逆转性，因此生态旅游对区域内参与者的保护意识要求很高。① 政府保护意识。在开发时，既要充分发挥区域产业的经济效益，又要兼顾形成该产业的资源的永续性；既要发展好旅游业，又要带动和协调其他产业的发展。② 生态旅游者、经营者和管理者、当地居民积极参与自然保护区的保护，增强责任感，提高进行生态环境保护和旅游业与经济发展统一的关系的认识。只有这样，才能从根本上杜绝环境破坏和污染事件的发生，才能解决当前经济发展、生态环境受损的"外部不经济性"症结，促进生态旅游区的可持续发展。

（五）培育生态文化道德

生态道德是随着生态问题的发展逐步形成的，是人们在生态这个公共生活中，为维护人类生存条件和经济可持续发展，自觉调节人与自然之间关系所必须遵循的共同行为准则。

人来自自然，生活于自然之中，人就要顺应自然的运演规律。大量事实表明，人与自然的关系不和谐，往往会影响人与人的关系、人与社会的关系。自然包括资源和环境两个方面。如果资源能源供应高度紧张、经济发展与资源能源矛盾尖锐，人与人的和谐、人与社会的和谐就难以实现。对于我们这样一个人均资源占有量较少、生态环境比较脆弱的国家来说，更是如此。为了真正实现生态工业文明，必须全力推进环境文化，在全社会范围内普及和深化人们的生态经济伦理观念，特别是可持续发展战略和人与环境和谐的观念。通过生态伦理道德的培育、提高和环境文化的积极推进，在全社会树立"保护环境光荣，污染环境可耻"的道德风尚。

大事业的基础，体现于无数的细小与细作之中。每位公民都要自觉地从我做起，从现在做起，认真保护环境，倡导绿色生活方式和科学消费，注意节约资源，杜绝铺张浪费，这有助于企业增强治理污染，保护环境的社会责任感，自觉实行清洁生产，发展循环经济，从优化环境管理体系入手，提高能源效率和资源综合利用效率。坚决淘汰浪费资源、污染环境的工艺、设备和产品，做到增产不增污、增产减污。运用经济手段调节生产方式和消费方式，建立资源节约型企业和环境友好型社会。

围绕生态城市建设，要广泛开展丰富多彩、形式多样的宣传教育活动。必须拓宽环境保护宣传教育领域，提升环境保护宣传教育高度，搞好公众参与，做好环保宣传教育的资源整合工作，形成合力，把提高的认识转化为高尚的品德和优良的作风，转化为无私奉献的敬业精神。这既是我国经济建设的任务之所在，也是伦理建设和环境文化的发展要求使然。人类的经济活动和经济生活有赖于人与自然关系的和谐，人在经济活动和经济生活中应该自觉保护自然生态环境。要宣传生态理论知识和生态保护法规，提倡讲究卫生、保护环境、善待地球的生活方式和消费习惯。要积极组织创建绿色社区、绿色工厂、绿色学校、绿色酒店和绿色家庭等活动。把生态文化建设纳入城市精神文明建设的总体规划，在文化事业发展规划、文化场所建设、文化市场管理中，不断充实生态环境保护的内容。在搞好对市民的宣传、教育和劝导的同时，逐步转变管理方式和方法，坚持以法管理和依法治理生态环境，以不断提高市民的生态意识、生态道德、生态文化和生态法制理念，使保护和建设生态环境成为广大市民的自觉行为。

(六) 改善城市生态环境

1. 加大污染物减排和治理力度

全面完成二氧化硫、氮氧化物、烟尘、化学需氧量、氨氮等主要污染物的减排任务，严格控制重金属、持久性有机污染物等有毒有害污染物的排放。高度重视餐饮业环境整治和餐厨废弃物资源化利用与无害化处理，严格治理城市扬尘和建筑施工扬尘，有效控制冬春季城中村炕烟，强化机动车尾气等污染物排放和治理工作。积极推进集中供热，全面拆除供热范围内的自建燃煤蒸汽锅炉，推进燃煤企业除尘脱硫工作。严格落实新建项目环境影响评价制度和"三同时"制度，加强排污企业监管，全面实现污染源达标排放。实施黑河张掖段水环境综合整治项目，加快污水处理厂及配套管网建设，实现生活污水处理设施县城和重点乡镇全覆盖。加快推进矿区资源开发污染综合治理和绿色矿山创建工作，有序推进矿山地质环境保护与恢复治理，严格执行地质环境影响评价制度、土地复垦制度及矿区地质环境恢复治理保证金制度，促进矿区生态恢复。全面推行清洁生产，积极引导企业开展 ISO14000 环境管理体系认证，对规模以上重点污染企业依法实施强制性清洁生产审核。

2. 不断改善城乡人居环境

健全城镇基础设施网络体系，优化市政公用设施布局，鼓励发展生态型住宅小区，探索推广各种生态型居住方式。积极推进城镇建设技术创新，在城镇建设领域，大力推广使用太阳能、风能、浅层地能等可再生能源，以及新材料、新技术，全面提高城镇生态指数。要用生态建筑原理对居住区进行科学的规划设计，形成生态建筑与完善的基础设施构成的生活环境，以及包括精神文明在内的社会生态系统。要让每一栋建筑、每一条街道、每一个小区和每一座城镇的设计和建设，都能直接体现出城市的风格、形象和特色。巩固全国绿化模范城市建设成果，加快城乡绿化进程，市区的主次干道要种植树木和草坪。居民生活小区要把绿地建设放在重要地位，不仅要培植草坪，更要种植高大树木。还要加强绿地管理和保护，严禁在建设中侵占绿地和公园。完善公园、广场、道路、景点和住宅小区绿地网络，全面建设滨河新区生态景观和国家城市湿地公园，提升宜居城市水平。全面推进乡村环境卫生综合整治行动，着力提高环境质量。鼓励推广使用有机肥和无公害农药，开展农村废弃塑料薄膜回收利用，推进养殖业废弃物综合利用和污染防治工程，加大农业面源污染防治力度。加快城市垃圾和危险固体废弃物集中处置设施建设，推行农村生活垃圾"户分拣、村收集、县处理"模式，提高城乡生活垃圾和废弃物集中收集覆盖率和无害化处理率。积极开展生态文明村创建工程和村庄绿化行动，提高村镇绿化水平。建立城市清洁交通体系，通过加强车辆管理和调度，使各种无污染或少污染的交通工具在城市运营并相互配合，在不同的距离和范围内发挥各自的作用，创造出清洁、高效的生态交通环境。

（七）建立生态保护机制

建设生态城市是一项持久的、复杂的系统工程，需要政府主导、部门联动、多元投入和全民参与。因此，要逐步建立健全由政府领导和资源、环保、法制等部门参加的环境保护和生态建设体制。

（1）建立专家咨询机构，以加强政府对社会、经济与环境的综合决策，避免和减少对生态环境的人为破坏。成立市生态文明领导小组，负责编制生态文明大市建设规划和专项规划。切实加强综合协调与决策咨询，全面落实环境与发展综合决策机制，积极推进规划环评、战略环评，完善防洪、抗震、防治地质灾害、应对极端天气变化等应急预案。领导小组要定期召开会议，研究部署建设任务，集中力量解决带有全局性、战略性、前瞻性的重大问题，抓好各项工作的协调和督促。各县区也要成立相应领导机构，负责本县区生态文明建设工作。

（2）逐步采用绿色 GDP 指标计算经济增长速度，增设环境保护方面的指标考核，作为衡量城市综合发展能力的重要内容。要实施生态环境审计工作，建立生态环境建设领导政绩考核制度，把环保工作列入党政领导干部实绩考核的重要内容。要利用先进的网络技术，建立起环境公共信息网、环境管理网和预警网，及时为生态城市的管理和客观决策提供科学依据。还要加强生态环境科研，重视人才交流、引进和培养，为建设生态城市提供人才和科技保证。

（3）广泛开展生态文明创建活动。积极组织开展世界环境日、世界湿地日、世界水日、中国水周、中国植树节、爱鸟周等重要时节的纪念和宣传，动员全社会积极参与各种形式的环保活动。全面启动国家生态市建设，大力推进以生态县为抓手的创建活动，全面实施生态乡镇、生态村、绿色社区、绿色学校、绿色饭店、绿色家庭等生态文明建设"细胞工程"，大力开展花园式单位、园林化单位、园林绿化模范单位创建活动。加强各类生态示范创建的动态管理，建立健全淘汰退出机制，确保真正起到示范作用。

（4）探索建立生态补偿机制。发挥市场在资源配置中的基础性作用，加强资源能源的市场化配置改革。按照"谁保护、谁受益"的原则，探索建立生态补偿机制，提高保护生态环境的积极性。积极争取自然保护区和重点生态功能区生态补偿，建立祁连山、黑河流域生态补偿试验区。完善森林生态效益补偿机制，扩大生态公益林补偿范围，逐步提高生态公益林补偿标准。争取开展草原、湿地、水土保持生态效益补偿试点工作，落实补助政策。探索建立矿产资源开发的生态补偿，逐步落实矿山环境治理和生态恢复责任。

（5）构建多元投资机制。加强各项相关规费的征收、管理和使用，调整公共财政支出结构，建立生态文明建设财政资金稳定增长机制。充分发挥市场机制作用，按照"政府引导、社会参与、市场运作"原则，积极引导企业等社会资金参与城镇和农村污水处理设施、污水配套管网、垃圾处理设施等生态环保基础设施建设和经营。探索发展碳汇林业，积极探索建立林业碳汇交易机制。抓好国家有关发展生态经济、改善生态环境、加强资源节约的各项税收优惠政策的落实，加大对发展循环经济、推进清洁生产、节能减排、节地节水项目的政策扶持。

（6）实施激励问责机制。完善生态文明建设目标责任制，科学制订考核评估指标体系，积极开展工作绩效考核，并将考核结果纳入市对县区"四位一体"考核体系。认真落实生态环境责任追究制度，加大对破坏生态环境行为的处罚力度，对行政不作为或作为不当的实行问责，对在生态文明建设中作出突出贡献的单位和个人给予表彰奖励。

（7）落实社会各方协同机制。充分发挥企业在推进生态文明建设中的重要作用，引导企业履行社会责任，自觉控制污染，推行清洁生产，采用先进技术和工艺，追求绿色效益。充分发挥新闻舆论的导向和监督作用，广播、电视、报刊、网络等主流新闻媒体，要广泛持久地开展多层次、多形式的生态文明建设宣传教育活动，加强对先进典型的总结和推广，形成推进生态文明建设的良好氛围。建立生态文明志愿者队伍，更好地发挥其在环保监督、环保宣传、环保专项行动等方面的作用。进一步提高广大干部群众投身生态文明建设的责任意识和参与意识，完善生态环境信息发布和重大项目公示、听证制度，构建多层次的公众参与平台，形成全社会关心、支持、参与和监督生态文明建设的强大合力。

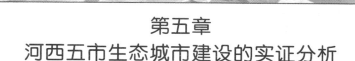

第五章
河西五市生态城市建设的实证分析

一、嘉峪关市生态城市建设现状的实证分析

以嘉峪关市 2005—2010 年 6 年的数据为样本，用 SPSS17.0 软件对数据做了标准化处理，并进行分析。

（一）嘉峪关市自然生态支持子系统

由累积贡献率归一化原理，选择前 3 个主成分因子进行研究。根据主成分的方差贡献信息，计算得出 3 个主因子的权重分别为 0.54，0.34，0.12。根据因子得分表及主因子权重计算出各年份因子综合分值，具体如表 5-1 和图 5-1 所示。

表 5-1　　　　　自然生态系统主因子得分及因子综合得分表

年　份	因子 1 得　分	因子 2 得　分	因子 3 得　分	因子综合得分	年　份	因子 1 得　分	因子 2 得　分	因子 3 得　分	因子综合得分
2005	-0.38	-1.97	-0.39	-0.92	2008	-0.37	0.31	0.94	0.02
2006	-0.37	0.73	-1.35	-0.11	2009	-0.25	0.19	1.38	0.09
2007	-0.66	0.67	-0.46	-0.18	2010	2.02	0.07	-0.12	1.10

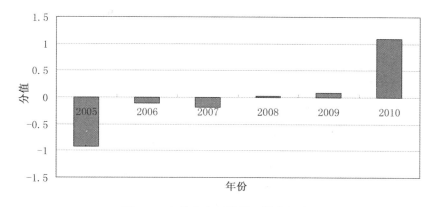

图 5-1　自然生态系统因子综合得分图

由表 5-1 和图 5-1 可以看出，嘉峪关市自然生态系统的因子综合得分，从 2005 年到 2010 年总体呈现增长态势，这说明嘉峪关市自然生态系统质量 2005—2010 年间有较大改善。从图 5-1 可以看出，2006 年和 2010 年发展较快，质量提高显著。从 2005—2010 年综合得分的最大差值 $R=2.02$ 可以得出结论，自然生态系统发展很快，在嘉峪关市生态城市建设中贡献率较大，是嘉峪关建设生态城市的关键。

表 5-2　　　　　　　　　　旋转后因子载荷表

变量指标	主 成 分		
	1	2	3
森林覆盖率	0.991	0.032	−0.061
城镇人均公共绿地面积	0.950	0.031	0.277
建成区绿化覆盖率	0.142	0.593	0.781
受保护区占国土面积比率	0.991	0.013	−0.061
城市空气质量	−0.749	−0.333	0.448
噪声达标区覆盖率	0.899	0.219	0.166
集中式饮用水源水质达标率	0.184	0.964	0.189
城镇生活污水处理率	0.473	0.337	0.801
固体废弃物无害化处理率	0.169	−0.951	0.155
工业废水排放达标率	−0.990	0.034	0.006
工业废气排放达标率	0.184	0.964	0.189
工业用水重复率	−0.081	−0.994	−0.064
环境投资占 GDP 比重	−0.503	0.271	−0.299

从旋转后的因子载荷表（表 5-2）分析，第一个主因子在森林覆盖率、城镇人均公共绿地面积、受保护地区占国土面积比率、城市空气质量、噪声达标区覆盖率、工业废水排放达标率 6 个变量上有较大载荷。这些是反映绿化水平、生活环境的变量，称之为环境质量因子。

第二个主因子在集中式饮用水源水质达标率、固体废弃物无害化处理率、工业废气排放达标率、工业用水重复率 4 个变量上有较大载荷，称之为污染治理因子。

第三个主因子在建成区绿化覆盖率、城镇生活污水处理率 2 个变量上有较大载荷，称之为城市治理因子。

从主成分的方差贡献信息看，3 个主因子的方差贡献率分别是 49.718%，31.394%，11.348%，其贡献能力逐渐减弱。因此可以认为，影响嘉峪关市自然生态系统质量的主要因素是环境质量因子、污染治理因子和城市治理因子，其中起决定性作用的是包括绿化水平、生活环境等内容的环境质量因子。

（二）嘉峪关市经济生态支持子系统

由累积贡献率归一化原理，选择前两个主成分因子进行研究。根据主成分的方差贡献信息，计算得出 2 个主因子的权重分别为 0.79 和 0.21。根据因子得分表及主因子权重计算出各年份因子综合分值，具体如表 5-3 和图 5-2 所示。

表 5-3　　　　　　　经济生态系统主因子得分及因子综合得分表

年　份	因子 1 得　分	因子 2 得　分	因子综合得分	年　份	因子 1 得　分	因子 2 得　分	因子综合得分
2005	− 1.22	− 1.12	− 1.20	2008	0.01	1.13	0.25
2006	− 0.80	− 0.01	− 0.64	2009	0.87	− 1.05	0.47
2007	− 0.28	1.16	0.02	2010	1.42	− 0.11	1.10

由表 5-3 和图 5-2 可以看出，因子综合得分在 2005—2010 年间呈稳定增长态势，最大差值达到 $R = 2.30$。由此可见，近几年嘉峪关经济生态子系统稳定发展和改善，且发展速度很快，对生态城市建设的促进作用很大。

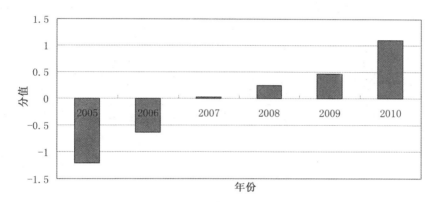

图 5-2　经济生态系统因子综合得分图

表 5-4　　　　　　　　　　　旋转后因子载荷表

变量指标	主 成 分		变量指标	主 成 分	
	1	2		1	2
人均 GDP	0.894	0.120	第三产业占 GDP 比重	− 0.063	− 0.971
年人均财政收入	0.443	0.826	旅游占 GDP 比重	0.758	0.210
农民年人均纯收入	0.991	0.094	科技进步贡献率	0.697	− 0.053
万元 GDP 能耗	− 0.994	− 0.080	高新技术产业比重	0.966	− 0.004
万元 GDP 水耗	− 0.978	0.115			

从旋转后的因子载荷表（表 5-4）分析，第一个主因子在人均 GDP、农民年人均纯收入、万元 GDP 能耗、万元 GDP 水耗、高新技术产业比重 5 个变量上有较大载荷。这些是反映收入水平、GDP 耗费的经济效益的变量，称之为经济水平 – 效益因子。

第二个主因子在年人均财政收入、第三产业占 GDP 比重 2 个变量上有较大载荷，称之为经济结构因子。

从主成分的方差贡献信息看，2 个主因子的方差贡献率为 66.934% 和 18.009%。因此可以认为，影响嘉峪关市经济生态系统发展的主要因素是收入水平、GDP 耗费等经济水平 – 效益因子和经济结构因子，其中起决定性作用的是包括收入水平、GDP 耗费等的经济水平 – 效益因子。

（三）嘉峪关市社会生态支持子系统

由累积贡献率归一化原理，选择前 3 个主成分因子进行研究。根据主成分的方差贡献信息，计算得出 3 个主因子的权重分别为 0.60，0.25，0.15。根据因子得分表及主因子权重计算出各年份因子综合分值，具体如表 5-5 和图 5-3 所示。

表 5-5　　　　　　　　　社会生态系统主因子得分及因子综合得分表

年　份	因子 1 得　分	因子 2 得　分	因子 3 得　分	因子综合得分	年　份	因子 1 得　分	因子 2 得　分	因子 3 得　分	因子综合得分
2005	– 1.52	0.23	0.13	– 0.83	2008	0.80	– 1.11	– 0.39	0.14
2006	– 0.97	– 0.13	0.07	– 0.60	2009	0.81	0.59	1.77	0.90
2007	0.26	– 1.07	– 0.33	– 0.16	2010	0.62	1.48	– 1.25	0.55

由上表 5-5 和图 5-3 可以看出，因子综合得分在 2005—2010 年总体呈增长态势。由此可以得出结论，近几年，嘉峪关市社会生态系统质量逐年改善和发展。另外，从因子综合得分最大差值 $R = 1.73$ 可以看出，社会生态系统发展速度较快，对生态城市建设起到了较大促进作用。

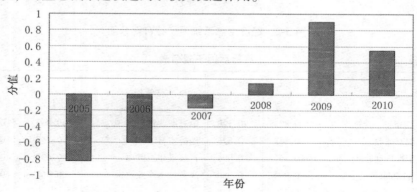

图 5-3　社会生态系统因子综合得分图

表5-6　　　　　　　　　　旋转后因子载荷表

变量指标	主　成　分		
	1	2	3
人口自然增长率	-0.932	0.069	0.311
人口密度	-0.263	0.035	0.959
城市化水平	0.329	-0.374	0.866
城市居民人均住房面积	0.045	0.412	-0.563
万人病床数	0.760	0.232	-0.190
城市集中供热率	0.833	0.468	-0.075
城市气化率	0.476	0.062	-0.034
人均生活用水	-0.883	-0.029	0.057
人均生活用电	0.512	0.797	0.307
恩格尔系数	0.312	0.143	0.011
基尼系数	-0.152	-0.892	0.377
社会保险覆盖率	0.745	-0.114	-0.064
人均保险费	0.889	0.270	0.055
失业率	-0.987	-0.097	0.107
高等教育入学率	0.278	0.823	-0.230
刑事案件发生率	-0.891	-0.319	-0.049
城乡居民收入比	-0.283	-0.911	-0.001
科技支出占GDP比重	0.950	-0.096	-0.093

从旋转后的因子载荷表（见表5-6）分析，第一个主因子在人口自然增长率、万人病床数、城市集中供热率、人均生活用水、社会保险覆盖率、人均保险费、失业率、刑事案件发生率、科技支出占GDP比重9个因素上有较大载荷。这些是反映生活质量、资源条件、科技支持的因素，称之为社会生活水平因子。

第二个主因子在人均生活用电、基尼系数、高等教育入学率、城乡居民收入比4个变量上有较大载荷。这些是关于社会公平、教育的变量，称之为社会公平因子。

第三个主因子在人口密度、城市化水平2个变量上有较大载荷，称之为社会人口因子。

从主成分的方差贡献信息看，3个主因子的方差贡献率分别为49.326%，20.334%，13.066%，其贡献能力逐渐减弱。因此可以认为，影响嘉峪关市社会生态系统发展的主要因素是包括生活质量、资源条件、科技支持的社会生活水平因子，社会公平因子和人口因子，其中起决定性作用的是社会生活水平因子。

（四）结 论

综合以上对嘉峪关市生态城市建设的自然、经济、社会子系统的分析结果，可以得到如下结论：

（1）在嘉峪关市生态城市建设的 3 个系统中，近几年经济生态子系统发展和改善速度最快，对生态城市的建设发挥着至关重要的作用；社会生态系统发展最慢，对生态城市建设所发挥的积极作用最小。

（2）影响嘉峪关市生态城市建设的主要因子是包括绿化水平、生活环境的环境质量因子，包括收入水平、GDP 耗费等的经济水平 - 效益因子，包括生活质量、资源条件、科技支持在内的社会生活水平因子。

二、酒泉市生态城市建设现状的实证分析

以酒泉市 2005—2010 年 6 年的数据为样本，用 SPSS17.0 软件对数据做了标准化处理，并进行分析。

（一）酒泉市自然生态支持子系统

由累积贡献率归一化原理，选择前 3 个主成分因子进行分析。根据主成分的方差贡献信息，计算得出 3 个主因子的权重分别为 0.61，0.25，0.14。根据因子得分表及主因子权重计算出各年份因子综合分值，具体如表 5-7 和图 5-4 所示。

表 5-7　　　　　　　自然生态系统主因子得分及因子综合得分表

年　份	因子 1 得　分	因子 2 得　分	因子 3 得　分	因子综合得分	年　份	因子 1 得　分	因子 2 得　分	因子 3 得　分	因子综合得分
2005	-1.99	0.08	0.01	-1.00	2008	0.54	0.52	-0.99	0.32
2006	-0.01	-0.77	-0.28	-0.24	2009	0.44	1.35	-0.46	0.54
2007	0.57	-1.49	-0.21	-0.05	2010	0.46	0.31	1.92	0.62

从表 5-7 和图 5-4 可以看出，因子综合得分在 2005—2010 年是逐年增长的。由此可以得出结论，近几年，酒泉市自然生态系统质量逐年改善和发展。从因子综合得分最大差值 $R = 1.62$ 可以看出，酒泉市自然生态系统发展和质量改善速度较快。

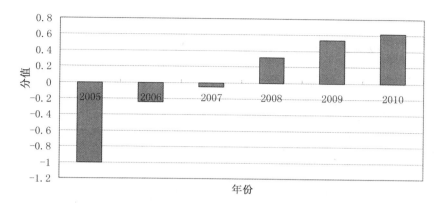

图 5-4　自然生态系统因子综合得分图

表 5-8　　　　　　　　　　　旋转后因子载荷表

变量指标	主 成 分		
	1	2	3
森林覆盖率	0.223	0.152	0.941
城镇人均公共绿地面积	0.244	0.905	0.341
建成区绿化覆盖率	0.917	0.287	0.252
受保护区占国土面积比率	0.978	0.041	−0.007
城市空气质量	−0.347	−0.768	0.473
噪声达标区覆盖率	0.978	−0.041	−0.007
集中式饮用水源水质达标率	0.978	−0.041	−0.007
城镇生活污水处理率	0.894	−0.321	−0.195
固体废弃物无害化处理率	0.558	−0.767	−0.135
工业废水排放达标率	0.508	−0.046	−0.747
工业废气排放达标率	0.567	0.600	0.549
工业用水重复率	0.913	0.175	0.046
环境投资占 GDP 比重	0.970	0.183	0.038

从旋转后因子载荷表（见表 5-8）分析，第一个主因子在建成区绿化覆盖率、受保护区占国土面积比率、噪声达标区覆盖率、集中式饮用水源水质达标率、城镇生活污水处理率、工业用水重复率、环境投资占 GDP 比重 7 个变量上有较大载荷。这些是关于绿化水平和环境质量的因素，称之为环境质量因子。

第二个主因子在城镇人均公共绿地面积、城市空气质量、固体废弃物无害化处理率 3 个变量上有较大载荷，称之为城市环境治理因子。

第三个主因子在森林覆盖率、工业废水排放达标率两个变量上有较大载荷，称之为污染治理因子。

从主成分的方差贡献信息看，3 个主因子的方差贡献率分别为 57.555%，

23.778%，12.897%，其贡献能力逐渐减弱。因此可以认为，影响酒泉市自然生态系统发展的主要因素是包括绿化水平、环境质量的环境质量因子，城市环境治理因子，污染治理等，其中起决定性作用的是环境质量因子。

（二）酒泉市经济生态支持子系统

由累积贡献率归一化原理，选择前两个主成分因子进行研究。根据主成分的方差贡献信息，计算得出两个主因子的权重分别为 0.84 和 0.16。根据因子得分表及主因子权重计算出各年份因子综合分值，具体如表5-9所示。

表5-9　　　　　　经济生态系统主因子得分及因子综合得分表

年　份	因子1得　分	因子2得　分	因子综合得分	年　份	因子1得　分	因子2得　分	因子综合得分
2005	− 1.16	0.58	− 0.89	2008	0.15	0.43	0.19
2006	− 0.89	− 0.27	− 0.79	2009	0.98	1.43	1.05
2007	− 0.39	− 1.07	− 0.50	2010	1.32	− 1.10	0.93

由表5-9和图5-5可以看出，因子综合得分在2005—2010年总体是增长态势，最大差值达到 $R = 1.93$，由此可以得出结论，近几年，酒泉市经济生态系统逐年发展，质量逐年改善，而且发展和改善速度较快。

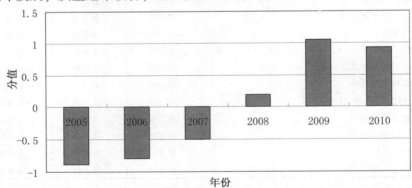

图5-5　经济生态系统因子综合得分图

表5-10　　　　　　　　　　旋转后因子载荷表

变量指标	主成分		变量指标	主成分	
	1	2		1	2
人均GDP	0.988	− 0.096	第三产业占GDP比重	− 0.245	0.956
年人均财政收入	0.958	0.043	旅游收入占GDP比重	0.614	− 0.754
农民年人均纯收入	0.989	− 0.086	科技进步贡献率	0.990	− 0.094
万元GDP能耗	− 0.993	0.007	高新技术产业比重	0.972	0.007
万元GDP水耗	− 0.924	0.079			

从旋转后因子载荷表（表 5-10）分析，第一主因子在人均 GDP、年人均财政收入、农民年人均纯收入、万元 GDP 能耗、万元 GDP 水耗、科技进步贡献率、高新技术产业比重 7 个变量上有较大载荷。这些是反映收入水平和经济效益的变量，称之为经济水平—效益因子。

第二个主因子在第三产业占 GDP 比重、旅游收入占 GDP 比重上有较大载荷，称之为经济结构因子。

从主成分的方差贡献信息看，两个主因子的方差贡献率分别为 80.513% 和 14.897%，其贡献能力逐渐减弱。因此可以认为，影响酒泉市经济生态系统发展的主要因素有包括收入水平、经济效益和科技投入在内的经济水平 – 效益因子和经济结构因子，其中起决定性作用的是经济水平 – 效益因子。

（三）酒泉市社会生态支持子系统

由累积贡献率归一化原理，选择前三个主成分因子进行研究。根据主成分的方差贡献信息，计算得出 3 个主因子的权重分别为 0.54，0.34，0.12。根据因子得分表及主因子权重计算出各年份因子综合分值，具体如表 5-11 和图 5-6 所示。

表 5-11　　　　　社会生态系统主因子得分及因子综合得分

年　份	因子 1 得　分	因子 2 得　分	因子 3 得　分	因子综合得分	年　份	因子 1 得　分	因子 2 得　分	因子 3 得　分	因子综合得分
2005	− 0.13	− 1.93	0.50	− 0.67	2008	− 0.55	0.67	1.39	0.10
2006	− 0.72	− 0.17	− 1.38	− 0.61	2009	0.42	0.55	0.56	0.48
2007	− 0.84	0.70	− 0.59	− 0.29	2010	1.82	0.19	− 0.49	0.99

由表 5-11 和图 5-6 可以看出，因子综合得分在 2005—2010 年逐年增加，从 2008 年开始增速明显加快。由此可以得出结论，近几年，酒泉市社会生态系统逐年发展，质量逐年提高。从因子综合得分最大差值 $R = 1.66$ 可知，酒泉市社会生态系统近年发展较快。

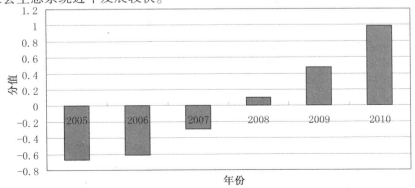

图 5-6　社会生态系统因子综合得分图

表 5-12 　　　　　　　　　　　旋转后因子载荷表

变量指标	主 成 分		
	1	2	3
人口自然增长率	0.262	0.964	0.050
人口密度	0.890	0.092	-0.239
城市化水平	-0.173	-0.961	0.171
城市居民人均住房面积	0.440	0.001	0.681
万人病床数	0.962	0.007	0.212
城市集中供热率	0.608	0.791	0.030
城市气化率	0.465	0.685	-0.450
人均生活用水	-0.900	-0.189	0.177
人均生活用电	-0.094	-0.922	-0.130
恩格尔系数	0.286	-0.246	0.886
基尼系数	-0.591	0.590	-0.495
社会保险覆盖率	0.066	0.943	-0.246
人均保险费	0.886	0.462	0.084
失业率	-0.323	-0.115	0.777
高等教育入学率	0.926	-0.111	0.295
刑事案件发生率	0.963	0.240	-0.052
城乡居民收入比	-0.574	0.756	-0.043
科技支出占 GDP 比重	0.712	0.685	0.127

从旋转后的因子载荷表（见表 5-12）分析，第一个主因子在人口密度、万人病床数、人均生活用水、人均保险费、高等教育入学率、刑事案件发生率、科技支出占 GDP 比重 7 个变量载荷较大。这些变量是反映社会公平、科技教育的社会公平因子。

第二个主因子在人口自然增长率、城市化水平、城市集中供热率、人均生活用电、社会保险覆盖率、城乡居民收入比 6 个因素载荷较大。这些变量是反映人口、生活质量、资源条件的社会生活水平因子。

第三个主因子在恩格尔系数、失业率上载荷较大。这些是反映生活水平、就业的社会就业因子。

从主成分的方差贡献信息看，3 个主因子的方差贡献率分别是 48.726%，30.990%，11.687%，其贡献能力逐渐减弱。因此，可以认为，影响酒泉市社会生态系统发展的主要因素是包括社会公平、科技教育的社会公平因子，包括人口、生活质量、资源条件的社会生活水平因子、社会就业因子，其中起决定作用的是社会公平因子。

（四）结　论

综合以上对酒泉市生态城市建设的自然、经济、社会子系统的分析结果，可以得到如下结论。

（1）在酒泉市生态城市建设的 3 个系统中，近几年，经济生态子系统发展和改善速度最快，对生态城市的建设发挥着至关重要的作用；自然和社会子系统发展和改善程度相差无几。

（2）影响酒泉市生态城市建设的主要因子是包括绿化水平和生活环境质量的环境质量因子，包括收入水平、经济效益、科技投入在内的经济水平－效益因子，包括社会公平、科技教育的社会公平因子。

三、张掖市生态城市建设现状的实证分析

以张掖市 2005—2010 年 6 年的数据为样本，用 SPSS17.0 软件对数据做了标准化处理，并进行分析。

（一）张掖市自然生态支持子系统

由累积贡献率归一化原理，选择前 3 个主成分因子进行研究。根据主成分的方差贡献信息，计算出 3 个主因子的权重分别为 0.61，0.25，0.14。根据因子得分表及主因子权重计算出各年份因子综合分值，具体如表 5-13 和图 5-7 所示。

表 5-13　　　　　自然生态系统主因子得分及因子综合得分表

年　份	因子 1 得　分	因子 2 得　分	因子 3 得　分	因子综合得分	年　份	因子 1 得　分	因子 2 得　分	因子 3 得　分	因子综合得分
2005	-1.89	0.07	0.05	-1.08	2008	0.69	-0.12	0.42	0.45
2006	-0.36	-0.47	-0.93	-0.47	2009	0.50	0.70	1.51	0.69
2007	0.61	-1.55	-0.14	0.06	2010	0.46	1.37	-1.23	0.45

由图 5-7 和表 5-13 可以看出，因子综合得分在 2005—2010 年间总体呈增长态势。由此可以得出结论，近几年，张掖市自然生态系统逐年发展，质量逐年改善，对城市建设发挥着积极的作用。从 2005—2010 年因子综合得分最大差值 $R = 1.77$ 看，自然生态系统近几年发展和改善速度较快。

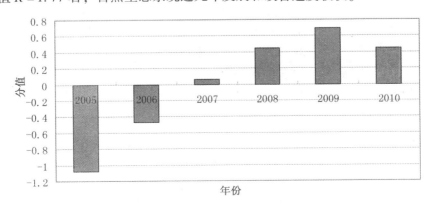

图 5-7　自然生态系统因子综合得分图

表 5-14	旋转后因子载荷表		
	主成分		
	1	2	3
森林覆盖率	0.950	−0.194	0.193
城镇人均公共绿地面积	0.426	0.022	0.882
建成区绿化覆盖率	0.435	0.820	−0.058
受保护区占国土面积比率	0.926	−0.022	−0.195
城市空气质量	0.826	−0.091	−0.176
噪声达标区覆盖率	−0.276	0.796	0.011
集中式饮用水源水质达标率	0.925	−0.032	−0.188
城镇生活污水处理率	0.860	0.242	0.186
固体废弃物无害化处理率	0.840	0.524	0.109
工业废水排放达标率	−0.359	−0.884	−0.290
工业废气排放达标率	0.754	0.200	0.540
工业用水重复率	−0.038	−0.780	0.616
环境投资占 GDP 比重	−0.887	−0.042	−0.362

从旋转后的因子载荷表（见表 5-14）分析，第一个主因子在森林覆盖率、受保护区占国土面积比率、集中式饮用水源水质达标率、环境投资占 GDP 比重、城镇生活污水处理率 6 个变量上有较大载荷。这些是反映绿化水平、生活用水、环境投资的变量，称之为环境质量因子。

第二个主因子在建成区绿化覆盖率、噪声达标区覆盖率、工业废水排放达标率、工业用水重复率 4 个变量上有较大载荷。这些是反映工业用水治理状况的变量，称之为污染治理因子。

第三个主因子在城镇人均公共绿地面积、工业用水重复率 2 个因素上有较大载荷，称之为环境治理因子。

从主成分的方差贡献信息看，3 个主因子的方差贡献率分别是 55.036%，22.461%，12.111%，其贡献能力逐渐减弱。因此可以认为，影响张掖市自然生态系统质量的主要因素是包括绿化水平、生活用水、环境投资的环境质量因子，污染治理因子，环境治理因子，其中起决定性作用的是环境质量因子。

（二）张掖市经济生态支持子系统

由累积贡献率归一化原理，选择前两个主成分因子进行研究。根据主成分的方差贡献信息，计算得出两个主因子的权重分别为 0.67 和 0.33。根据因子得分表及主因子权重计算出各年份因子综合分值，具体如表 5-15 和图 5-8 所示。

表5-15　　　　　　　经济生态系统主因子得分及因子综合得分表

年份	因子1得分	因子2得分	因子综合得分	年份	因子1得分	因子2得分	因子综合得分
2005	-0.96	-1.64	-1.19	2008	-0.15	0.79	0.16
2006	-0.56	-0.05	-0.39	2009	0.47	0.40	0.44
2007	-0.58	1.08	-0.03	2010	1.79	-0.59	1.00

由表5-15和图5-8可以看出，因子综合得分在2005—2010年间总体呈增长态势。由此可以得出结论，近几年，张掖市经济生态系统状况逐年改善和发展。另外，2005—2010年因子综合得分最大差值为 $R=2.19$，这说明经济生态系统近几年发展速度很快，对城市建设发挥着积极的促进作用。

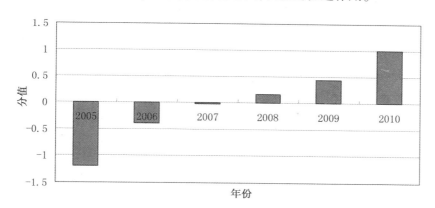

图5-8　经济生态系统因子综合得分图

表5-16　　　　　　　　　　旋转后因子载荷表

变量指标	主成分		变量指标	主成分	
	1	2		1	2
人均GDP	0.936	0.293	三产占GDP比重	0.683	-0.457
年人均财政收入	0.966	0.198	旅游收入占GDP比重	0.759	-0.476
农民年人均纯收入	0.978	0.128	科技进步贡献率	0.578	0.780
万元GDP能耗	0.074	0.906	高新技术产业比重	-0.150	-0.859
万元GDP水耗	-0.849	-0.501			

从旋转后的因子载荷（见表5-16）分析，第一个主因子在人均GDP、年人均财政收入、农民年人均纯收入、万元GDP水耗、旅游收入占GDP比重5个变量上有较大载荷，称之为经济水平因子。

第二个主因子在万元GDP能耗、高新技术产业比重、科技进步贡献率3个变量上有较大载荷，称之为经济结构因子。

从主成分的方差贡献信息看，两个主因子的方差贡献率分别是 50.03%，28.59%，其贡献能力逐渐减弱。因此可以认为，影响张掖市经济生态系统发展的主要因素是经济发展水平和经济结构因子，其中起决定性作用的是经济发展水平因子。

（三）张掖市社会生态支持子系统

由累积贡献率归一化原理，选择前两个主成分因子进行研究。根据主成分的方差贡献信息，计算得出两个主因子的权重分别为 0.66 和 0.34。根据因子得分表及主因子权重计算出各年份因子综合分值，具体如表 5-17 和图 5-9 所示。

表 5-17　　　　　　　社会生态系统主因子得分及因子综合得分

年　份	因子1得　分	因子2得　分	因子综合得分	年　份	因子1得　分	因子2得　分	因子综合得分
2005	-1.70	0.57	-0.93	2008	0.64	-0.61	0.21
2006	-0.52	-0.56	-0.54	2009	0.94	0.31	0.72
2007	-0.07	-0.87	-0.35	2010	0.73	1.77	1.08

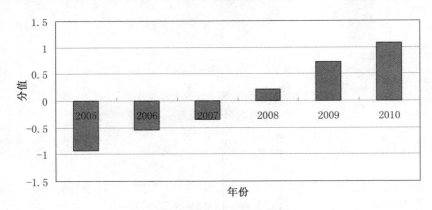

图 5-9　社会生态系统因子综合得分图

由表 5-17 和图 5-9 可以看出，因子综合得分在 2005—2010 年间呈稳定增长态势，由此可以得出结论，近几年，张掖市社会生态系统状况逐年改善，质量持续改善。从 2005—2010 年因子综合得分最大差值 $R = 2.01$ 看，社会生态系统近几年发展速度比较快，对城市生态建设发挥着积极的促进作用。

表 5-18　　　　　　　　　　　　旋转后因子载荷表

变量指标	主成分		变量指标	主成分	
	1	2		1	2
人口自然增长率	0.800	−0.546	恩格尔系数	−0.987	−0.139
人口密度	−0.272	−0.847	基尼系数	0.625	−0.711
城市化水平	0.888	−0.020	社会保险覆盖率	0.865	0.482
城市居民人均住房面积	−0.068	−0.958	人均保险费	−0.936	0.321
万人病床数	0.866	0.471	失业率	−0.991	0.038
城市集中供热率	0.974	0.068	高等教育入学率	0.167	0.849
城市气化率	0.902	0.428	刑事案件发生率	0.600	0.795
人均生活用水	−0.426	0.387	城乡居民收入比	−0.082	−0.950
人均生活用电	0.842	0.517	科技支出占 GDP 比重	0.953	0.052

从旋转后的因子载荷表（见表 5-18）分析，第一个主因子在人口自然增长率、城市化水平、万人病床数、城市集中供热率、城市气化率、人均生活用电、恩格尔系数、社会保险覆盖率、人均保险费、失业率、科技支出占 GDP比重 11 个变量上有较大载荷，称之为社会生活水平因子。

第二个主因子在人口密度、城市居民人均住房面积、基尼系数、高等教育入学率、刑事案件发生率、城乡居民收入比 6 个变量上有较大载荷，称之为社会公平因子。

从主成分的方差贡献信息看，两个主因子的方差贡献率分别是 59.16% 和30.09%，其贡献能力逐渐减弱。因此可以认为，影响张掖市社会生态系统发展的主要因素是包括人口因素、生活质量、资源环境的社会生活水平因子和社会公平因子，其中起决定性作用的是社会生活水平因子。

（四）结　论

综合以上对张掖市生态城市建设的自然、经济、社会子系统的分析结果，可以得到如下结论。

（1）在张掖市生态城市建设的 3 个系统中，近几年，经济生态子系统发展和改善速度最快，对生态城市的建设发挥着至关重要的作用；自然和社会子系统发展和改善速度较快。

（2）影响张掖市生态城市建设的主要因子是包括城市绿化水平、生活用水处理、环境投资等的环境质量因子，经济发展水平因子，以及包括人口因素、生活质量、资源环境等的社会生活水平因子。

四、金昌市生态城市建设现状的实证分析

以金昌市 2005—2010 年 6 年的数据为样本，用 SPSS17.0 软件对数据做了标准化处理，并进行分析。

（一）金昌市自然生态支持子系统

由累积贡献率归一化原理，选择前 3 个主成分因子进行分析。根据主成分的方差贡献信息，计算得出 3 个主因子的权重分别为 0.56，0.30，0.14。根据因子得分表及主因子权重计算出各年份因子综合分值，具体如表 5-19 和图 5-10 所示。

表 5-19　　　　　　　自然生态系统主因子得分及因子综合得分表

年　份	因子1得　分	因子2得　分	因子3得　分	因子综合得分	年　份	因子1得　分	因子2得　分	因子3得　分	因子综合得分
2005	− 1.31	− 0.33	− 1.43	− 1.03	2008	0.66	− 0.45	0.67	0.33
2006	− 1.01	0.10	1.10	− 0.38	2009	1.21	− 0.96	− 0.73	0.29
2007	− 0.13	− 0.28	0.78	− 0.44	2010	0.57	1.92	− 0.40	0.84

从表 5-19 和图 5-10 可以看出，因子综合得分在 2005—2010 年间总体呈上升态势，期间有小幅波动。由此可以得出结论，近几年，金昌市自然生态系统总体质量改善，但是有些年份有所下降。另外，从因子综合得分最大差值 $R = 1.87$ 可以看出，自然生态系统近几年发展和改善的速度较快。

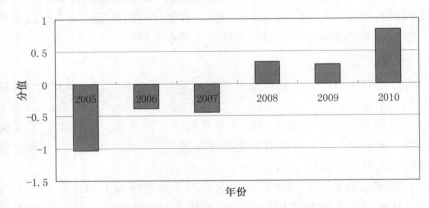

图 5-10　自然生态系统因子综合得分图

表 5-20   旋转后因子载荷表

变量指法	主 成 分		
	1	2	3
森林覆盖率	0.281	0.939	−0.195
城镇人均公共绿地面积	0.886	0.159	0.177
建成区绿化覆盖率	0.920	0.118	0.017
受保护区占国土面积比率	0.281	0.939	−0.195
城市空气质量	0.985	0.080	0.015
噪声达标区覆盖率	0.519	0.803	0.193
集中式饮用水源水质达标率	0.644	0.161	0.700
城镇生活污水处理率	0.785	0.502	−0.029
固体废弃物无害化处理率	−0.036	0.803	0.489
工业废水排放达标率	0.125	−0.175	0.956
工业废气排放达标率	0.903	0.421	−0.024
工业用水重复率	−0.131	0.757	−0.152
环境投资占 GDP 比重	−0.334	−0.006	−0.113

从旋转后因子载荷表（见表 5-20）分析，第一个主因子在城镇人均公共绿地面积、建成区绿化覆盖率、城市空气质量、城镇生活污水处理率、工业废气排放达标率 5 个变量上有较大载荷。这些是反映绿化水平、环境质量情况的变量，称之为城市环境质量因子。

第二个主因子在森林覆盖率、受保护区占国土面积比率、固体废弃物无害化处理率、工业用水重复率 4 个变量上载荷较大，称之为污染治理因子。

第三个主因子在集中式饮用水源水质达标率、工业废水排放达标率两个变量上有较大载荷，称之为用水质量因子。

从主成分的方差贡献信息看，3 个主因子的方差贡献率分别为 49.37%，26.749%，12.263%，其贡献能力逐渐减弱。因此可以认为，影响金昌市自然生态系统发展的主要因素有包括绿化水平、环境质量的城市环境质量因子，污染治理因子，用水质量因子，其中起决定性作用的是城市环境质量因子。

（二）金昌市经济生态支持子系统

由累积贡献率归一化原理，选择前 2 个主成分因子进行研究。根据主成分的方差贡献信息，计算得出 2 个主因子的权重分别为 0.79 和 0.21。根据因子得分表及主因子权重计算各年份因子综合分值，具体如表 5-21 所示。

表 5-21 经济生态系统主因子得分及因子综合得分表

年 份	因子 1 得 分	因子 2 得 分	因子综合得分	年 份	因子 1 得 分	因子 2 得 分	因子综合得分
2005	-1.39	1.10	-0.86	2008	0.17	-0.57	0.01
2006	-0.87	-0.23	-0.74	2009	0.94	0.71	0.89
2007	-0.04	-1.60	-0.36	2010	1.18	0.59	1.06

从表 5-21 和图 5-11 可以看出，因子综合得分在 2005—2010 年总体呈增长态势，从 2008 年开始增速加快。由此可以得出结论，近几年，金昌市经济生态系统逐年发展和改善，而且自 2008 年以来发展速度加快。另外，从因子综合得分最大差值 $R = 1.92$ 可以看出，金昌市经济生态系统近几年发展速度较快，对金昌市生态城市建设的贡献较大。

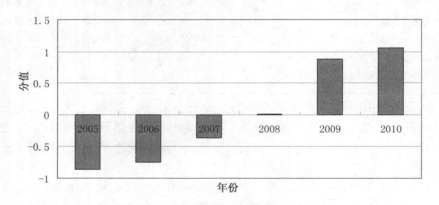

图 5-11 经济生态系统因子综合得分图

表 5-22 旋转后因子载荷表

变量指标	主成分 1	主成分 2	变量指标	主成分 1	主成分 2
人均 GDP	0.851	-0.514	第三产业占 GDP 比重	-0.164	0.970
年人均财政收入	0.962	-0.234	旅游收入占 GDP 比重	0.757	0.520
农民年人均纯收入	0.980	0.118	科技进步贡献率	0.998	0.068
万元 GDP 能耗	-0.987	0.107	高新技术产业比重	0.980	0.095
万元 GDP 水耗	-0.756	0.635			

从旋转因子载荷表（见表 5-22）分析，第一个主因子在人均 GDP、年人均财政收入、农民年人均纯收入、万元 GDP 能耗、万元 GDP 水耗、旅游收入占 GDP 比重、科技进步贡献率、高新技术产业比重 8 个因素上有较大载荷。这是反映经济发展水平、经济效益的变量，称之为经济水平 – 效益因子。

第二个主因子在三产占 GDP 的比重这个变量上有较大载荷，称之为经济结构因子。

从主成分的方差贡献信息看，2 个主因子的方差贡献率分别为 75.628% 和 20.676%，其贡献能力逐渐减弱。因此可以认为，影响金昌市经济生态系统发展的主要因素是包括经济发展水平 – 经济效益的经济水平 – 效益因子和经济结构因子，其中起决定性作用的是经济水平 – 效益因子。

（三）金昌市社会生态支持子系统

由累积贡献率归一化原理，选择前 3 个主成分因子进行研究。根据主成分的方差贡献信息，计算得出 3 个主因子的权重分别为 0.61，0.22，0.17。根据因子得分表及各主因子权重计算出各年份的因子综合得分，具体如表 5-23 和图 5-12 所示。

表 5-23　　　　　社会生态系统主因子得分及因子综合得分表

年　份	因子 1 得　分	因子 2 得　分	因子 3 得　分	因子综合得分	年　份	因子 1 得　分	因子 2 得　分	因子 3 得　分	因子综合得分
2005	-1.45	0.35	1.21	-0.60	2008	0.76	-1.11	0.47	0.30
2006	-1.00	0.04	-1.18	-0.80	2009	0.56	-0.56	0.71	0.34
2007	0.13	-0.48	-1..19	-0.23	2010	1.00	1.76	-0.02	0.61

从表 5-23 和图 5-12 可以看出，因子综合得分在 2005—2010 年总体呈上升趋势，只有在 2006 年有所下降。因此可以得出结论，近几年，金昌市社会生态系统质量总体有所发展和改善，但是 2006 年有所恶化。另外，因子综合得分最大差值 $R = 1.41$，是自然、经济、社会 3 个系统中最低的。由此可以认为，金昌市社会生态系统的发展较自然生态系统和经济系统发展相对缓慢。

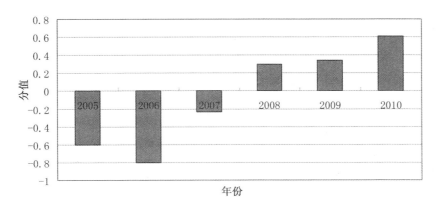

图 5-12　社会生态系统因子综合得分图

表 5-24   旋转后因子载荷表

变量指标	主 成 分		
	1	2	3
人口自然增长率	-0.431	-0.623	0.619
人口密度	0.038	0.888	0.205
城市化水平	0.804	0.378	-0.451
城市居民人均住房面积	0.666	0.420	0.571
万人病床数	0.501	0.650	-0.148
城市集中供热率	0.976	-0.134	-0.021
城市气化率	-0.820	0.184	-0.030
人均生活用水	-0.659	0.458	0.543
人均生活用电	0.962	-0.186	-0.182
恩格尔系数	0.615	0.257	0.742
基尼系数	-0.592	-0.655	0.432
社会保险覆盖率	0.571	-0.690	-0.195
人均保险费	0.909	0.101	-0.118
失业率	-0.920	0.378	0.069
高等教育入学率	0.143	0.102	0.189
刑事案件发生率	0.723	-0.021	0.630
城乡居民收入比	0.874	-0.371	0.292
科技支出占 GDP 比重	0.975	-0.021	0.194

从旋转后的因子载荷表（见表 5-24）分析，第一个主因子在城市化水平、城市集中供热率、城市气化率、人均生活用电、人均保险费、失业率、城乡居民收入比、科技支出占 GDP 比重 8 个变量上有较大载荷。这些是反映城市资源条件、社会平等的变量，称之为社会公平因子。

第二个主因子在人口密度、万人病床数、社会保险覆盖率 3 个变量上有较大载荷。这些是反映人口状况的变量，称之为城市人口因子。

第三个主因子在人口自然增长率、恩格尔系数上有较大载荷，我们称之为社会发展水平因子。

从主成分的方差贡献信息看，3 个主因子的方差贡献率分别为 52.779%，19.377，14.746%，其贡献能力逐渐减弱。因此可以认为，影响金昌市社会生态系统发展的主要因素有包括城市资源条件、社会平等的社会公平因子，城市人口因子，社会发展水平因子，其中起决定作用的是社会公平因子。

（四）结 论

综合以上对金昌市生态城市建设的自然、经济、社会子系统的分析结果，可以得到如下结论。

（1）在金昌市生态城市建设的 3 个系统中，近几年，经济生态子系统发展和改善速度最快，对生态城市的建设发挥着至关重要的作用；社会子系统发展和改善速度较慢，对生态城市建设所发挥的积极作用最小。

（2）影响金昌生态城市建设的主要因子是包括绿化水平、环境质量的城市环境质量因子，包括经济发展水平、经济效益的经济水平 – 效益因子，以及包括城市资源条件、社会平等的社会公平因子。

五、武威市生态城市建设现状的实证分析

以武威市 2005—2010 年 6 年的数据为样本，用 SPSS17.0 软件对数据做了标准化处理，并进行分析。

（一）武威市自然生态支持子系统

由累积贡献率归一化原理，选择前 3 个主成分因子进行分析。根据主成分的方差贡献信息，计算得出 3 个主因子的权重分别为 0.58，0.25，0.17。根据因子得分表及主因子权重计算出各年份因子综合分值，具体如表 5-25 和图 5-13 所示。

表 5-25　　　　　自然生态系统主因子得分及因子综合得分表

年 份	因子 1 得 分	因子 2 得 分	因子 3 得 分	因子综合得分	年 份	因子 1 得 分	因子 2 得 分	因子 3 得 分	因子综合得分
2005	– 0.23	– 1.61	– 0.69	– 0.65	2008	0.72	0.92	1.08	– 0.04
2006	– 0.31	– 0.19	– 0.11	– 0.25	2009	– 0.32	1.13	– 1.52	– 0.12
2007	– 0.43	– 0.46	0.98	– 0.16	2010	2.01	0.20	0.26	1.24

从表 5-25 和图 5-13 可以看出，因子综合得分在 2005—2010 年总体呈增长态势，其中，在 2005—2009 年增长都较慢，2010 年有快速的增长。由此可以得出结论，近几年，武威市自然生态系统在不断发展和改善，尤其是 2010 年有很大的突破。另外，从因子综合得分最大差值 $R = 1.89$ 可以看出，武威市自然生态系统发展较快。

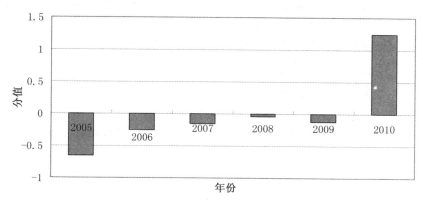

图 5-13　自然生态系统因子综合得分图

表 5-26   旋转后因子载荷表

变量指标	主成分		
	1	2	3
森林覆盖率	0.985	0.099	0.128
城镇人居公共绿地面积	-0.195	-0.231	-0.089
建成区绿化覆盖率	-0.801	-0.181	0.555
受保护区占国土面积比率	0.985	0.099	0.128
城市空气质量	0.304	0.855	-0.122
噪声达标区覆盖率	-0.144	-0.580	-0.720
集中式饮用水源水质达标率	0.112	0.787	0.338
城镇生活污水处理率	0.582	0.083	0.585
固体废弃物无害化处理率	0.093	0.920	0.310
工业废水排放达标率	0.066	0.163	0.971
工业废气排放达标率	0.491	0.842	-0.141
工业用水重复率	-0.948	-0.072	0.067
环境投资占 GDP 比重	0.827	0.447	0.231

从旋转后的因子载荷表（见表 5-26）分析，第一个主因子在森林覆盖率、建成区绿化覆盖率、受保护区占国土面积比率、工业用水重复率、环境投资占 GDP 比重这 5 个变量上有较大载荷。这些是反映绿化水平、环境治理的变量，称之为环境建设因子。

第二个主因子在城市空气质量、集中式饮用水源水质达标率、固体废弃物无害化处理率、工业废气排放达标率 4 个变量上有较大载荷。这些是反映三废治理水平的变量，称之为污染治理因子。

第三个主因子在噪声达标区覆盖率、工业废水排放达标率 2 个变量上有较大载荷。这些是反映城市环境的变量，称之为环境质量因子。

从主成分的方差贡献信息看，3 个主因子的方差贡献率分别为 49.718%，21.888%，14.354，其贡献能力逐渐减弱。因此可以认为，影响武威市自然生态系统发展的主要因素有包括绿化水平、环境治理的环境建设因子，污染治理因子，环境质量因子，其中起决定性作用的是环境建设因子。

（二）武威市经济生态支持子系统

由累积贡献率归一化原理，选择前两个主成分进行分析。根据主成分的方差贡献信息计算得出两个主因子的权重分别为 0.72 和 0.28。根据因子得分表及主因子权重计算出因子得分和综合分值，具体如表 5-27 和图 5-14 所示。

表 5-27　　　　　　　　经济生态系统主因子得分及因子综合得分表

年　份	因子 1 得　分	因子 2 得　分	因子综 合得分	年　份	因子 1 得　分	因子 2 得　分	因子综 合得分
2005	−1.29	0.56	−0.77	2008	0.23	−1.39	−0.22
2006	−0.64	0.13	−0.43	2009	0.58	−0.99	0.14
2007	−0.42	0.46	−0.17	2010	1.53	1.24	1.45

从表 5-27 和图 5-14 可以看出，因子综合得分在 2005—2010 年呈逐年增长态势，尤其在 2010 年增速飞快。由此可以得出结论，近几年，武威市经济生态系统逐年发展和改善，在 2010 年有了突飞猛进的发展。另外，因子综合得分的最大差值 $R = 2.22$，可认为经济生态系统近几年发展速度非常快，在武威市生态城市建设中发挥着重要作用。

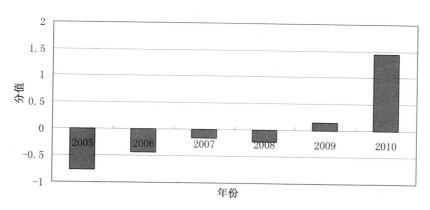

图 5-14　经济生态系统因子综合得分图

表 5-28　　　　　　　　　　旋转后因子载荷表

变量指标	主成分 1	主成分 2	变量指标	主成分 1	主成分 2
人均 GDP	0.989	0.081	第三产业占 GDP 比重	0.276	−0.883
年人均财政收入	0.991	0.123	旅游收入占 GDP 比重	0.015	0.974
农民年人均纯收入	0.993	0.052	科技进步贡献率	0.986	−0.098
万元 GDP 能耗	−0.902	0.353	高新技术产业比重	0.755	0.604
万元 GDP 水耗	−0.752	0.226			

从旋转后的因子载荷表（见表 5-28）分析，第一个主因子在人均 GDP、年人均财政收入、农民年人均纯收入、万元 GDP 能耗、万元 GDP 水耗、科技进步贡献率、高新技术产业比重 7 个变量上有较大载荷。这些是反映经济发展水平、经济效益、科学技术的变量，称之为经济水平 - 效益因子。

第二个主因子在三产占 GDP 比重、旅游收入占 GDP 比重上有较大载荷，称之为经济结构因子。

　　从主成分的方差贡献信息看，两个主因子的方差贡献率分别为 66.095%和 25.544%，其贡献能力逐渐减弱。因此可以认为，影响武威市经济生态系统的主要因素有包括经济发展水平、经济效益、科学技术的经济水平－效益因子，经济结构因子，其中起决定性作用的是经济水平－效益因子。

（三）武威市社会生态支持子系统

　　由累积贡献率归一化原理，选择前 3 个主成分因子进行分析。根据主成分的方差贡献信息，计算得出 3 个主因子的权重分别为 0.54，0.34，0.12。根据因子得分表及主因子权重计算出各年份因子综合得分，具体如表 5-29 和图 5-15 所示。

表 5-29　　　　　社会生态系统主因子得分及因子综合得分表

年　份	因子 1 得　分	因子 2 得　分	因子 3 得　分	因子综合得分	年　份	因子 1 得　分	因子 2 得　分	因子 3 得　分	因子综合得分
2005	− 1.16	− 0.85	− 1.45	− 1.08	2008	0.39	1.44	− 0.54	0.64
2006	− 1.03	− 0.13	1.49	− 0.42	2009	0.82	0.28	− 0.29	0.50
2007	− 0.32	0.58	0.44	0.42	2010	1.30	− 1.33	0.34	0.31

　　从表 5-29 和图 5-15 可以看出，因子综合得分在 2005—2010 年总体上呈上升态势，2010 年略有下降。由此可以得出结论，近几年，武威市社会生态系统逐年发展和改善，2010 年略有倒退。另外，从因子综合得分最大差值 $R = 1.77$ 可以看出，武威市社会生态系统近几年发展速度较快，对武威市生态城市建设起到了较大作用。

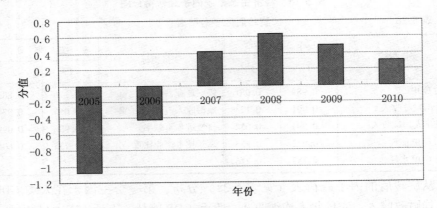

图 5-15　社会生态系统因子综合得分图

表 5-30   旋转后因子载荷表

变量指标	主 成 分		
	1	2	3
人口自然增长率	-0.115	0.903	0.025
人口密度	-0.119	0.813	-0.119
城市化水平	0.917	0.277	0.264
城市居民人均住房面积	0.524	0.348	0.765
万人病床数	0.952	0.024	0.227
城市集中供热率	0.678	0.317	0.660
城市气化率	-0.954	0.087	0.114
人均生活用水	-0.163	0.229	-0.842
人均生活用电	0.671	-0.286	0.397
恩格尔系数	0.670	0.625	-0.367
基尼系数	0.567	0.418	0.709
社会保险覆盖率	0.993	-0.106	-0.001
人均保险费	-0.922	0.357	-0.132
失业率	0.458	-0.750	-0.380
高等教育入学率	0.949	-0.181	-0.087
刑事案件发生率	0.720	0.659	0.125
城乡居民收入比	0.979	0.171	-0.082
科技支出占 GDP 比重	0.374	0.909	0.087

从旋转后的因子载荷表（表 5-30）分析，第一个主因子在城市化水平、万人病床数、城市气化率、人均保险费、失业率、城乡居民收入比、科技支出占 GDP 比重 7 个变量上有较大载荷。这些是反映人口状况、保险水平、就业水平、科技水平的变量，称之为社会生活水平因子。

第二个主因子在高等教育入学率、基尼系数 2 个变量上有较大载荷，称之为社会公平因子。

第三个主因子在城市居民人均住房面积、人均生活用水、社会保险覆盖率 3 个变量上有较大载荷，称之为城市资源因子。

从主成分的方差贡献信息看，3 个主因子的方差贡献率分别为 54.598%，24.519%，13.152%，其贡献能力逐渐减弱。因此可以认为，影响武威市社会生态系统发展的主要因素是包括人口状况、保险水平、就业水平、科技水平的社会生活水平因子，社会公平因子，城市资源因子，其中起决定性作用的是社会生活水平因子。

（四）结　论

综合以上对武威市生态城市建设的自然、经济、社会子系统的分析结果，可以得到如下结论。

（1）在武威市生态城市建设的 3 个系统中，经济生态子系统近几年发展和改善速度最快，对生态城市的建设发挥着至关重要的作用；另外 2 个系统发展速度接近。

（2）影响武威生态城市建设的主要因子是包括绿化水平、污染治理的环境建设因子，包括经济发展水平、经济效益、科学技术的经济水平 – 效益因子，以及包括人口状况、保险水平、就业水平、科技水平等的社会生活水平因子。

通过运用主成分分析法对河西五地市生态城市建设的实证分析，可以得到如下结论。

第一，比较五地市的自然生态子系统因子综合得分，从高往低依次是嘉峪关市、武威市、金昌市、张掖市、酒泉市。可见，嘉峪关市的自然生态子系统的改善程度最高。

第二，比较五地市的经济生态子系统因子综合得分，从高往低依次是嘉峪关市、武威市、张掖市、酒泉市、金昌市。可见，嘉峪关市的经济生态子系统的改善程度最高。

第三，比较五地市的社会生态子系统因子综合得分，从高往低依次是张掖市、武威市、嘉峪关市、酒泉市、金昌市。可见，张掖市的社会生态子系统的改善程度最高。

第四，综合各城市自然、经济、社会 3 个子系统的因子综合得分情况，五地市三系统因子综合得分总分从高往低依次是嘉峪关市、张掖市、武威市、酒泉市、金昌市。由此可以得出结论，近几年，河西五地市中，生态城市建设系统改善程度最高的是嘉峪关市，最低的是金昌市。

第六章
河西走廊生态城市建设中的产业转型与产业生态化

一、金昌、嘉峪关资源型城市产业转型与产业生态化

（一）资源型城市产业转型的一般理论概括与实践总结

现代矿业开发及其依托——资源型城市，是工业革命的产物。其后很长时期，大多数资源型城市（特别是地广人稀、人口流动性大的资源型城市）的宿命则是"矿竭人去""矿竭城衰"。20世纪中叶以后，世界发达国家人口密集的核心区域（如以伯明翰为代表的英国西米德兰地区，以斯旺西为代表的英国南威尔士地区，以多特蒙德为代表的德国鲁尔工业区，以福冈为代表的日本九州工业区），开始面对资源枯竭及相关制造业的衰退。这些地域与城市不能再采用矿竭人去、矿竭城衰的做法，不得不进行资源型城市的产业转型。

在世界范围内，法国洛林、德国鲁尔（特别是多特蒙德市）被誉为资源型地区（城市）产业转型的范例。但这是在巨大的财政支持下（每个区域高达数百亿美元），经过几十年磨难后的结局。日本煤炭产区产业转型与地域经济振兴也属于成功之列。日本政府曾先后向煤炭产区投下巨额资金推动产业转型，解决产煤地区经济与社会发展问题。在当年日本经济处于高度成长，煤炭以外产业都处于蒸蒸日上的情况下，经历几十年时间后，一些原产煤地区（如日本最大的产煤区——筑丰地区的饭冢市，福冈煤田地域的大多数城市）基本摆脱了煤炭资源枯竭而产生的不利影响，出现了人口增加、地区经济繁荣的景象。除了上述一部分地区经济得到恢复和发展外，大多数地区至今仍未能通过产业转型摆脱产业衰退问题，还存在诸多难题亟待解决。

总体来说，世界范围内资源型城市产业转型的效果多不理想。因此，资源型城市产业转型已成为世界性难题。

1. 资源型城市及其产业转型的含义

国内的主要资源型城市（这里是指具有城市建制的资源型城市，而不包括矿区所在的镇——矿业城镇），除了少数是森工城市外，大都是兼有矿产资源（包括煤炭、石油天然气、有色金属矿、黑色金属矿）采掘与矿产资源初加工的工矿城市。这些城市虽然不属于单一产业城市，但矿产资源初加工业严重依赖当地矿产资源采掘业而生存，因此仍具有资源依赖性。本章将资源型城市定义为：因自然资源开采而兴起并成长起来或再度繁荣，且资源开采业与资源初加工业作为城市主导产业，在城市工业中占有较大份额的城市。这类城市具有很强的资源依赖性。广义上的资源型城市包括资源型城镇（甚至资源型社区）和工矿城市，狭义上的资源型城市就是大中型工矿城市。

产业结构调整中的结构涉及多层次的结构（如三项产业间结构、工业部门结构等），产业结构优化升级则更强调一国产业结构根据经济发展的历史和逻辑序列，从低级水平向高级水平的发展规律与方向。对于资源型城市来说，产业转型而不是产业结构调整，产业结构优化升级更能反映城市经济与产业调整的目标与结果。将资源型城市产业转型的含义明确为：资源型城市产业转型既是过程也是结果，强调的是资源型城市经济摆脱对原有资源型产业的依赖，转型后城市的主导产业在市场中具有竞争力，而且一般情况下城市主导产业进一步多元化。资源型城市产业转型不仅是城市产业体系自身的结构调整，而且体现在城市产业体系内外部联系（城市经济社会网络）、域内企业组织、社会和文化等诸多方面的彻底改变。

资源型城市可分为无依托资源型城市和有依托资源型城市两类。无依托资源型城市，即在原先没有城市的荒原僻野，因矿产资源开发而兴起的城市；有依托资源型城市，即原先已有城市，后因附近地区发现矿产资源，而转变为资源型城市。

对于有依托资源型城市来说，矿产资源的发现与开发是城市迅速发展的契机，而这个契机的把握又离不开资源型企业。从这个意义上说，资源型城市因资源型企业而兴。对于无依托资源型城市来说，城市建立过程中的人口与资本的聚集，是通过资源型企业在当地的发展而实现的。当丰富的石化资源被发现，外地企业或者转移到此地，或者在当地成立分支机构，使大量人口和物质资源迅速聚集到此。后来随着企业的进入、人口的流入，商业、服务业逐渐发达，公用事业逐渐完善，一座城市拔地而起。先有企业，后建城市是这类资源型城市的一大特点。嘉峪关市和金昌市作为甘肃省重要的两个资源型城市，基本上属于无依托资源型城市。

2. 资源型城市产业转型路径的国际比较

18和19世纪西方世界的工业革命，使欧洲与北美诞生了一大批煤矿城镇，仅在英国的达勒姆郡就有约300个以矿业开采作为经济基础的资源型城镇和社区。随着工业化进程在世界各国的普遍开展，资源型城镇以及在此基础上发展起来的大中型工矿城市，已逐渐遍布全球各地。本章所说的资源型城市，既包括经济基础单一的矿业城镇，也包括严重依赖于矿业开采及矿产品粗加工的大中型工矿城市。

到了20世纪50和60年代，显著的结构性变化开始影响到这些资源型城市：一方面是经过长期开采，当地矿产资源的储量与质量已显著下降，出现资源枯竭问题；另一方面是面临低价替代品的竞争。所谓替代品，既包括来自第三世界国家价格更加低廉的同类矿产品，也包括廉价石油对煤炭的替代。受到这些结构性变化的影响，资源型城市出现原有产业衰退问题。解决这一问题的主要途径就是产业转型。

英国既是最早诞生资源型城市的国家，也是最早出现资源枯竭问题、最早面对资源型城市产业衰退与产业转型问题的国家；美国和南非属于世界性的矿业大国，资源型城市数量相对较多，也形成了多种不同的产业转型路径；德国和日本的资源型城市产业转型问题已基本解决，两国政府对此投入巨资，其产业转型路径的有效性颇有争议；乌克兰与中国同为转型国家，在资源型城市产业转型过程中走了不少弯路；而瑙鲁作为微型资源型国家，基本放弃了产业转型。

（1）城市自发实现的成功转型

以美国、英国为代表的奉行自由市场机制的国家，中央政府对资源型城市产业转型一般采取顺其自然的做法，资源型城市产业转型更多是依靠地方政府的努力。在国际范围内，一些资源型城市（如英国的斯旺西市、美国的匹茨堡市），经历了区域产业衰退之后，依赖城市内行动者的努力成功实现了产业转型；而另一些资源型城市（如美国的休斯顿市、南非的约翰内斯堡市）由于自然环境优越、良好的历史机遇等原因，城市自然而然地顺利实现产业转型，几乎未经受区域产业衰退的过程。

（2）国家巨额资金支持下实现的艰难转型

① 日本政府给予煤炭产业巨额的补助和财政投资、融资。从 20 世纪 50 年代后期开始，日本煤炭产业开始逐渐陷入困境。这是由于如下两方面的原因：一方面，日本国内主要煤矿的煤炭资源正在趋于枯竭；另一方面，世界石油价格急速滑落，石油对煤炭产生替代效应。日本煤炭产业遭到资源枯竭与国际上廉价替代能源（包括进口石油和进口煤炭）的双重冲击，导致大量矿山关闭，矿井裁员。而且矿山关闭给煤炭产地带来严重的经济与社会问题。面对上述挑战，日本的煤炭产业相信在自己政治影响力的作用下，政府会继续采取"国产煤炭优先"的政策。日本政府给予煤炭产业巨额的补助和财政投资、融资。先后制定了《煤炭产业合理化法》《重油锅炉管制法》《煤炭产区临时措置法》，政府曾先后投下巨额资金。

日本学者矢田俊文对日本政府煤炭产区产业转型政策的评价是：事倍功半，仅有少数产煤区成功实现了产业转型。这少数产业转型成功的煤炭产区，或者是有利于发展新兴产业的首都圈附近的矿区和濑户内海工业带的矿区，或者是与高速发展的新兴都市相邻近的矿区。比如札幌附近的石狩区和福冈市附近的矿区，得益于这些新兴都市发展的城市化扩张。除此之外，远离发展中心区域的煤炭产区，尽管耗费了大量的财政投入，但旨在振兴煤炭产区的努力很难说是成功的。

② 德国鲁尔由煤炭补贴转向地方自主转型。包括多特蒙德市在内的德国鲁尔工业区，在传统优势产业发生衰退后的较长时期，仍寄希望通过政府财政补贴维系原有的优势产业，导致产业转型起步很晚，需要借助于巨额的财政支持，并经过较长时间才实现经济重新振兴。而多特蒙德市的产业转型在德国鲁尔工业区内属于成效突出者，这是诸多行动主体共同努力的结果。多特蒙德市以产业转型为目标的区域发展政策，从北威州到城市层次涉及许多行动主体，在多数经济发展规划与政策中，城市政府起着领导者的作用。

多特蒙德市地方经济发展和产业转型成功，关键因素可归纳为如下几方面：第一，地方相关行动主体对于地方经济发展政策态度的转变；第二，地方政策与城市管理方式的创新；第三，特别重视本地资源和潜力的发展；第四，本地经济政策和城市发展政策的统一；第五，本地相关行动者一致行动的意愿；第六，以煤钢联合体为核心的经济社会网络被新的多核心经济社会网络所替代；第七，城市区域形象焕然一新。这些因素都体现出地方相关行动主体特别是城市政府，在地方经济发展和产业转型中的关键性作用。

③ 南非 Dundee 因产业基础差而转型受阻。Dundee 为南非北 KwaZulu - Natal 产煤区的城镇，从 1882 年开始进行大规模煤炭开采，该城镇因煤而兴，有煤都之称。20 世纪 80 年代以来，由于北 Kwazulu - Natal 产煤区资源逐渐枯竭，采煤基础设施老化，煤种需求下降等原因，当地煤炭产业开始衰退，就业人数从 1981 年的 3.1 万人下降到 2000 年的约 5000 人，降幅达 84%。从 1980 年到 1991 年，该镇的地区生产总值几乎下降了一半。

针对这一区域经济衰退问题，南非中央政府未采取任何直接的政策。省级政府认识到问题的严重性，在寻求新的投资与促进经济增长方面起到一定的作用。从 1997 年开始投入一定的资金，开展招商引资活动。当地政府实施区域经济发展战略，实施经济多元化，给予少量的启动资金进行创业，积极进行招商引资，推荐外来（包括国外）企业投资当地的农业与旅游业项目，但是效果并不明显。总体来说，Dundee 镇产业转型项目实施的效果不理想甚至失望，除了当地居民缺乏创业精神与企业家实践外，具有一技之长的居民向外迁移，城镇规模太小，对当地经济发展缺乏信心，都是导致区域经济发展战略实施不利的重要原因。

④ 乌克兰顿涅茨克缺乏结构性改革而转型受阻。顿涅茨克是乌克兰的老工业基地顿巴斯的中心城市，人口约 110 万。当地具有丰富的煤炭资源，并且临近铁矿，19 世纪 60 年代现代煤炭业与钢铁业在这里发展起来。自苏联建立以后的几十年来，顿涅茨克一直作为该国的重工业基地，煤炭、冶金与机械工业发达。20 世纪 70 年代该地区经济开始下滑，竞争力逐步减弱。从 1992 年到

1999 年，该地区的真实 GDP 下降了 2/3。煤炭、钢铁和机械工业的从业人员失业严重，2002 年 4 月真实的失业率约为 20% ~ 25%，煤矿区则高达 30% ~ 40%。直到 20 世纪 90 年代中期，当地经济几乎没有任何结构性改革，相关企业仍然为国有企业。

1995 年，乌克兰新一届中央政府决定加速公司化和价格自由化进程，迅速关闭亏损的煤矿。世界银行也认为，乌克兰煤炭产业的亏损状况是导致该国财政赤字的主要原因，该产业的改革应是该国结构性改革的重要部分。1996 年推出的煤炭产业改革方案是：在一定时期内将盈利的煤矿私有化，将扭亏无望的煤矿关闭。但是煤炭业私有化的步骤不快，至 2002 年仅有 3 个煤矿实行了私有化。尽管在 20 世纪 90 年代顿涅茨克设计并部分实施了多种经济发展战略，但是具有强大政治与经济背景的利益集团出于自身的利益，仍然试图维持原来的重工业。尽管亏损严重且缺乏资本来进行技术改造，但这个利益集团还是通过政治力量，从国家获得大量补贴以维持原来的重工业。1998 年顿涅茨克建立自由经济区，2001 年和 2002 年该自由经济区吸引约 10 亿美元的投资，大多数投资项目是对现有生产设施的现代化改造。其中，58.6% 的投资投向煤炭、冶金、石油加工、化学工业、机器制造和建筑业，仅有 19.7% 的投资投向轻工业与食品业，2.1% 的投资投向农业，16.8% 的投资投向运输与通讯业。这样的投资结构无助于顿涅茨克实现产业与劳动市场的多元化。

(3) 放弃产业转型努力的资源型城市

① 瑙鲁因资源诅咒而放弃产业转型。瑙鲁是一个面积只有 20.72km² 的热带岛国，水域面积 32 万 km²，人口约 1.2 万。该国曾是一个 "浪漫的热带天堂，雨林中到处垂曳着水果、花朵和藤蔓"。瑙鲁虽然作为一个国家，但国土小，人口少，与一般的城镇规模差不多。1900 年，该岛上发现了大量高品位的磷酸盐矿藏，储量达 1 亿 t。1968 年该岛独立以后，开始大量开采并出口优质化肥原料磷酸盐。1981 年瑙鲁的收入猛然窜升至 1.23 亿美元，平均每个岛民 1.75 万美元，瑙鲁人一夜之间跻身于世界最富有国民之中。国民的福利待遇较西方国家毫不逊色，全国实行住房、电灯、电话、医疗等免费服务。居民不再靠捕鱼为生，稍费力气或用脑力的活他们几乎都不做。瑙鲁有劳动能力的人，95% 在政府机关里办公，或服务于外资公司；剩余的 5% 则领着政府的补助四处闲逛，过着吃饱了睡，睡足了再吃的生活。

到了 21 世纪初，1 亿 t 储量的磷酸盐矿藏已经采尽。该国政府曾考虑磷酸盐矿藏会枯竭的问题，将盈余的钱投资到太平洋地区的各种商业和金融项目中。外界估计，20 世纪 90 年代初，瑙鲁政府的投资项目价值约 10 亿美元。但由于投资的不理智与管理不善，这些投资的价值已经暴跌至 1.3 亿美元。

瑙鲁人原以捕鱼为生，而且该岛曾以浪漫的热带天堂闻名，发展渔业与旅游业有得天独厚的资源。但该国从未重视接替资源和接续产业的发展。该国渔业资源丰富，但居民的主要副食——鱼类——还一直依靠进口。如今的瑙鲁已经矿竭国衰，政府只得靠拍卖固定资产艰难度日。岛上大片荒地随处可见，除去裸露废弃的矿坑，再也没有多少值钱的东西了。

② 美国蒙大拿弗吉尼亚城的人去城空。美洲洛基山脉拥有丰富的矿产资源，金银等贵重金属在印加帝国时代就广为开发。而在美国境内，洛基山脉的矿产资源开采始于 19 世纪下半叶。先是加州的淘金热吸引了国内外大批移民，而后美国内战结束，西部铁路开通，于是围绕采矿点形成了许多大大小小的城镇。蒙大拿弗吉尼亚城就是其中著名的一座。

蒙大拿弗吉尼亚城坐落在洛基山脉上，1863 年美国南北战争期间，该地发现了金矿，继而建立了城镇，当时尚属爱达荷辖区。该镇人口迅速膨胀到上万（爱达荷辖区当时的总人口估计在 4 万左右），其中包括一千多名华人。1864 年，蒙大拿辖区成立后，弗吉尼亚城一度成为首府。这时弗吉尼亚城处于鼎盛时期，各类商店与娱乐服务设施齐全，工作的机会也很多，人口最多时达 3.5 万。20 世纪前后，随着金银价格的下跌和矿产资源的逐渐减少，弗吉尼亚城开始走向衰落，原本喧嚣的城镇变成了空荡荡的"鬼城"。

(4) 产业转型路径的比较

对前面 7 个国家十几座资源型城市产业转型历程进行比较与总结，从中可以看出，资源型城市产业转型的路径主要决定于：政体与经济政策，当地的经济规模与城市凝聚力，自然环境与发展机遇。

① 政体与经济政策。美国、英国甚至包括南非，奉行自由市场经济，中央政府对地方经济发展介入较少。在这种政体与经济政策下，资源型城市产业转型主要依赖地方政府与当地行动者。于是，城市产业转型的路径直接决定于当地的经济规模与城市凝聚力，自然环境与发展机遇这两方面因素。而德国、日本这类有政府干预传统的国家，中央政府会出于非经济因素的考虑，出巨额资金支持劣势产业或区位处于劣势地区的经济发展与产业转型。

② 当地的经济规模与城市凝聚力。当地的经济规模与城市凝聚力都与城市发展的持续时间有一定关系，城市持续发展时间越长，经济规模一般会增大，而且城市功能增强（特别是高等学校的建立），当地社会认同感增加，形成城市凝聚力。经济规模导致了区域（城市）发展对路径的依赖，资源型城市已有的经济规模既是支撑城市产业转型的经济基础，也是放弃城市产业转型的沉重成本。而城市凝聚力则是资源型城市面临危机（包括产业衰退危机）时，城市自救与维系稳定的重要力量。

对于地广人稀的国家，如果资源型城市的经济规模不大且城市缺乏凝聚力，出现资源枯竭问题后，如果不出现外力强制干预（如上级政府出资进行产业转型），城市自发性的产业转型往往受阻，资源型城市可能会逐渐恢复为乡村，或被放弃最终成为"鬼城"。

③ 自然环境与发展机遇。如果资源型城市区位优势明显，即使城市因资源枯竭而经历短暂的经济衰退，往往也会自发地实现产业转型。如果再遇到发展机遇，城市那么虽然凭借区位优势，很容易发展为综合性城市甚至大都市。

总而言之，资源型城市经济转型要致力于解决当前经济社会生活中的一些突出问题。从长远考虑，着重解决机制性、结构性和资源性等深层次矛盾和问题。以此为突破口，改革不适宜的体制束缚，用市场经济的新思路、新办法，在发展中加快体制创新和机制创新，使调整改造建立在持续发展的基础之上。

3. 资源型城市经济转型的产业结构调整对策

（1）实施产业多元化发展战略

现代区域经济的转型主要体现在产业结构和发展模式上，基本目标是从原先单纯追求规模化，在一般水平上的数量扩张，向质量效益型的整体提升。因此，资源型企业应在坚持专业化的前提下发展多元产业，实行资源产业与非资源产业并举的多元发展战略，使资源导向型思维向市场导向型思维转变，单一型结构向多元主导型结构转变。

① 延伸资源产业链条。资源产业内部结构调整的核心是产业链的延长，强化其产业关联作用。从原材料的上游产品出发，进而发展其下游产品，有重点地开发新型复合材源，把原材料的资源优势转化为竞争优势。

资源型城市的最大优势就是拥有丰富的自然资源，但要把资源优势变成经济优势，必须改变单纯挖山、开矿，卖初级产品的局面，而要突出竞争优势，增加产品序列和提高加工精度与深度来拓宽资源开发领域。即在提高主体资源利用率的同时，加快相关资源的开发利用。在充分考虑市场需求的条件下，进行精深加工，延长产业链条，提高附加价值。结合城市所在地区的产业基础与发展潜力，通过重大技术创新发展来改造和提升传统产业项目，加大技术链接与产业链接，尽快形成产业群体及集聚效应。作为资源型城市的支柱产业，能源与原材料要以市场需求为导向，在满足国家对能源与原材料需求的同时，加大力度发展精深加工、高附加值产品，带动重型工业向高度化、轻型化、效益化方向发展，加快促进资源优势转变为竞争优势。

② 发展接续替代产业。党的十六大报告指出，要加快调整和改造资源开采为主的城市和地区发展接续产业。这是党中央、国务院从全面建设小康社会着眼，做出的重大战略决策，是关系到我国经济战略布局的重大问题。发展还有另一层含义，就是发展接续产业替代原有资源产业，这对促进城市具有重要意义。就全国而言，我国具有潜在价值的矿产资源总量居世界前列，但人均量却仅及世界平均水平的1/2。随着人口增长和资源消耗量的增大，总体资源供给缺口严重，加之供需增长速度不平衡，从而造成日益扩大的资源缺口。

不少资源型城市面临着已探明优势矿产资源日益枯竭、经济总量呈递减的形势，但若拥有较丰富的非金属矿产资源，就可将资源危机转化为资源优势。

从世界范围来看，各国矿产资源开发重点已转向非金属矿产资源的开发上。早在 20 世纪中期，国际上就将非金属矿产资源利用程度作为衡量国家现代化程度的标志之一。我国非金属矿产资源开发利用有广阔发展前景，主要原因在于非金属矿产品是高科技发展不可缺少的辅助材料，化工、冶金、机械、交通等传统产业的发展密切相关，传统产业的发展对产品的需求越来越大。资源型城市可以根据市场需求和本地区非金属矿产资源的实际情况，将开发非金属矿产资源作为优势矿产资源的接续产业。如白银市开发凹凸棒石、沸石、陶瓷土等作为铜资源的接续产业。

从三项产业结构演变的规律来看，三项产业比重的变化顺序经历了从"一、三"到"二、一、三"至"三、二、一"的过程。可见，广阔的第三产业为资源开发型城市改变产业结构单一，实现多元化发展提供了巨大空间。因此，资源型城市应鼓励其他非资源型产业，特别是鼓励第三产业的发展，以培育新的经济增长点。如美国丹佛州和澳大利亚墨尔本，在附近金矿开完之后，现已变为一个旅游城市。除了"退二进三"，有些"退二进一"发展现代农业，把矿区和林区的许多可利用的土地，用来发展养殖业和农畜产品加工业。例如鸡西市在煤矿周边空地上建设绿色食品生产基地，按照绿色食品标准和规范生产优质稻米、食用菌、乳制品等，取得了很好的经济效益。

③ 发展循环经济，实施清洁生产。由于长期对矿产资源的开发，资源型城市积累了大量的尾矿、冶炼渣、煤矸石、废旧金属、废水等。1949—2000年的统计显示，我国累计堆存局矿 50.26 亿 t；废石量 126.71 亿 t；煤矸石 35.6 亿 t，粉煤灰 12.12 亿 t。废弃物总计产生量为 224.69 亿 t。我国工业用水重复率仅为 20%，而发达国家多在 70%~80% 以上。我国每年废弃物回收率仅占应回收物资的 30%。废弃物可以回收利用，如废铁、废铝、废纸等。而这些二次资源的利用既可以节约资源，又可以保护环境。据测算，如果我国的废弃物都基本上得到回收利用，每年可多节省 250 亿元，潜力巨大。我国资源平均利用率仅为 30%，比世界平均水平低 20 个百分点，提高资源利用率尚有很大潜力。节约和综合利用是发挥资源经济优势的主要途径，包括提高储采比，合理调节有限资源的耗竭速度，从而提高资源的采、选、冶的合理利用率。因此，资源型城市应实施循环经济战略，推行清洁生产。

循环经济把清洁生产、资源综合利用、生态设计等融为一体，用来指导人类的社会活动，本质上是一种生态经济。循环经济战略是在一定规模下，达到最大的有效产出，且废弃物和损耗最小。其主要任务是通过城市建设和产业发展，力求布局合理，整齐美观；及时治理三废，保护土壤、水体；加强生态建设，搞好园林绿化；加强清洁卫生等市政管理。实施循环经济战略，既需要城市政府负责，又要求资源性企业出力。这就需要实行产业开发保护并重的方针，在保护中开发，在开发中保护。对某些部门采取强制性的措施，是资源的深度开发与环境保护所必要的。项目是发展的载体，循环经济的发展最终要落实到具体项目上。国家必将加大对发展循环经济重大项目投资的支持力度。资源型城市要做好循环经济项目的前期论证工作，争取得到国家产业政策的扶持和支持，使循环经济发展成为资源型城市新的经济增长点。

④ 深化资源开发与生态环境恢复补偿机制。目前，资源开发补偿和生态恢复机制在我国还是个较新的概念，它包括地区环境污染的补偿和生态功能的补偿。即通过对损害资源环境的行为进行惩罚，对保护资源环境的行为进行补偿，以提高该行为的成本或收益，从根本上克服"重开发、轻保护""重经济、轻生态环境"的传统经济模式，达到资源可持续利用的目的，使资源开发区域在发展资源型产业的同时，实现人与自然、经济与社会全面协调。这是贯彻落实科学发展观、实现经济社会发展的内在要求，也是增长方式转变、完善社会主义市场经济体制的重要举措。

（2）产业生态化的理论与实践

产业生态化是以产业生态学为理论指导，以产业可持续发展为目标的新型产业发展模式，通过仿照自然生态系统的循环模式，构造合理的产业生态系统，以达到资源的循环利用，减少废物的排放，促使产业和环境协调发展的过程。产业生态化是以生态系统为基础的价值链系统，是模拟生态系统而建立的生产工艺体系，实质上是一个生态经济系统。其基本特征有：

① 产业对生态系统的作用及自然资源的开发利用要遵循生态系统的内在规律。能源脱碳是生态系统内在规律的一个重要方面。含碳矿物能源物质会产生温室效应、烟雾、酸雨、赤潮等环境问题。合理的方法是逐渐减少含碳较多的能源物质，采用非矿物燃料。比如，用石油代替煤炭，天然气代替石油，更多地使用太阳能、氢气、地热和核能等能源形式，最后用生物能代替化学能，以减少对环境的不利影响。

② 产业要与自然协调发展，必须维护自然生态系统内部的平衡关系。产业系统排出的废渣、废液、废气等物质和能量，不能超过自然生态系统的承受力和自净力。

③ 废料的资源化。产业生态化要求充分利用每一道工序的废料，把它当作另外一个工业部门或工序的原料，以实现物质的循环利用和再利用。这不仅仅要求政府或企业想方设法处理垃圾，而是建立以废料为资源的企业或一系列产业。因此，产业系统内部的结构要相互协调，各个部门及环节之间的物质转化和能量循环要相互协调。由于集约和再循环使用，系统内各个不同的行为者之间的物质流要远远大于出入产业生态系统的物质流。

④ 产业生态价值链必须是闭路循环。也就是说，进入一定区域的物质和能量在各个企业之间循环，一个企业的废弃物变为另一个企业的资源来源，目标是零污染排放。

⑤ 改进工艺设计，促进产品与服务的非物质化。采用适用的技术经济和废弃物回收利用的产品设计，减少消耗性污染。如食品添加剂、矿物燃料的消耗都会产生污染。这就要求改良原材料，采用能够预防或防止各种消耗性废物排放的原材料，替代或禁用那些有毒材料。在改进工艺的基础上，还必须促进产品与服务的非物质化。即用同样的物质或更少的物质，获得更多的产品与服务，提高资源的生产率和产品的生态效率。比如通讯及信息技术的进步，可以减少信函的往来。这要求依据功能需要来设计产品，努力在生产、使用、维护、修理、回收及最终处置的过程中，减少物质和能量的消耗。

产业生态化、循环经济、可持续发展之间有着密切的联系。

① 产业生态化是产业层面的循环经济，产业生态化的外延要小于循环经济。从循环经济普遍认同的定义来看，循环经济是以资源的高效利用和循环利用为核心，以减量化、再利用、资源化为原则，以低消耗、低排放、高效率为特征，符合可持续发展理念的经济增长模式，是对大量生产、大量消费、大量废弃的传统增长模式的根本变革。产业生态化是循环经济的另一种说法，但二者的外延是不同的。产业生态化着重关注产业的生态化发展，聚焦在经济系统中的生产领域。而循环经济的外延是"经济"，经济既指经济活动，也指经济发展模式。经济活动包括社会生产和再生产活动中的生产、交换、流通和消费4个环节。我国现阶段循环经济外延的重点是生产和消费领域。因此，循环经济的外延要大于产业生态化，产业生态化是产业层面尤其是生产层面的循环经济。

② 循环经济与可持续发展的定位有所不同，循环经济的外延要小于可持续发展。循环经济是符合可持续发展理念的经济增长模式。那么，循环经济与可持续发展之间到底是什么关系？循环经济是不是可持续发展的另一种称谓？这就牵涉到循环经济的定位问题。虽然许多学者都推崇循环经济是经济、生态、社会三维整合的经济模式，但本章认同循环经济的经济、生态二维定位的观点。因为发展循环经济最主要的目的是为解决生态系统与经济系统之间的矛盾，这就决定了循环经济的二维定位，也就是资源环境与经济模式之间的协调发展。循环经济的外延应该比可持续发展小，其最终的着眼点在于环境友好型的经济发展。而三维定位无疑等同于可持续发展的"经济发展、社会进步和环境保护"三维概念，是对循环经济概念的泛化，循环经济概念的提出也就失去了意义。当然，循环经济模式会产生社会效益，比如拉长产业链，增加就业，这是循环经济的溢出效益，不是它的主线。

③ 可持续发展是产业生态化、循环经济的目标。产业生态化是以产业可持续发展为目标的新型产业发展模式，循环经济是符合可持续发展理念的经济增长模式。从二者的定义可见，二者的目标都是可持续发展。区别在于：产业生态化的目标是产业的可持续发展，而循环经济的目标是经济的可持续发展。

可持续发展的概念是理念性的、无法操作的，而产业生态化和循环经济为可持续发展提供了可操作的实施工具和途径。

根据前述关于产业生态理论及对中国国情的分析，我国实现产业生态化发展的路径和基本思路应该是：以制度建设和技术创新为保证，以打造生态化的产业体系为主线，以改造传统产业和发展生态产业为重点，加快产业结构的优化升级，使产业发展与资源环境等因素逐步统一协调，提高产业发展的质量。产业生态化的核心是构造出一个合理的产业生态系统，产业生态系统中的产业体系是环境友好的生态型产业体系。生态农业、生态工业和环境产业都属于生态产业的范畴且是其主体。

本章将从生态农业、生态工业、环境产业等生态产业发展、制度保障以及技术支持3个方面，阐述和分析如何进一步推动我国产业生态化发展的路径和具体思路。

① 发展生态农业。农业是人类产业活动的主要形式之一。农业不但为人类提供了食品，也为工业活动提供了原料。因此，农业既是人类生态系统赖以存在的基础，也是工业系统持续发展的重要保证。农业在为人类提供产品和服务的同时，常常又在破坏着一些重要的资源，如生物资源、土地资源和水资源等。农业生态系统的可持续发展既是产业生态理论研究的主要内容，也是实践产业生态化的重要目标。生态农业是相对于用高能量和高污染换取高产量的"石油农业"而提出的，它实际上是传统农业生态化发展的实现形式。

国外生态农业又称为自然农业、有机农业和生物农业等，其生产的产品被称为生态食品、健康食品、自然食品、有机食品等。尽管各国对生态农业及其产品的叫法不同，但宗旨和目的是一致的，即在尽可能清洁的土地上，用洁净的生产方式生产洁净的食品，提高人们的健康水平，促进农业的可持续发展。我国从20世纪70年代末开始发展生态农业，并在此基础上，相继提出了可持续农业、集约型农业、有机农业、现代农业等概念。

我国有关生态农业的定义，最早由著名生态学家马世骏先生提出，即：生态农业是从生态经济系统结构合理化入手，通过实施工程措施与生物措施强化生物资源再生能力，通过改善农田景观及建设农林复合生态系统，使种群结构合理多样化，恢复或完善生态系统原有的生产者、消费者与分解者之间的链接，形成生态系统良性循环结构及物质循环利用。

生态农业是总结传统农业生产经验，按照生态学原理和系统工程的优化方法，进行农业生产实践的新型农业发展模式。就是建立和管理一个生态上自我维持低输入，经济上可行的农业生产系统，使该系统能在长时间内不对其周围环境造成明显改变，同时具有最大的生产力。发展生态农业的目的在于合理安排农业生产结构和产品布局，努力提高太阳能的利用率，生物能的转化率，农副业废弃物的再生循环利用，因地制宜地充分利用自然资源，以尽可能减少燃料、肥料、饲料和其他原材料的输入，以求得尽可能多的农、林、牧、副、渔产品及其加工制品的输出，从而使农、林、牧、副、渔及加工各业得到协调发展，并获得农业生产发展、生态环境保护、能源节约利用和经济效益四者统一的综合性效果。

② 发展生态工业。自从工业革命以来，人类主要的产业活动就是工业。产业生态学以前译为工业生态学，强调的是如何降低工业活动的环境影响。生态工业的学科基础正是工业生态学。现阶段，我国正面临着工业化加速，重化工业对经济增长的带动作用尤为显著。在这种背景下，生态工业的形成和发展，对于提高我国工业生态效率，缓解资源约束矛盾，减轻工业环境污染的压力，具有重要的意义。

生态工业在我国并没有十分严格的定义。从一般意义上讲，它意味着环境友好的工业体系，是与自然生态系统协调发展的工业生态系统。广义上，生态工业包括不同的侧面和层次。从产品层面看，它是产品生态设计，是环境友好产品；从技术层面看，它是清洁生产技术开发，是生态技术的转让与扩散；从企业层面看，它是厂内单元操作清洁生产技术改进，是厂内副产品回收，是企业环境友好管理；从一定区域层面看，它是复合型生态企业，是企业间副产品的交换网络，是生态工业园区；从行业角度看，它是行业结构调整的生态化转向；从国家角度看，它又是国家循环经济体系的基石。狭义上，生态工业专指与传统工业相对的工业形态。在这一意义上，生态工业按照工业生态学原理进行组织，基于生态系统承载能力，具备高效的经济过程及和谐的生态功能，具有网络化和系统化的特征。它通过两个或两个以上的生产体系或环节之间的系统耦合，使物质、能量多级利用、高效产出与持续利用。

生态工业具有 3 方面的内容：一是采用清洁的能源，包括常规能源的清洁利用，可再生资源、新能源的开发，以及多种节能技术的开发应用。二是采用清洁生产过程，即对生产过程采取整体预防性的环境策略，使物质在系统中多次循环使用，将终端污染处理转向污染源的防治。包括选择无害环境的原材料，采用高效率设备，改进操作步骤，回收利用原材料及中间产品，改善企业管理等。三是生产清洁的产品，即在生产和服务的过程中，减少产品对环境的冲击，包括节约原料和能源，少用稀缺原料，在产品制造过程中以及使用后阶段，以不危害人体健康和生态环境为主要考虑因素，使用易于回收再利用的材料，强调产品的使用寿命等。这 3 方面的内容都是为了实现两个目标：一是通过资源的综合利用、短缺资源的替代、二次能源的利用等，减缓资源的耗竭；二是减少废料与污染物的生成和排放，促使工业产品的生产、消耗过程与环境的长期承载力相适应。

进一步推动我国生态工业发展的路径有 3 条：一是工业产品的生态化；二是推进企业的清洁生产；三是设计建设企业、产业及区域各个层面的生态工业园区。

③ 发展环境产业。对传统产业进行生态化改造以发展生态产业，需要按照环境系统与产业系统之间物质流动的方向，架设两座"桥梁"，即在产业系统的物质入口增加环境建设产业，在出口端进一步加强废物处置的环境保护产业。旨在保护和提高环境功能的环境修复和环境建设产业，是实现产业生态目标的一个重要的功能模块。对于处于产业过程末端的环保产业，因其能促进物质和能量在产业系统与自然生态系统间的流动和循环，被称为产业系统与环境系统之间物质和能量流动的绿色通道。环境产业既是生态产业的重要内容，也是实现产业生态化必不可少的重要环节。

（二）金昌市资源型产业转型与产业生态化

1. 金昌市经济发展的制约因素

金昌市工业转换升级、经济持续发展的阻力主要表现在：工业经济产业单一，接续替代产业发育迟缓，农业和服务业发展严重滞后，城市处于孤岛状态，职工转岗就业困难，社会问题突出，生态环境恶化等。金昌是闻名全国的镍都，镍产量占全国总产量的88%以上。金川公司的许多技术经济指标居国内领先水平，但同世界镍生产企业相比，公司的经济总量不够大，经济增长的质量不够高，实物劳动生产率较低，工艺流程相对落后，产业结构不尽合理，经济效益受国际市场镍价波动影响较大，国际市场竞争力较弱。

（1）主体资源约束加剧

资源的持续开发能力是资源型城市可持续发展的基础。但资源型城市必然要经历建设—繁荣—衰退—转型振兴或消亡的过程，资源枯竭是矿业发展的客观规律。资源工业的产业周期主要表现为：主导产业乃至城市都存在着"资源的发现—工业化开发—产业兴盛—城市形成及持续发展—资源枯竭—产业和城市衰退（产业和城市转换升级）"的演进过程。金川铜镍矿自从20世纪50年代末发现以来，经过40多年的高强度开采，目前面临着资源勘探程度较差，深部资源情况不明，勘探深度不够等问题，可开采的镍资源所剩不多。"十五"期间，镍都金昌市镍的自给率只有80%左右。目前保有的镍储量约为413万t（其中贫矿占72%），按照每年5万t镍的开采速度和开采技术计算，服务年限约为65年。面对这种严峻形势，必须及早实施资源控制战略，拓宽资源开发利用领域，延长镍资源开发的生命周期，为经济转型赢得充足时间。

（2）生态环境恶化，缺水问题严重

金昌地处沙漠边缘，干旱少雨、风大沙多、植被稀少、草场退化和沙化严重，属西部生态脆弱地区。资源产业是金昌经济发展的主体，也是污染物的主要来源。资源开发的"高开采、低利用、高排放"模式加剧了环境的恶化与生态的破坏。三废严重污染大气、土壤和水质，损害生态环境，甚至造成重金属等有害成分的外泄，威胁人们身体健康。许多矿山废石场、尾矿坝存在地质灾害隐患。由于资源的过度和不合理开发超过了原本很低的生态承载能力，出现了土地沙化、水土流失、土地次生盐碱化、风沙肆虐、工业三废污染等生态环境恶化问题，严重制约了金昌市的可持续发展。

水资源严重不足是金昌生态恢复建设和经济发展矛盾的焦点。金昌是全国108个严重缺水城市和13个资源型缺水城市之一。镍都金昌自20世纪70年代以来生产规模不断扩大，工业用水量显著增加，供给水源的东大河不仅担负着金川公司的生产生活用水，还为朱王堡镇、水源乡提供农业灌溉用水，曾有3年在农作物灌水期停农保工，造成粮食减产。工农业用水量一旦超出水资源的承载能力，就会给生态环境造成不可挽回的损失。近年来，尽管金昌市坚持开源与节流并举，狠抓节水工程，水资源利用程度已达到148.9%，并自筹资金2.6亿元建成了引疏济金工程，但水资源缺口仍高达1.8亿m^3。较差的区位条件，生态系统脆弱，水土流失严重（占总土地面积的67.98%），荒漠化面积扩大。水利化程度低和人为乱开荒打井、工业废水及城市生活污水得不到有效回收利用等因素，进一步加剧了缺水程度。随着区域经济的进一步发展，缺水问题将是长期制约金昌市可持续发展的"瓶颈"。

（3）产业结构不合理，二元经济结构明显

金昌市是单一的资源开发型工业城市，其产品结构以初级矿产品的基础原材料为主，以采掘业为基础的一次冶炼所占比重很高，资源开发加工型的重工业占全部工业的九成以上（发达地区的重工业仅占20%）。生产过分依赖自然资源，产业链很短，产品附加值低，影响企业的经济效益。这使得金昌工业对当地自然资源的开发利用水平长期停留在较低层次，从而处于全国区域分工中以原材料输出为主的不利格局中。金昌以国有经济为主，民营和其他经济成分少；以第二产业为主，第一、三产业发展滞后。按照法国经济学家佩鲁提出的"发展极理论"，培育一个区域的发展极，其扩散效应必然影响产业体系和城市体系的结构性变化，促进经济成倍增长。但资源型城市大多是计划经济的产物，体制束缚比较严重。目前，金昌的驻地企业和地方政府、地方企业，还存在条块分割、相互封锁的现象，即城市和资源型企业相互分割，政府功能和主体企业功能混同，影响了城市整体功能的发挥。在条块分割体制的格局中，资源产业与当地的经济系统融合度较低，资源产业往往以现代大工业的身份出现于地方经济之中，呈现"嵌入式"的格局，其产业和当地经济似乎为"两张皮"，城市成为区域的经济孤岛。比较发达的城市经济与广大农村落后经济的并存，工业对农业的带动能力较弱，国家大企业和地方小企业生产力相差悬殊，互相封闭，形成了明显的二元结构。从长远看，地方经济不发达，企业不会有一个好的环境；企业不发展，地方经济也没有活力。

（4）资源型企业负担重

作为无依托的资源型城市，金昌先开矿后建城，企业在开发建设之初不得不承担大量社会职能，既搞生产又办社会，履行生产和服务的双重职能，加重了企业负担，造成当地政府与企业职能错位，形成了"大企业、小市政"、政企不分的局面。

经过 40 多年的资源开发，已积累了诸如税赋重、社会负担重、离退休人员多等一系列困难和矛盾。金昌工矿企业（金川集团公司）的税费负担比较沉重，采选冶平均综合税负高于矿业平均水平，也高于一般工业企业 7% ~ 8% 的平均水平。加之过高的矿产资源税费和镍、钴冶炼中间原料进口关税等，综合税费负担达 19% 以上。金川集团公司属无依托的资源型城市，凭借资源要素的天然禀赋，通过人们后天开发建设而形成的单一产业性城市（即先开矿后建城，如克拉玛依、大庆、白银、攀枝花、平顶山等）。年上缴金昌市税金占全市财政收入的 60% ~ 70%。目前金川集团公司承担着学校教育、医院卫生、生活后勤、公安消防、托儿幼教、职工养老保险等社会职能。仅教育一项，每年教育经费开支就达 3500 万元以上，共计开办中小学普通教育学校 13 所，承担城市 76% 的普通教学任务。公司为金昌市文化、教育、医疗卫生等各项事业及第三产业的发展起到了巨大的促进作用，同时还承担了部分政府职能，尤其是在加强综合治理、维护社会稳定以及创建文明社区等方面。这造成了金川公司社会负担过重，影响了企业做大做强和竞争力的提升。

（5）技术水平较低

资源型城市产业技术水平落后，是导致产业结构缺乏活力、经济发展竞争能力不足的一个重要因素。国内大多数资源型城市是在新中国成立初期五六十年代形成的，传统产业占有很大比重且技术老化，大部分产品科技含量和附加值低，具有较高技术含量的加工工业发展缓慢。

金川公司生产能力小，难以形成规模优势。公司在镍的生产能力上还不到国际镍公司（11.5 万 t/年）及俄罗斯诺里尔斯克镍股份公司（10 万 t/年）的一半。主要原因在于企业整体生产技术工艺及设备较落后：公司主流生产的关键技术和装备只有 68% 达到国际 20 世纪 80 年代末 90 年代初的水平，其结果导致生产成本偏高，这势必会降低市场竞争力。据有关数据显示：金川公司生产镍产品的平均成本大约为 4.3 美元/kg，而国际镍公司印度尼西亚分公司的生产成本仅为 1.25 美元/kg；金川公司生产钴产品的成本大约为 9.8 美元/kg，而乌干达的卡塞塞钴精炼厂的生产成本为 8.8 美元/kg。由于受现有技术条件制约，冶炼精炼工艺复杂、流程长、加工费高，冶炼回收率与国际先进水平差距较大。目前金川公司镍钴资源仍以开采富矿为主，现有占采矿量约 2/3 的贫矿（品位小于 1%）尚未开发，造成巨大的浪费。

2. 金昌实现可持续发展的战略举措

加快企业技术创新，扶持高新技术的发展是资源型城市金昌实现可持续发展的重要举措。金昌市经济转型的战略思想是：实施资源控制战略，做大做强有色金属产业。资源型地区要制订新的经济发展战略，形成新的经济发展格局，求得新的经济发展速度，必须有新的思想观念与之相适应。资源是制约金川公司总量扩张和实现跨越式发展的最关键因素。为此，公司把制订和实施资源控制战略作为企业发展的首要任务。

（1）加强地质勘查工作，挖掘资源潜力

目前地质勘查工作步伐缓慢，国内短缺和不足的铜、镍、富锰、铬、金、银、铂族、钾盐等矿产资源中，发现新的国家级矿产资源潜力很大。因此，在组织实施西部大开发战略中，公司有必要加大矿产资源的勘查与开发力度，以期实现矿产资源勘查的重大突破，促进矿业基地的开发建设。实施资源控制战略，首先要科学、合理、有计划地开发本地特色资源，大幅度提高工业生产的矿山回收率。公司应狠抓原料生产，坚决杜绝采富丢贫等浪费资源的现象。通过采用新的采矿工艺，加大贫矿的采选量，加强地质找矿和生产探矿等一系列措施，全面提高对资源利用的深度和广度。充分挖掘资源潜力，促进资源综合利用，尽量延长矿山的服务期限。

金川公司在镍原料方面，狠抓自有矿山建设，"十五"期间安排资金2500万元，进行生产勘探和地质找矿工作。"十一五"期间，更应加快自有矿山建设，确保矿山的持续发展，发挥其在资源控制战略中的基础性作用。加强地质找矿和生产勘探工作，优选勘探队伍，用好专项资金，力争在金川矿区深部和外围地质找矿中取得新的突破，加快采矿工艺的研究，提高贫矿利用程度以延长矿山服务年限。对于国内具有找矿前景的地区，积极探索商业性地质勘查合作模式，通过合作开展风险勘探，进而取得矿业开发权。另外，建议从资源型城市征收的资源补偿费中，将主要部分返回给该城市。

（2）充分利用好国内外两种资源、两个市场

任何一个国家都不可能拥有自身经济发展所必需的一切自然资源。从全球竞争和开放的大局出发，充分利用国内外两种资源、两个市场，确定调整改造的方向和重点。通过引进来、走出去，加快发展，鼓励进口替代，即通过国际贸易积极发展我国具有优势的资源产品出口，进口我国稀缺的资源产品，这是促进我国经济增长的重要途径。

金昌应突出比较优势，做大做强有色金属产业，全面做好镍、铜、钴、贵金属和原料化工产品5篇文章。金川公司依托得天独厚的矿产资源和成熟的生产加工能力，利用市场对资源配置的基础作用，在加大自产原料高负荷生产的同时，支持新疆、四川、云南、青海、吉林、内蒙古、广西、河南等地镍资源的开发。通过制订有竞争力的原料采购策略和优质服务，在国内购买镍金属量

5000～7000t，提高国内金属原料的采购量，有效控制了国内特别是西部地区的镍资源，从而有效缓解了资源短缺的矛盾。但作为资源性企业，如果仅仅依靠自有资源和国内有限的资源，难以做大做强。为此，金昌集团公司突破地区、行业和国界的局限，充分利用国内、国际两种资源、两个市场，提出在2006 年有色金属产品总量达到 35 万 t，资产总额和营业收入分别达到 100 亿元的基础上，到 2010 年实现营业收入再翻一番，达到 200 亿元，将公司建成集科、工、贸为一体的跨国经营的大型企业集团的奋斗目标。

在国内资源方面，公司充分利用技术、资金方面的优势和原料采购优惠政策，积极扶持国内中小型矿山的开发。国内镍原料工作的重点地区要放在四川、云南、内蒙古、新疆和陕西等省区，铜资源工作的重点应放在青海、西藏、内蒙古等省区。在国外资源利用上，公司实施国际化资源战略，贸易与勘查、开发并举，大力开拓国外原料供应的渠道，通过树立公司良好的企业形象，同国外原料供应商建立长期稳定的供货关系。镍项目开发重点应放在澳大利亚、菲律宾，以投资合作开发方式介入。

铜项目开发重点应放在智利、哈萨克斯坦、蒙古、秘鲁、刚果（金）等国家。公司先后通过投资、贸易、融资、技术合作等形式，同澳大利亚西部矿业公司、智利、西班牙、英国、美国、刚果（金）、俄罗斯、蒙古、伊朗、古巴、南非、哈萨克斯坦、菲律宾等国的 149 家生产企业或原料贸易商，建立了长期稳定的合作关系。年进出口贸易额达到 5 亿美元，为公司的生产经营注入了强大活力。尤其是 2003 年，公司生产的 10 万 t 铜金属量中，7.7 万 t 金属量是外购原料生产的，充分利用了国外粗加工资源进行提炼，有效地延长了矿山资源的服务年限，为城市发展接续产业赢得了时间。

（3）做大做强优势资源产业，大力发展新材料产业

从主导产业角度看，金昌应实行围绕主导产业和优势产品倾斜发展的战略，选择所占比重大，综合效益高，增长潜力大，能带动本地区经济增长，推动产业结构向高度化演进的产业。部分具有优势的高新技术产业和能高容量吸纳就业的产业，也应加以支持。

金昌市产品结构比较单一，高新技术产品比重小，普遍存在着产品层次低、竞争力差、科技含量小、附加值不高的问题。针对这种产品结构，转变经济增长方式，调整产品结构，围绕优势矿产资源开发不断延伸产业链条，实现资源产业的接续发展，应成为金昌市"十一五"发展的关键。金昌市在资源工业发展上，大力发展新的矿产资源，确定了把"镍的文章做深，铜的文章做大，钴的文章做强，稀有贵金属的文章做精，无机化工产品的文章做活"的新思路。在搞好镍钴资源深加工的同时，突出铜的开发加工和无机化工产品的开发，即形成镍 6 万 t、铜 20 万 t、无机化工产品 60 万 t 及相应的钴、稀有金属产品的生产能力，推动镍钴工业副产品的综合利用，使镍钴工业得到有力的接

续。公司现已确定了二次电池材料产业链，稀贵金属加工产业链，超细粉末产业链，镍基铜基合金产业链，镍钴盐类化工产品产业链五大产业链，作为镍钴资源精深加工产业化经营的发展方向。

金昌市在发展接续产业的过程中，要避免盲目追求技术上的高、精、尖和仅仅围绕着资源做文章，而应发挥比较优势，选择产业延伸模式。重点在有色、冶金、化工等领域，运用高新技术，改造传统产业，发展下游加工业，对优势资源进行深加工，延伸产业链条，加快传统产品转向高档次、高附加值、高效率的集约型增长方式，改变资源初级加工的粗放经营方式，把资源优势真正转化为经济优势。

金昌在开发有色金属资源、延长镍铜钴主导产业链条上做了积极的探索，也取得了较好的效果。近十年来相继建成了世界第五、亚洲第一的镍闪速炉，世界上产量最大的硫酸镍生产线和全国产量最大的氯化镍、氧化亚镍、钴盐系列生产线，从而使金昌在镍铜钴等有色金属矿产资源的开发生产上跃上了一个新台阶，主导产品的链条延长、产量增大、品质明显改善，镍铜钴产业的竞争力有了较大提高。

近年来，金昌重点在电子电器、机械制造、工程塑料、精细化工、生物医药、绿色食品等领域内，培育了一些成长势头看好、发展潜力较大的企业和高新技术产业。开发建成了纳米级镍铜钴等高新技术金属材料项目，在一定程度上优化了产业结构，取得了较好的经济效益。积极培育高新技术产业，建设现代化的新型制造业基地和新型材料基地。"十一五"期间，金川集团公司将抓住甘肃省把有色金属新材料作为新兴产业加快发展的历史机遇，按照甘肃省委提出的做大做深有色冶金，发展新型合金材料的要求，以金川矿产资源为依托，发挥兰州金川科技园的优势，重点开发高纯金属、镍钴金属粉体材料和有色金属精细化工三大系列产品，把兰州科技园建成国际知名的镍钴及铂族金属新材料研发和生产基地。

（4）培育和发展现代农业和服务业

发展接续产业，不仅要发展现有主导产业，更重要的是要培育新的经济增长点。因此，企业还应实行"资源开发型产业与非矿资源产业并举"的多元发展战略，积极培育和发展非资源型接续产业，推进主导产业的轻型化和高级化，不断进行产业结构的调整，逐步减小对资源型产业的依赖，拓展产业空间和领域，形成新型产业群，这也是资源型城市发展接续产业的重要途径。尤其对于无依托资源型城市来说，在资源产业发展成熟期，就要加快发展农副产品加工业，重点发展高科技农业、特色农业和生态农业，大力实施农业产业化经营和标准化生产，对城市经济的转型升级具有重要作用。

金昌的农牧资源较为丰富，专用小麦面粉、高原无公害蔬菜、特色瓜果以及肉蛋奶皮毛等农畜产品加工基础好，因此发展食品、轻纺工业潜力较大，可进行重点培育。立足于金昌资源基础优势，以市场为导向，以科技为动力，充分利用城市发展农村经济的有利条件，合理布局优势农产品生产区域，优化农业内部结构，大力发展优质、高效、节水型生态特色农业。突出发展啤酒大麦、优质肉羊、无公害蔬菜、食用菌、优质饲草等特色产业，积极培育制种等后续产业，形成以啤酒麦芽、面粉、脱水蔬菜、牛羊肉加工为主的轻纺食品工业集群。

此外，鼓励第三产业的发展，一些资源型城市在这方面已积累了不少经验。美国丹佛州和澳大利亚墨尔本，附近金矿开完之后，现已变成旅游城市。德国的鲁尔、美国的匹兹堡在产业构成中，文教产业成为发展的亮点。金昌在提升传统服务业的同时，要特别加快发展旅游、社区服务、房地产、信息及中介服务等新型服务业，着力构建现代物流服务体系，提高产业素质和层次，促进第三产业发展。在旅游业方面，要充分挖掘旅游资源，开发矿区旅游资源，抓住特色发展"三探"旅游（骊轩探秘、沙漠探险、镍都探奇）。资源型城市应充分利用当地的旅游资源，制订旅游经济发展战略，使旅游业发展为城市的新兴产业。

（三）嘉峪关市资源型产业转型与产业生态化

1. 嘉峪关市循环经济发展的制约因素

（1）第二产业比重较大，高耗能企业较多

嘉峪关市产业结构单一，抗风险性差，传统产业、初级产品、高耗低值产品比重大，高新技术产业、精深加工产品、高附加值产品比重小。嘉峪关市三项产业比例失调，2005 年第一、二、三产业结构比为 1.4∶79∶19.6，第二产业是其经济命脉，2005 年在国民生产中所占比例从 2000 年的 75.3%上升到 79%，占绝对优势的结构特点更为显著；第一、三产业所占比例小，且有逐年缩小的趋势。在第二产业中，黑色冶金行业比例突出，2003 年，黑色冶金行业的工业增加值 221689.6 万元，占全市工业增加值 237498 万元的 93.3%。

嘉峪关市不仅产业结构不合理，而且高耗能企业居多，能源消耗量偏高状况较突出。钢铁、建材、化工等行业主要产品能耗比全国平均水平高，地方企业中年耗煤 5000t 及以上的用能单位 14 户，年耗电 3000 万 kW·h 及以上的用能单位 9 户。虽然这些企业对嘉峪关市地方工业产值的快速增长贡献大，但能源消耗量与同行业相比普遍较高。2004 年地方工业企业（不含酒钢）完成工业总产值 6.19 亿元，能源消耗总量约为 39.6 万 t 标准煤，单位产值能源实际消耗量为 6.39t 标准煤/万元，明显低于全国万元 GDP 综合能耗平均水平 1.58t 标准煤/万元。

（2）资源型城市的投资环境约束

嘉峪关市处于内陆干旱区，区位条件的闭锁性较强，与外界的通达度明显低于我国东部城市,而其生产协作链又主要甩在我国东部地区之后。这就必然形成了大跨度的产品输出,不仅造成运输压力,而且引起生产成本的上升。从投资取向上讲,市场条件下的投资行为以追求利益的最大化为主,基础性产业较深加工产业(尤其是高科技产业)回报率低,而且时刻面临着资源危机。在这种情况下,个人和团体投资很少偏向资源型城市。作为国家投资而言,虽然国家在21世纪将产业的投资重点向西倾斜,但主要配置于能源、交通、水利等基础性产业,对业已形成的工矿性城市追加投资的可能性和力度不会太大。总体来讲,资源型城市的投资环境不会得到根本上的扭转,因而势必加大结构转换的难度。

(3)资源环境承载力较差,不利于城市的可持续发展

资源环境承载力对资源型城市的可持续发展具有较大的影响。夏永久用能值分析方法对嘉峪关市环境—经济系统的发展做出评价(夏永久,2006年):嘉峪关市环境—经济系统中,煤、钢铁、铁矿石、电、焦炭、水泥等不可更新资源的生产与消耗,是宏观经济发展的主要驱动因子。2004年驱动嘉峪关市环境—经济系统运行的能值有99.33%来自本地,进口能值与出口能值之比仅为2.07∶1。在整个系统中,不可更新能值占总能值用量的98.13%,说明嘉峪关市环境—经济系统属于高资源消耗型经济发展模式,且以消耗不可再生资源为主要特征,运行的资源基础以国内为主。这表明:一方面对外部的依赖性较低,经济发展的资源基础较为雄厚,经济的安全性较高;但另一方面,对外开放力度不够,生产和管理过程的科技含量较低,对本地可再生资源利用能力不足,导致不可再生资源存在着过度开采和浪费破坏现象。2004年嘉峪关环境—经济系统运行的环境负载率高达82.18,远远高于世界平均水平1.15(2000年)和中国平均水平10.54(1996年),也高于东部沿海地区的浙江(11.25,2000年)以及周边的乌鲁木齐市(4.94,2000年)。说明嘉峪关市环境—经济系统运行过程中,对不可再生资源的高强度开采利用,已使生态环境和资源承受着经济发展的巨大压力。

通过对1999—2004年嘉峪关市环境—经济系统环境负载率ELR、可持续发展指数ESI对比分析,发现嘉峪关市近6年的环境负载率逐年增加,从1999年的39.46增大到2004年的82.18,增加速度惊人,特别是2001年以后,增加速度突飞猛进;可持续发展指数相应也是迅速降低,由1999年的8.26降到2004年的1.25,且其变化率在2001年发生了一个大的突变,这种变化趋势与环境负载率变化的特点是对应一致的。以上评价分析说明,嘉峪关市的资源环境承载力较差,不利于城市的可持续发展。

(4)后备资源不足,资源枯竭的约束大

嘉峪关市因矿产资源开发和资源加工而兴起。同时,与资源相伴生的稀缺性和不可再生性也成为制约城市可持续发展的关键。镜铁山矿是酒钢立项、建

设、发展的根基。从资源分布看，虽然镜铁山铁矿储量有一定的优势，但资源保证程度很低，后备资源不足：一是储量级别较低，可采储量比重小；二是矿石品质较差，铁平均品位 36.8%，矿石破碎严重，开采成本较高；三是自有资源保证程度低。桦树沟铁矿开采现已进入中期阶段，按年产 500 万 t 计算，服务年限不足 25 年；黑沟铁矿开采处于建设期，按年采 200 万 t 计算，服务年限仅 40 年左右。目前，酒钢每年需从内蒙古、澳大利亚买入大量的富铁矿石，来满足酒钢的冶炼需要。

（5）水资源不足，利用率低

嘉峪关市处于西北干旱区，是生态环境体系中的极度脆弱区，水资源表现出明显的制约性。嘉峪关市已开发和待开发地下的水资源有 3 处：嘉峪关、黑山湖、北大河，地表水水源地 1 处：大草滩水库。目前城市生活用水及地方工业用水，由酒钢公司已开发的嘉峪关水源地提供，酒钢公司生产用水取于大草滩水库地表水及部分黑山湖水源地地下水。嘉峪关水源地现有 10 眼供水井，每日运行 5 眼，年供水量 6622.56 万 m³，扣除灌溉及沿途工业用水，酒钢年用水量 5045.6 万 m³，尚缺 700 万 m³（王录仓，2005）。地下水资源比较丰富，其中双泉水，年截引水量 2800 万 m³，除冬季输入双泉水库和迎宾湖水库进行调蓄外，仍有 1000 多万 m³ 未合理利用。2004 年嘉峪关市农业、工业、生活、生态用水比例为 39：45：12：4。2005 年国民经济各部门用水总量为 17299 万 m³，其中，城镇和工业用水 9987 万 m³，占用水总量的 57.7%；农村和农林用水 7315 万 m³，占用水总量的 42.3%。较 1999 年下降了 10.7 个百分点，每年向城市引水净增 1300 万 m³。传统的农业用水比例大，生态用水比例小。农业用水单方水 GDP 产出仅为 3.2 元，不到全国平均水平的 1/5，利用率低下。

（6）城企关系复杂，社会保障问题严重

嘉峪关市是依托酒钢公司的发展而建设起来的资源型城市，城企关系复杂，社会保障问题突出。由于历史原因，酒钢目前还承担着城区 80% 的供水（1995 年以前，嘉峪关市城区生活、生产用水 100% 依赖酒钢供给）、70% 的供热、95% 的供气，近 2/3 卫生清洁和垃圾清运任务；承担着部分学校、托儿所、医院及社会治安、交通管理等工作。企业办社会现象突出，社会保障面临着重重困难。

近几年嘉峪关市失业率逐年攀升，城镇每年新增劳动力 2000 多人，劳动力供大于求矛盾日益尖锐。2005 年，嘉峪关市城镇登记失业率为 3.85%。就业困难引发一些社会深层次的问题，成为影响社会稳定的主要因素之一。下岗职工基本生活保障资金供求矛盾突出，企业自筹资金不能及时到位，下岗职工基本生活费足额发放难度逐年增大。企业离退休人员比例较高，且退休人员逐年增多，养老金支付压力巨大。

2. 产业结构调整对策与建议

嘉峪关市产业结构目前仍以第二产业为重心，经济的增长主要是区域竞争力因素（主要为工业竞争力因素）作用的结果，其次为产业结构推动。产业结构对经济增长的推动作用还不明显，产业结构仍未实现合理化。资源型城市要实现可持续发展，必须加快产业结构优化，对城市发展方向、发展思路和发展重点进行重大调整。为此，提出以下产业结构调整与发展的对策和建议。

（1）引导产业向多元方向转变

嘉峪关市产业结构单一，综合发展程度低，目前严重依赖酒钢，经济结构中第二产业的比重过高，使得嘉峪关市在未来的发展中处于极不利的地位。一旦国家的政策发生波动，一旦市场上钢铁的价格出现大的涨落，带来的将是整个嘉峪关市经济、社会的不稳定。资源型城市可持续发展的关键是注重自身应力的修炼，增强自身对外界压力的应变能力。因此，嘉峪关市产业结构调整的重点是：加强产业结构在经济增长中的贡献能力，引导经济由单一产业向多元产业转变，实施产业多元化战略，增强城市经济发展的应变能力。产业结构调整应在目前"二三一"结构的基础上，稳定第一产业发展，加快第三产业增长速度，使二三产业成为嘉峪关市经济发展的主导力量。

（2）注意资源开发，延长工业产业链条

工业是嘉峪关市主导产业，工业的发展必然影响城市的发展。第二产业结构调整的重点应着力扩展产业链条，通过深加工来增值，而不是单一生产初级产品。为此，要加快产业由量的扩张向质的提高转变，由主要依赖资源投入向主要依靠技术进步转变，增加深加工的比重，向高附加值的产业链延伸。

循环经济是资源型城市产业结构调整，解决环境污染，促进区域经济健康发展的有效途径。发展循环经济，充分考虑并合理利用现有资源，考虑为产品、资源的利用寻找后续产业，延长产业链条。考虑农业、工业、第三产业的联动发展，工业经济向更多方向延伸，同时实现农产品的精深加工，最终促进农业、工业、第三产业协调发展。

（3）大力发展第三产业，积极培育新兴产业

嘉峪关市是西北著名的钢城（酒钢所在地）和旅游城市，重工业实力较为雄厚且呈增长态势，第三产业发展潜力大。产业调整中应大力推进旅游、物流、金融保险、信息等产业的发展，提高第三产业在总产出中的比重。第三产业的发展，不仅可以带动嘉峪关市经济发展，还可以扩大就业，促进劳动力转移，推动经济结构向更高层次发展。产业调整和经济振兴都需要挖掘自身的潜在优势，找准接替产业。这种潜在优势包括资源优势、区位优势、基础优势、人力优势、技术优势等。

嘉峪关市拥有丰富的人文资源、历史遗迹等旅游资源，以明嘉峪关城、汉魏砖画墓群、祁连山七一冰川、滑翔基地、长城博物馆等为主要旅游景点。在

产业结构调整的过程中，应大力发展旅游业，充分挖掘旅游资源，实现旅游资源向经济优势的转化，打造集旅游、娱乐、商品消费于一体的产业链条，发挥旅游业的经济带动效益。嘉峪关地处万里长城西端，是甘、青、新、蒙四省区的交汇处，是河西走廊的重要城市，我国内地通往新疆、中亚的咽喉，国内东西连接的重要通道，也是新欧亚大陆桥上的中转重镇，国内外贸易连接的桥梁。随着国家西部大开发战略的实施，嘉酒地区社会经济迅猛发展。而且随着兰新二线的修建，嘉峪关市的交通枢纽地位日益显现。凭借交通区位优势，应大力发展商贸物流服务业，形成区域物流中心，辐射周边地区。

（4）积极发展节水农业和高效农业

农业是国民经济的基础，在发展新兴产业的基础上，必须重视农业的发展。河西走廊地区属于干旱缺水地区，农业发展要以节水为中心。嘉峪关市应充分利用区域优势，引导城市资本和科技成果进入农业规模化经营，提高农业资本密集度、技术含量和规模经济水平。强化农业科技工作，加快优质洋葱、精细蔬菜、特色制种等优势产业和特色产品的产业基地建设。提高市场开拓能力，进一步完善农产品市场体系，实现社会、经济、生态的可持续发展。

二、酒、张、武生态产业布局与循环经济发展

（一）酒、张、武地区循环经济发展的核心问题分析

（1）走廊干旱区绿洲城市产业发展的约束条件分析

酒泉、张掖、武威是典型的内陆干旱区绿洲城市。由于特殊的自然地理环境及不合理的人类活动，导致河西地区草场退化、土地沙化严重，加剧了自然生态环境的脆弱性。同时，水资源紧缺成为制约本区自然资源合理利用与经济持续发展的主要限制因素。

① 水资源紧缺，供水矛盾突出。河西地区有水即为绿洲、无水便为荒漠，水资源是决定全区社会经济发展容量的主要因素。目前，河西地区水资源严重短缺，水环境恶化，造成生态平衡失调，自然环境恶化，严重制约了河西地区社会经济的持续发展，影响着人民生产、生活及财产的安全。三大内陆河流域来水量逐年减少，各河流上、中、下游之间水资源利用平衡被打破，而中、下游地区为保证基本农业生产和人民生活，大量开采地下水，造成地下水位下降严重。

② 生态环境恶化未得到有效遏制。河西地区沙漠、戈壁与农田草原犬牙交错，生态环境极度脆弱。风沙、干旱等自然灾害频繁发生，尤以沙尘暴为甚，年均达 10 次之多。自然因素与不合理的人类活动相互交织，致使本地区生态环境处于不断恶化之中。南部祁连山区由于毁林、毁草开荒，造成水源涵

养林减少；加之雪线不断上升，冰川后退，河流来水量减少，水源严重不足。中部绿洲区由于不合理的灌溉制度和方法，致使大量农田发生严重的次生盐渍化，对农业生产的危害越来越严重。北部草地超载过牧严重，导致草场退化、沙化和盐碱化逐年加剧，80%的草原发生不同程度的退化，其中50%以上退化严重，草原生态进一步恶化，向荒漠化发展，对绿洲形成极大的威胁。

（2）酒、张、武地区产业结构特征分析

从总体来看，河西地区产业结构层次较低，其中张掖、武威和酒泉市第一产业比例过高，第二、三产业发展缓慢，在经济结构中的比例明显偏低；农业内部结构单一，粮食作物比重较大，生产方式属于传统、粗放的外延型生产。农业产业化起步较晚，综合经济效益不高；工业内部结构不合理，尤其是工矿城市重工业明显高于轻工业。由于长期以来单纯以开发绿洲农业为主，地方工业基础差，人均国内生产总值只相当于全国平均水平的76.4%。

水资源是决定河西地区社会经济持续发展的限制因素。然而，河西地区以农业为主的产业结构和以重工业为主的工业结构以高耗水为特征，这种经济结构对河西地区生态环境良性发展极为不利。同时，河西地区水资源有效利用率低，浪费严重，处于低效和粗放阶段。据了解，全区灌溉用水平均利用率只有40%左右，而美国、以色列等国家则高达80%~90%；全区单方水平均粮食生产效率仅为0.3kg，全国为0.8kg，而美国、以色列等国家则高达2.5kg左右。

（二）酒、张、武地区循环模式与产业生态化

河西地区循环经济发展目标是实现区域经济、生态和社会效益最大化为目标。根据区域循环经济发展的具体目标，综合开发利用河西地区优越的光热条件和丰富的矿产资源，突破水资源紧缺的限制，形成以"绿洲农业＋工矿城市"为特色的区域循环经济复合模式，把本区建成全省重要的商品粮和商品蔬菜基地、农畜产品加工基地、金属冶炼基地，并带动周围地区循环经济的发展。

结合本区资源优势与产业结构特点，本章设计了"节水型特色农业（生态农业）—农畜产品加工业（生态工业）—旅游业（现代服务业）—风能、太阳能（新能源、清洁能源）"为主的产业循环体系。充分发挥本区光热资源优势，节约农业用水，突破水资源的约束，发展节水型特色农业。利用丰富的农畜产品资源优势，以延长加工产业链条和节约水资源为重点，发展农畜产品加工产业循环体系；发挥本区矿产资源优势，发展循环型钢铁、有色金属冶炼加工业，降低单位产品的物耗、能耗和水耗，开展废物资源综合利用；发挥本区旅游资源优势，发展旅游业替代高耗水的传统产业，缓解经济发展与水资源紧缺之间的矛盾；开发本区丰富的风能、太阳能资源，替代常规能源，减少环

境污染。

1. 发展生态农业，建立节水型特色农业模式

根据区内农业生产条件的差异，将河西地区农业空间布局划分为祁连山—阿尔金山山地、中部绿洲灌溉区和北部丘陵荒漠区。

（1）祁连山—阿尔金山山地区：水源涵养生态林＋草畜业模式

本区由低到高分布有温带大陆性荒漠、温带草原、寒温带针叶林、苔原等植被类型。全区土地资源以草地为主，草地类型复杂多样；林地面积较大，林份单一；耕地面积较小，旱地面积大。这种土地构成特点为畜牧业发展提供了有利条件，但生态环境较为脆弱。畜牧业与森林草场生态系统之间存在着一定的相关性。当牲畜数量在临界值以下时，生态系统能够保持良好的生态功能；当牲畜数量接近或超过临界值时，由于超载过牧，使草地、林地植被遭到破坏，森林草地生态系统功能下降，严重时整个自然生态系统功能甚至崩溃。因此，在保护森林草地生态系统的基础上，适度发展畜牧业，合理控制牲畜数量，实行限时轮牧，才能缓解畜牧业与森林草场生态系统之间的矛盾。根据本区畜牧业发展条件和生态环境特点，本章设计了"水源涵养生态林＋草畜业"农业循环模式，提出在保护森林草地生态系统良好功能的前提下，适度发展草畜业。在山区实施退耕还林、还草工程，增加人工种草的比重；在祁连山的浅山地带，封山育林，涵养水源；在农、牧村发展草—牧—沼循环模式，利用沼气替代薪柴，解决农户生活用能，沼渣还田，维持自然生态平衡。

（2）中部走廊绿洲区：粮、菜、果种植＋圈养牲畜模式

本区地势平坦，土壤肥沃，光热资源优越，灌溉条件较好，有利于发展高效优质农业。但也存在农业结构不合理，经营方式粗放，灌溉用水量大，水资源有效利用率低等制约农业可持续发展的因素。根据本区农业生产条件，借鉴以色列高效农业发展的成功经验，以农业节水为重点，调整农业内部结构，放弃以粮为纲，转向优质的蔬菜、瓜果、花卉、畜牧等农产品，以沼气为纽带联动粮食种植、蔬菜种植、瓜果培育和畜牧业，拓展各产业之间关联，延长农业产业链，构建"粮、菜、果种植—畜牧—沼气"的节水型农业循环模式。综合利用内陆河流水资源，完善、更新农田水利基础设施，推广渠道防渗、喷灌、滴灌等农业节水技术，提高水资源利用效率，减少农业用水；合理调整种植业结构，减少高耗水作物的种植面积，发展制种（玉米、蔬菜、花卉等）、反季无公害蔬菜生产、葡萄种植等多种经营；充分利用植物秸秆资源，发展养牛、养羊业；在农村推广沼气利用，替代秸秆和煤炭解决农户生活用能，沼渣还田，以提高土壤肥力。

河西中部走廊绿洲灌溉区农业循环经济发展体系如图6-1所示。

（3）北部丘陵荒漠区：生态保护＋荒漠牧业模式

本区位于河西地区北部及西北部，气候极为干旱，剥蚀残山、戈壁、沙漠

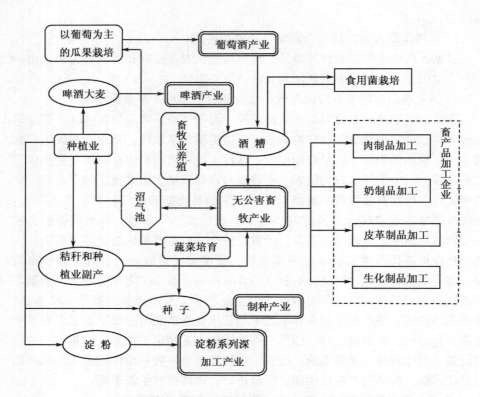

图6-1 河西中部走廊绿洲灌溉区农业循环经济发展体系

和盐碱滩交错分布。绝大多数地区为荒漠草场，退化较为严重，生态系统极端脆弱，农业基础薄弱，畜牧业水平很低。因此，本区农业的发展应在生态保护的基础上谋发展，在发展中求保护，形成"生态保护＋荒漠牧业"农业循环模式。在生态保护方面，结合当地水、土条件，应用先进的技术手段，实施封山育草，加强荒漠生态系统建设与保护。在荒漠牧业发展方面，根据当地水、土、草等自然资源的组合及草场承载力，合理确定载畜量，实行轮流放牧，保证草场有足够的休养生息时间，并通过优化畜种畜群结构，缩短牲畜育肥周期，以降低放牧强度，降低对草场的破坏程度。

2. 发展生态工业

（1）农畜产品加工业循环模式

2009年底，《甘肃省循环经济总体规划》获国务院正式批复，甘肃省成为全国首个国家级循环经济示范区。《总体规划》明确了甘肃省发展循环经济特别是立足建成甘肃国家循环经济示范区，着力打造16个产业链条、七大循环经济专业基地。即兰州、白银石油化工、有色冶金循环经济基地，平凉、庆阳煤电化工、石油化工循环经济基地，金昌有色金属新材料循环经济基地，酒泉、嘉峪关清洁能源、冶金新材料循环经济基地，天水装备制造循环经济基地，张掖、武威、定西特色农副产品加工循环经济基地，甘南、临夏、陇南生态循环经济基地。

酒泉、张掖、武威的光、热、水、土等农业自然条件匹配较佳，马铃薯、玉米制种、酿造原料、果蔬、中药材等特色资源丰富，发展农副产品加工业前景广阔，潜力巨大。充分发挥区域内马铃薯、玉米制种、酿造原料、果蔬、中药材等特色资源优势，培育一批产业链条长、市场份额大、带动作用强的龙头企业。打造以龙头企业为依托的"种植、养殖—加工—综合利用"循环经济产业链条，推动生物技术在农产品加工增值和综合利用中的应用，大力发展绿色、有机、无公害原料。采取先进节能、无污染技术改造传统加工工艺，以生产要素为基本纽带，规划建设具有上下游共生关系的农副产品加工企业循环经济园区，实现有害污染物的闭路循环，努力把特色农产品加工业培育成新的循环经济支柱产业。以节水型农业、特色种植业、农产品加工业、生物饲料制造业、特色养殖业、沼气、生物特效有机肥制造业、太阳能等多种关键技术系统集成为目标，打造世界领先水平的干旱地区节水型区域工农业复合循环经济系统集成示范基地。合理调整工业结构，严格限制高耗水产业，尽可能把有限的水资源配置在经济效益好、耗水率低的产业。立足于河西地区丰富的农畜产品资源优势，按照循环经济的原理，以延长农畜产品加工产业链条和节约水资源为重点，形成农畜产品加工产业化体系，提高农畜产品的附加值，逐步使农业由弱质产业向优势、特色产业发展。重点培育张掖、武威和酒泉的玉米深加工，武威、酒泉的啤酒大麦和啤酒花深加工，武威的葡萄果酒深加工，酒泉的棉花深加工，张掖、酒泉、武威的甜菜、面粉、脱水蔬菜和瓜果深加工，武威的黑、白、无壳瓜子深加工等龙头企业，形成农产品精深加工循环系列。发展肉类屠宰加工系列、乳品加工系列、皮革加工、畜绒加工、兽骨加工、鹿产品加工等畜产品精深加工循环系列。

该区域农副产品加工业发展的方向是：马铃薯产业重点加强新品种选育、脱毒种薯扩繁、高产栽培技术推广、精深加工及终端产品开发等方面的能力建设，建成淀粉原料基地，全粉、薯条薯片加工专用薯基地，实现品种布局的区域化，发展马铃薯精淀粉、变性淀粉、全粉、薯条薯片及高档休闲食品。

玉米制种产业发展杂交玉米、瓜菜、花卉制种。发展具有自主知识产权的品种，加大品牌运作，提高加工、贮运能力，使河西走廊成为名副其实的北方种业基地。

酿造原料产业发挥龙头企业的带动作用，发展葡萄酒、啤酒酿造原料，在提高现有制酒企业产品质量的同时，重点发展原汁生产。

果蔬产业充分发挥光热资源优势，加快发展鲜果的分级、清洗、打蜡、包装、贮藏等商品化处理，大力发展加工型品种，扩大浓缩果汁、制干、制酱和膨化食品生产。重点发展高原夏菜、反季节特色蔬菜、出口脱水蔬菜、番茄酱及果蔬食品等。

中药材产业积极推进中药材 GAP 生产进程，生产优质无污染的绿色药材。依托中药材市场的带动，稳定种植面积，提高产品品质，增强药材综合加工能力。开发适合当地气候、土壤条件的 EM 肥产业，提高农产品产量，减少农药、化肥施用量，大力发展有机农业，增强食品安全性。

循环经济重点建设项目有：甘肃黑河流域（张掖）段湿地保护工程，石羊河流域防沙治沙与生态恢复工程，张掖市农业和工业废弃物综合利用及回收网络体系建设项目，武威市农牧业综合开发及废弃物综合利用项目，沙漠生态产品产业化示范项目，农副产品深加工产业化示范项目。

发展目标是通过加快循环经济园区和一系列循环经济项目建设，大幅提高农副产品加工过程中各种废弃物的有效利用。到 2015 年，农副产品加工业加工转化能力提高到 50% 以上，能源利用状况明显提高，废弃物排放系数明显下降，综合能耗、万元产值水耗下降 10% ~ 20%，达到国内先进水平。2010年化学需氧量排放量计划控制在 3.31 万 t。

（2）风能、太阳能源利用模式

河西地区风能资源相当丰富，其中北纬 40° 以北的安西、金塔以及乌鞘岭，是风能资源最为丰富的地区；酒泉南部、武威北部、张掖的山丹和民乐、金昌、嘉峪关等地都在 $250kW \cdot h/m^2$ 以上，是甘肃省风能次丰富地区。从目前国内风能利用技术来看，河西地区已具备开发风能资源的条件。因此，利用河西地区上万亩荒漠戈壁，规划建设投资上亿元、规模千万 kW 级风力发电系统，充分利用风能资源发电，替代煤电等常规能源，减少环境污染。同时，河西走廊又是甘肃省太阳能最丰富地区，年太阳总辐射量为 $5800 ~ 6400MJ/m^2$。近期，可推广应用太阳能热水器、太阳能供暖和制冷、太阳能蓄热、太阳灶、太阳能热动力等装置，利用丰富的光热资源解决居民生活用能；中远期，可建设太阳能光伏电站，利用太阳能并网发电，作为替代煤电的一种新能源。

得益于国家首个千万 kW 级风电基地的建设和 800km 范围内辐射国家规划的 4 座千万 kW 级风电场的区位优势，截至 2009 年底，已有金风科技、华锐科技、中材科技、中复连众等 19 家风电装备制造领军企业入驻基地，特别是国内风机和风机叶片制造的前三强企业全部在基地安营扎寨。去年全市实现装备制造销售收入 64 亿元，被科技部认定为国家级产业基地。从 2010 年起，酒泉市按照"招总装、引配套、带产业"的招商理念，始终把国内居领先地位、辐射带动能力强的上游项目作为主攻重点，多措并举引进配套项目，扶持下游产品开发和延伸配套，引进中国兵装集团、正泰集团等一大批国内居领先地位的风光电装备制造企业入驻基地，使基地落户企业总数达到 31 家。同时，全力推动大功率风电装备制造的研发和生产。目前，华锐科技和金风科技的

3MW 和 2.5MW 风机已成为酒泉新能源基地风机生产的主打产品，中材科技和中复连众的 2.5MW 和 3MW 的叶片已规模生产，陆上最大的 5MW 风机生产线也在华锐科技紧锣密鼓建设中，酒泉已成为目前我国最大的风光电装备制造基地。

（3）高度重视特色工业园区建设

目前，酒泉循环经济产业园初步形成煤化工、矿产冶炼、建筑建材三大循环产业和"煤炭洗选—焦化—煤焦油—甲醇""石灰石—石灰—电石—PVC""矿石精选—冶炼—金属合金—废渣—水泥建材" 3 条产业链；酒泉资源综合利用产业园围绕有色金属冶炼、铸铁、铁合金、石材加工、硅材料制造等多个行业，初步建成了"黑色金属采选—冶炼—矿渣回收利用""有色金属采选—冶炼—矿渣回收利用""石材初选—荒料—板材—余料二次利用" 3 个触及循环经济产业链。

3. 以旅游业为重要，支持产业现代服务业发展模式

旅游业在发展最初被认为是"无烟工业"。旅游业具有最佳的资源节约型和环境保护型产业的特性，产业生态化应用于旅游业顺应了"两型社会"的发展潮流。

古老的丝绸之路横贯河西走廊全境，张骞出使西域，玄奘西天取经，鸠摩罗什东来译经传道，马可·波罗探险游历，都经由此途。史前文化、中原文化和外国文化，赋予了河西走廊历史文化博大精深的内涵。这里古道、驿站、雄关、城堡、烽隧、佛寺、石窟、古长城、烽火台和古墓葬比比皆是。自西向东分布着敦煌、张掖和武威 3 座中国历史文化名城。敦煌莫高窟，以现存洞窟规模最大、艺术价值最高、内容最丰富，而成为我国众多石窟中的佼佼者，并享誉全球。万里长城在走廊内绵延数百公里，嘉峪关雄踞戈壁大漠，巍峨雄伟，黑山石刻和魏晋古墓砖画风格独特。酒泉卫星发射中心因"神六"的成功发射更是驰名中外。张掖因大佛寺内拥有全国室内第一卧佛，全国最大的宫殿式雅丹地貌，及亚洲第一马场——山丹军马场——而威震四海，在河西四郡中历来就有"金张掖"之赞誉。武威市因雷台汉墓出土的东汉艺术珍品"马踏龙雀"（铜奔马）被定为中国旅游标志，以及作为唐代边塞诗《凉州词》的发源地、中国葡萄酒的故乡、西藏归属祖国版图的历史见证地（百塔寺），而被冠以"银武威"之盛誉。河西不仅遗存有丝路文化、敦煌文化、石窟艺术，简牍文化、五凉文化和长城文化，也有"大漠孤烟直，长河落日圆"的西部雄浑景色，"春风不度玉门关""西出阳关无故人"的边塞苍凉气氛，更有河西四郡（凉州、甘州、肃州和瓜州）遗留的绚丽多彩的民俗风情等，它们与历史一脉相承，是河西悠久历史的缩影和中华民族绚丽多彩文化的反映。河西走廊还因祁连山横贯其间，地质地貌景观和植物景观的纬度地带性分布十分强烈，绿洲、戈壁、大漠、森林、草原、雪山、冰川、雅丹、丹霞地貌间或散布

丝路古道，五彩纷呈，各具特色。可以说，整个河西走廊就是一幅人文景观和风景名胜的长卷，一条荟萃中国古代艺术的文化长廊。河西走廊如此丰富的旅游资源，在甘肃、西北乃至国内外都具有重要的地位，其强大的感召力和影响力，对于提升河西旅游整体竞争力提供了有利的基础保障。

（1）深度挖掘旅游资源

一个旅游目的地的旅游发展，在很大程度上取决于精品旅游产品的设计与开发。因此，深度挖掘旅游资源，打造品牌旅游产品，无疑将成为河西走廊旅游开发的关键。基于河西走廊已有旅游产品的现状和市场分析，以"丝路文化、边塞风情"为主题的文化旅游资源应该深层次开发，实行精品发展战略。与此同时，还要打造特色旅游产品，发展新兴旅游项目，丰富旅游产品的种类，提高旅游产品的趣味性、知识性和参与性。通过对旅游产品的精品化、特色化和现代化开发，实现旅游产品向多样化和多功能型转变。

（2）整合旅游资源空间

河西走廊旅游资源关联性强，类型、功能多样，且一部分具有垄断地位，众多不同类型的旅游资源相互依存，互为条件，构成了本区鲜明的资源特色。但是，目前河西五市旅游开发和管理条块分割现象严重，景区之间缺乏互动性和互补性。因此，河西走廊区域旅游资源开发应该树立空间整合的思想。

（3）整体联合推进营销策略

河西走廊的武威、张掖、金昌、酒泉和嘉峪关五市是独立的行政区域，但从其地脉和文脉特征来看，都具有许多相似性，属于同一旅游区。行政区界线割裂了区域自然和人文旅游资源的连续性，这对区域旅游业发展不利。河西五市应以河西走廊为主题，采取整体联合推进营销策略，整合旅游地内相关旅游资源，把发展文化旅游与发展生态旅游、民俗旅游、工农业旅游、休闲度假等密切结合，并借用丝绸之路和敦煌莫高窟的名牌效应，借助其品牌辐射功能来带动河西五市旅游产品的销售。与此同时，河西五市应在营销的主题、方式、渠道、产品和价格等方面相互协调，推动文化旅游与生态、休闲、度假、民俗风情等旅游整体联合推介营销，共同推出有竞争力且有地域特色的旅游产品，提升河西走廊旅游的整体形象，促进区域旅游的协调发展。

（4）大力发展旅游循环经济，实现旅游产业生态化

旅游循环经济要求人们在进行旅游生产和消费活动时，把自己纳入旅游产业生态系统之中，运用生态学规律，将旅游生产和消费活动规制在生态承载力、环境容量限度之内。通过分析代谢废物流的产生和排放机理与途径，对旅游生产和消费全过程进行有效监控，并采取多种措施降低旅游污染产生量，最终降低旅游产业系统对生态环境系统的不利影响，形成一个"资源—产品—再生资源"的循环型社会。

要使旅游产业生态化得以实现，还需要国家和政府从宏观层面在制度上加

以保证。首先，国家要制订符合旅游产业生态化发展的政策，确立旅游产业生态化发展的战略、步骤、目标，引入激励与约束机制，鼓励旅游企业、团体参与旅游产业生态化建设。其次，要加强立法，建立适应旅游产业生态化发展的法律法规体系，做到有法可依。此外，政府要通过制度设计，提高公众的循环经济意识，加大对旅游循环经济的宣传教育，转变传统观念，树立全新的资源观，认识到世界上没有废物，拥有的全是资源，积极进行绿色消费，加速旅游产业生态化进程，实现生态化型旅游产业。

（5）加快发展现代物流业

武威商业气息浓厚，人气旺，交通区位优越，具有发展现代物流业的诸多有利条件。目前要围绕建设西北区域性商贸中心的目标，依托城镇和交通要点，重点加快发展现代商贸流通业，大力推行连锁配送经营。重点培育管理水平高、辐射范围广、竞争力强的大型连锁经营企业，鼓励支持其跨行业、跨区域发展。加快发展以社区为中心，具有多项服务功能的连锁便利店，积极推进专业店、专卖店和百货店开展连锁经营，适度发展仓储式大卖场和融购物、休闲、娱乐、餐饮、健身为一体的新型流通业。利用现有仓储、运输、包装等设施，建设社会化、专业化的商品配送中心。以资产为纽带，以名店、名牌为龙头，通过兼并、加盟、联合等方式，发展一批主业突出、多元经营、生产与流通相结合，内贸与外贸相融合的大型商贸流通企业集团。要重点培育物流市场现实需求和第三方物流企业，规范物流市场和物流标准，加强物流基础设施建设，构建交通、通信、金融和电子商务等方面的公用信息平台，把现代物流业培育成武威市新兴的服务业支柱产业。

（6）高起点发展信息服务业

要充分利用现有资源，加快推进宽带多媒体和宽带信息化小区建设，实施传统网络的改造，完善现有光缆传输网、固定电话网和移动通讯网，促进电信、电视和计算机三网融合。开发和利用政府、企业、社会公众信息资源，重点开发产业信息、产品信息和市场信息，积极拓展网络增值服务，初步形成质优价廉、有序竞争的宽带接入网运营市场。大力发展信息系统集成应用服务业，逐步建立部门和行业咨询中心，向社会提供信息咨询、分析和研究等增值服务。加快建立一批信息量大、覆盖面广、服务功能强的专业网站和知名度高的门户网站，为社会提供电子商务、远程教育、旅游、房地产咨询、家庭娱乐等方面的信息服务。

（7）鼓励发展社区服务业

社区服务业具有投资省、服务需求多、就业渠道宽等特点，是扩大就业、吸纳劳动力的主渠道之一。要发展面向一般居民家庭和个人的家政服务，鼓励发展针对老年人、儿童、残疾人等特殊群体的专业化服务，大力发展保洁、保安、保姆、保修等服务。加强新型社区建设，探索运用市场机制创办养老、托幼、文化、健身、医疗、物业管理等各种便民利民服务业，满足人民群众的各种服务需求，全面提高人民群众的生活质量。

（8）健康发展房地产业

房地产业是国民经济发展的晴雨表。目前武威市要重点加强宏观调控，优化住宅供给结构，增加经济适用房的供给量，搞好住宅小区的综合开发，增强综合服务功能，满足居民多样化的住房需求。要规范、搞活房地产市场，规范房地产市场秩序和交易、价格行为，积极拓展个人住房融资渠道，扩大公积金贷款与商业性贷款相结合的组合贷款业务规模，促进住房消费。引入市场竞争机制，推行物业管理和项目招投标制，规范物业管理服务的市场行为，促进房地产业的健康持续发展。

（9）规范完善中介服务业

随着社会主义市场经济深入发展，律师、会计、评估咨询、招标拍卖、检测检验、认证公证、房地产交易等各类中介服务已渗透到社会、经济、生活等各个领域。目前要进一步规范完善各类中介服务业，坚持诚信原则，加强自我约束，规范行为，加强监管，为社会提供高质量、多样化的中介服务。各类中介机构须与政府部门脱钩，打破地区封锁和行业垄断，建立公开、公平、公正的中介服务市场，强化中介服务机构的法律责任。同时要进一步鼓励各类中介机构采取合伙制、股份制等多种形式改组改造，健全和完善中介服务机构的行业协会，确立法律规范、政府监督、行业自律的行业管理体制，促进中介服务业健康发展。

第七章
河西走廊生态城市建设中的政府职责

一、政府履行生态城市建设职责的必要性

改革开放以来，我国经济迅速发展、国力大大增强，成就有目共睹。然而，为此付出的代价也令人侧目。环境污染及生态破坏已成为我国经济可持续增长的重要阻碍，甚至造成了无可挽回的巨大经济损失。因此，在科学发展观的指导下，政府履行生态城市建设的责任，应视为政府的重要职责之一。生态环境作为人类生存栖息之地，不仅是区域性公共物品，而且已经成为全球性公共物品。作为公共部门的政府，应负有保护生态环境、建设生态城市的责任，促使生态与经济的可持续发展。

（一）从生态城市建设的系统性看政府履行责任的必要性

从生态学的观点看，城市是以人为主体，由社会、经济和自然 3 个子系统构成的复合生态系统。生态城市不仅涉及城市的生态环境（包括自然环境和人工环境），也涉及城市的经济和社会，是一个以人的行为为主导，以自然环境系统为依托，以资源和能源流动为命脉，以社会体制为经络的社会—经济—自然的复合系统，是社会、经济和环境的统一体。生态城市概念的提出，主要用来解决现代城市发展过程中世界人口环境质量下降问题。然而，城市自身并不能解决这些矛盾，必须借助于外部力量。此时的政府应义不容辞地承担起协调内部矛盾、建设生态城市的重任。

生态城市是现代城市发展的高级阶段，是依托现有城市，根据生态学原理，应用现代科学与技术等手段逐步创建，在生态时代形成可持续发展的人居模式。如果生态城市建设不好，就难以脱离"杀鸡取卵"的发展模式，危及子孙后代的生存与发展。在社会转型期，如果解决不好生态保护与经济发展之间的矛盾，就会违背自然规律，加重社会系统内部的矛盾与冲突，使得社会既解决不好当前的问题，又损害了未来发展的资源。在致力于城市发展的过程中，无论是中央政府还是地方政府，都天然地有着保护生态环境、建设生态环境的责任，而且必须投入资金，确保地区的生态平衡。政府要通过努力，使城市内生态要素按照人与自然可持续发展的要求，实行生态功能与经济功能的分工，从而达到城市发展效益最大化的目标，最终促进人与自然协调发展。生态城市强调从"生态"的角度来综合看待并建设城市，作为公共管理者的政府，只有从城市发展的角度，系统、深入地把握生态城市的含义，才能正确指导生态城市的建设。

建设生态城市，要正确利用城市生态系统的服务功能，并将其作为一种效益，纳入社会经济活动的费用效益核算中，体现出生态经济的思想。即把经济系统与生态系统的多种组成要素联系起来，进行综合考虑与实施，同时还要运用生态控制论原理，研究城市环境对人类活动的反馈机制，如生态承载力对人类社会经济活动的响应，从而使人类决策有助于城市生态系统向健康有利的方向发展。

政府履行生态城市建设的责任，是向"实现人与自然的高度和谐"的目标逐步逼近、重质量、综合性的过程。从人类生态学方面看，环境为人类提供各种生态服务功能，人与自然和谐相处，即人类对自然的尊重和保护。生态城市的必要因素之一，是城市中具有反映和体现上述生态性内涵的性质，即生态城市的核心是人与自然的高度和谐，城市的结构、功能、状态、过程等要遵从生态学的一般规律。

政府履行生态城市建设责任，强调的是经济、社会与环境的综合、协调、可持续发展，因此生态城市的思想要渗入人类社会的各个领域，如经济发展模式、政治制度、文化价值、科学技术等方面。从整体性的角度看，政府应高度重视城市各个方面的发展，追求多项要素之间的最适，而不是追求某一单独要素如经济发展水平的最优。在城市化的过程中，各要素通过自身的不断协调，得以动态地自我完善和更新，实现生态城市的科学快速发展。

(二) 从生态文明的重要性看政府履行责任的必要性

"生态文明"是党的十七大报告的一个亮点。继物质文明、精神文明、政治文明之后，生态文明的提出，使得建设小康社会的目标越来越清晰，内涵越来越丰富。将人与自然的关系纳入到社会发展目标中统筹考虑，建设生态文明，这是中国对世界负责的庄重承诺，也必将对我国社会的方方面面产生深远的影响。从行为遵循的角度看，生态文明是一种规则前置的文明，是一种适应性文明。生态文明作为一种独立而崭新的文明形态，也必将促进生态城市建设在责任取向上进行转变与演进。

生态文明的提出为我国政府履行生态城市建设的责任提出了内在要求。建设生态文明、保护生态环境，是当代中国的一项重大而紧迫的任务。我们知道，生态文明要求人们在改造客观物质世界的同时，积极改善和优化人与自然的关系，在建设有序的生态运行机制和良好的生态环境过程中，取得物质、精神、制度各方面的平衡。当前，我国已进入经济社会发展的关键阶段。根据西方发达国家的经验，一个国家人均 GDP 达到 1000~3000 美元的阶段，往往是该国经济社会发展的关键时期，即"发展的黄金期""矛盾的凸显期"。党的十六届三中全会明确提出"坚持以人为本，树立全面、协调、可持续的发展观，促进经济社会和人的全面发展"，强调"统筹城乡发展、统筹区域发展、统筹经济社会发展、统筹人与自然和谐发展、统筹国内发展和对外开放"。之后，党的十七大报告指出，"建设生态文明，基本形成节约能源资源和保护生态环境的产业结构、增长方式、消费模式。循环经济形成较大规模，可再生能源比重显著上升。主要污染物排放得到有效控制，生态环境质量明显改善，生态文明观念在全社会牢固树立。"

建设生态文明，实质上就是要建设以生态环境承载力为基础，以自然规律为准则，以可持续发展为目标的资源节约型、环境友好型社会。从这个意义上说，生态建设是经济建设、政治建设、文化建设和社会建设的基础和前提。它所追求的社会发展，着眼于人的全面发展，强调以人为本，不仅主张"一切为了人"，更主张"为了人的一切""为了一切人"。它不是对经济增长的否定，更不是对人的价值主体地位的怀疑，而是对传统政治模式支持下的经济增长方式的否定，是对人的价值主体地位异化的否定。它试图使经济增长与环境生态由对立关系转变为和谐共生、相互适应甚至相互促进的关系，找到人的价值主体地位实现的恰当方式。只有政府成为生态的"道德代理人"，才能避免环境主体缺失的尴尬和无奈；只有借助于政府的强大力量，才能有力推动企业生产的社会成本和环境成本的内部化和最小化，解决企业源于市场经济而形成的唯利是图本性，与社会公共利益的矛盾所导致的内部经济效益和外部社会效用的脱离甚至对立的问题。

在生态城市建设的过程中，要求政府对生态环境的开发、保护以及对损害生态环境行为约束等，切实履行自己的责任。由于人对自然关系的依赖性以及自然资源对经济发展的作用，人与自然的关系实质上也是人与人之间的利益关系。生态环境及其所有资源，都是作为人的生产条件或劳动对象存在着。在工业化社会里，企业的第一要务是追求利润最大化，并且在攫取资源的过程中，不可避免地会对生态造成一定的影响和破坏。而政府，特别是一个负责任的政府，不可能放弃经济发展而一味地追求环境效果，关键在于找到一个平衡点。政府生态责任要解决的问题是生态资源的合理配置及生产生活废弃物的妥善处理。

可以说，只有通过政府充分履行生态城市建设的责任，才能推动生态城市的发展，奠定建设生态文明的坚实基础，形成社会、市场、政治相互制约的有效生态治理结构，从而使政府能够统筹人与自然的和谐发展，坚持经济社会发展、环境保护、生态建设相统一，充分发挥政府对生态城市建设管理的主导作用，履行政府应尽的职责。

（三）从可持续发展的战略实施看政府履行责任的必要性

可持续发展的危机形成于企业个人生产的私有性与环境资源、生态城市环境公共性之间的矛盾。依靠企业或个人的自律和技术的手段，无法避免"公地悲剧"的发生。只有政府主导生态城市建设，才是解决这一问题的根本所在。

一个国家的综合国力既包括由经济、科技、军事实力等表现出来的"硬实力"，也包括以文化、意识形态、生态等体现出来的"软实力"。生态软实力是指影响一个国家或地区发展自身潜力的生态力量。但在软实力的评价中，长期以来忽视了生态因素。经济学理论中的"木桶原理"表明，决定木桶容积的不是最长的木板，而是最短的木板。生态就是最短的木板，生态环境已经成为制约长期可持续增长的要素供给瓶颈。生态作为经济与社会发展软实力的重要组成部分，也是后进国家和地区所具有的内在的、客观的有利条件，其后发优势越来越突显。西方经济学中有一个著名的"公地悲剧"原理。公地制度是英国中古时期的一种土地制度——封建主在自己的领地中划出一片尚未耕种的土地作为牧场，无偿提供给当地的牧民。由于是无偿放牧，每一个牧民都想尽可能增加自己的牛羊数量。随着牛羊数量无节制地增加，牧场最终因过度放牧而成了不毛之地。1987年联合国环境与发展委员会发布的研究报告《我们共同的未来》，第一次深刻而全面地论述了人类面临的和平、发展、环境这三大主题之间的内在联系。

从可持续发展战略看，生态城市中的人类社会经济活动必须以生态可承载能力为前提。城市的可持续增长必定是城市生态承载力可接受范围内的增长，超出生态承载力的增长必将是暂时的、短期的、不可持续的。作为生态系统能够负荷的经济增长的极限条件，生态承载力根据自身所能承载的自然资源需求与环境压力，从量与质两方面分别限定了经济增长的速度和方式。其次，如果经济以可持续的速度、可持续的方式增长，严格维护生态系统的结构与功能，长此以往，生态承载力将得到保护与巩固，为今后的经济增长奠定坚实的基础，从而实现更稳定、更长久的经济增长，形成经济可持续增长的良性循环。生态承载力与政府经济可持续增长目标在某种意义上是一致的，二者相辅相成，不可分割。可持续发展要解决的核心问题是人口、环境资源与经济增长的关系问题，而生态承载力要解决的核心问题也是资源、环境、人口与经济的关系问题，只是二者考虑问题的角度不同而已。

没有良好的生态环境，生产力的发展不可能持续。坚持可持续发展正是为了更好地解放生产力、发展生产力。城市的生态环境与经济发展既存在矛盾，又相互依存，是对立统一的关系。生态城市里的绿水青山可以源源不断地带来城市经济的金山银山，正确处理快速发展和持续发展的关系，坚持走资源节约型、环境保护型的发展道路，建设人与自然高度和谐的生态城市，在生机盎然的绿水青山中持续地追求并享有幸福，才能真正拥有沉甸甸的金山银山。可持续发展战略强调把发展、以人为本、全面协调可持续内在地统一起来，坚持统筹兼顾的根本方法。可持续发展战略体现了人与自然、人与人以及经济与社会的协调发展，是协调人与自然关系的落脚点和最终结果。

可持续发展的战略要求政府最大限度地促进人与自然的和谐，进行生态建设履行政府的生态责任。政府必须依据一定的法律法规，凭借行政权力采取各种措施和手段，创造一个既满足当代的需要，又不对后代人满足其需求构成危害的经济社会环境。随着可持续发展思想在世界范围的传播，人们会认识到实现可持续发展是人类永续发展的必由之路。

在经济社会发展的关键时期，在重新审视经济发展的基础上，中国政府适时提出并开始实施了可持续发展的战略。可持续发展已成为我国正在实施的一项国策。可持续发展的基础是人与自然的和谐，而当前人与自然矛盾尖锐，面临着诸多困境。经济的可持续发展就是要求经济发展不仅要重视经济增长的数量，更要重视经济发展的质量。当今继续存在环境恶化的势头阻碍了经济发展，而且已经成为一个社会问题。中国不断面临生态继续恶化的趋势，还面对自然环境保护的天然劣势。在双重压力之下，如何有效引导生态城市的建设，维护生态平衡，促进社会经济发展，是我们需要认真反思的重要课题。其中，作为代替国家行使权力，掌管所辖领域社会公共事务的政府，必然承担起自身的责任，我们称为政府履行生态城市建设的责任，或者简捷地称为政府生态责任。

我国在国民经济和社会发展"十一五"规划中明确指出：以科学发展观统领全局，坚持走可持续发展道路，建设资源节约型、环境友好型社会，强调了对生态环境的保护，并在经济社会发展的主要目标中首次引入关于资源环境保护的约束性指标。即单位国内生产总值能源消耗降低20%左右，单位工业增加值用水量降低30%，工业固体废物综合利用率提高到60%。政府肩负起生态城市建设的责任是经济社会发展的现实要求，是人类社会在特定发展阶段的必然要求。政府履行生态城市建设的责任，将为政府责任加入新的元素，使其有更加丰富的内涵。

（四）生态系统的脆弱性和严重性决定了政府职责的艰巨任务

石羊河流域位于河西走廊东端，其下游有一片广阔的绿洲称为民勤绿洲。绿洲北面在20世纪50年代有一个碧波荡漾的湖泊，这里曾是民勤县经济条件和生活环境最好的地方。谁能想到这里正在发生沙进人退，耕地荒芜，村民流离失所的变迁呢？如今，湖水早已干涸，地下水位急剧下降，水质矿化度过高，生态环境严重恶化。有的自然村已经空无一人，有的只有寥寥几户，正在经受风沙的侵虐，饱尝干旱的煎熬。因为缺水，民勤湖区已有3.33万 km² 天然灌木林枯萎、死亡，有 2 万 km² 农田弃耕，部分已风蚀为沙漠。

处于河西走廊西端的疏勒河流域，其水资源危机局面同样令人忧心。世界奇景月牙泉不断萎缩正在面临灭顶之灾。1960 年水域面积为 14880m²，最大水深为 7.5m，1997 年已分别降至 5380m² 和 2m，2000 年水深甚至不足 1m。月牙泉的问题只是位于党河下游的敦煌市水资源危机的标志。事实上，敦煌市已形成了全省最大的地下漏斗群，地下漏斗遍布整个敦煌绿洲。

黑河发源于祁连山中段，是我国西北地区第二大内陆河，年水资源总量为 43 亿 m³。中游地区大规模开荒垦地，大量水资源被消耗，流到下游的水量急剧减少。水量急剧减少首先导致湖泊消失，西居延海、东居延海水面面积在 20 世纪 50 年代仍十分广阔，分别为 267km² 和 35km²，西居延海于 1961 年干涸，东居延海先是 3 次干涸，到 1992 年彻底干涸。水量减少带来的连锁反应是组成生态系统的各种生物衰败，沙漠化急剧发展。下游三角洲天然生长的乔、灌、草，由三层结构逐渐演化为二层、单层，甚至大片大片地枯死。胡杨林面积由 20 世纪 50 年代的 75 万 km² 下降到 90 年代的 2.267 万 km²。根据影像资料对比分析，20 世纪 60 年代初至 80 年代初，额济纳旗植被覆盖率小于 10% 的戈壁、沙漠面积约增加了 462km²。如今那些半流动、流动的沙丘正在吞噬着千百年来人类居住的家园，古老的居延绿洲正面临一场空前的生态灾难。在黑河下游面临严重生态危机的同时，其中上游生态环境也日渐恶化，荒漠化已成为一种普遍的现象。沙化速度大于治理速度，如高台县沙化速度是治理速度的 2.2 倍。黑河上游的祁连山草原退化严重，肃南县草场退化面积已近 73.33 万 km²，占可利用草场面积的一半。20 世纪 70 年代，河西绿洲荒漠化面积每年增加 1560km²；80 年代，每年增加 2100km²；90 年代后，每年增加 2400km²。

水资源减少、土地沙化带来的必然结果是沙尘暴的频繁光顾。据不完全统计，我国的强沙尘暴在 20 世纪 50 年代为 5 次，60 年代为 8 次，70 年代为 13 次，80 年代为 14 次，90 年代为 23 次。河西走廊是沙尘暴的频发地之一。1993 年 5 月的一次强沙尘暴，其中心含尘量为 2000mg/m³ 以上。1995 年 5 月的强沙尘暴，降尘量达 1243.1 万 t，相当于省内最大水泥厂 15 年的产量。1998 年 4 月的沙尘暴波及西北 12 个地区，461 万亩农作物受灾，11.09 万头牲畜死亡，直接经济损失约 8 亿元。

以上分析表明，政府担当的河西走廊的生态建设任务，不仅仅局限于为该地区城市人口提供高质量的生存环境，规划设计可持续发展的资源使用制度，还在于它肩负着维护本地区环境、经济、社会协调可持续发展，担当好整个国家的生态屏障以及安全、繁荣的新经济走廊的历史使命。

二、政府履行生态城市建设职责的内容

城市政府是城市的首脑，是生态城市建设的主导者，担负着管理与建设城市、推进城市发展的行政职能，为居民提供优质公共产品。生态城市的功能和内涵决定了其建设主体必然是政府，而不是企业。因此，只有合理界定和清晰城市政府在生态城市建设中的职能，才能科学高效地引导、规范、推进生态城市战略的实施。

（1）制订科学合理的生态城市建设规划

明确生态型城市建设的战略定位，科学、合理地制订生态城市建设规划，是城市政府发挥职能的先决条件，也是经营生态城市的必备条件。作为一个城市政府，要给市民设计出一个令人兴奋的城市整体规划蓝图，从这个蓝图中能看到城市未来发展的美好远景。这个蓝图如果设计得好，就是这个城市巨大的无形资产。所以，生态城市规划本身就是城市政府建设生态城市的首要职能，是城市政府管理城市的龙头。城市要做到环境优美、独具特色、功能完善、生活方便，首先必须要有一个好的城市布局，这个布局通过生态城市规划和设计而表现出来。生态城市规划对城市建设用地的即期价值和远期开发的价值都有决定性影响，生态城市规划给城市发展方向、功能分区和重要基础设施以明确的定位，分区规划和详细规划能够展示不同区域和不同阶段的发展前景。在规划生态城市建设时，要从提升城市品位的角度来规划设计生态城市。生态城市需要良好的文化内涵特征和修养层次，如何增加城市的无形（价值）资产，提高城市的知名度和向心力，这是规划生态城市所要遵循的要义。生态城市的建设除了美化城市，还要突出中小城市的特色，要有独树一帜的品牌文化内涵。但现在许多生态城市规划千篇一律，没有自己独特的形象，没有独特的文化内涵，这无疑是失败的生态城市规划。

（2）提供城市公共产品

公共产品具有生产（供给）上的非竞争性（垄断性）和消费（需求）上的非排他性，这种特性决定了公共产品由政府经营是最经济的选择。政府提供公共产品，并不是政府亲自组织生产公共产品，也不是政府垄断公共产品的生产。政府主要提供政策支持，来解决体制、融资机制等方面的问题。政府可以运用多种制度规则或多种方式来提供公共产品，如制订各种鼓励私人举办公共产品的政策，采用承包制等形式由私人提供城市供水和污水处理，由私人投资办医院和学校，或采用合资、合作的方式来承办城市公共产品。采用 BOT（建设、经营、转让）、BTO（建设、转让、经营）等项目融资方式，为城市建设提供资金建设生态城市的公共项目大致包括：① 城市基础设施建设，包括城市地下管网（城市供水、排水系统）建设，城市供电、供气系统建设；

② 城市交通建设，包括城市道路、桥梁、隧道、堤坝建设，市内公共交通和运输建设，站台建设；③ 城市环境建设，包括建设城市环城生态林带，市内绿化，街道绿化，小区绿化，城市公园和城市休闲场所建设；④ 城市场馆建设，包括体育馆、文化馆、图书馆、博物馆、电影院、剧院、俱乐部等建设；⑤ 医院、学校建设，医院包括各类医院（综合医院、专科医院）。

（3）创新生态治理模式，建立各种合作机制和协商机制

生态环境问题已经渗透到社会生活的各个领域，在这种背景下，仅仅指望政府运用其掌握的公共资源，采用自上而下的行政手段，已经无法应对生态管理的挑战。因此必须创新生态治理模式，建立各种合作机制和协商机制，将市场主体、社会组织和公众纳入生态治理过程中来，实现生态治理的全方位整合。生态治理的复杂性、艰巨性与行政资源的有限性，是制约政府生态治理成效的一个突出问题。在这种现实挑战面前，寻求体制外资源的支持，是地方政府应对传统治理模式的必然选择。市场化改革带来的一个重大的社会结构变迁，就是体制外资源的大量涌现，社会各个群体都不同程度地分享着日益分散化的社会资源。这既给传统的以政府为单一中心的治理模式带来了诸多挑战，同时也为政府整合资源，创新治理模式提供了一个相当大的自主性空间。民间市场主体力量的壮大，自主性日益增强的各种社会组织的发育和成长，社会大众公民意识和环保意识的显著提升，都为生态治理提供了丰富的体制外资源，这些体制外资源作为一种现实的力量，已经对地方的公共生活产生了重要的影响。对于地方政府来说，如果能以开明、务实的态度，尊重社会多元主体的利益，为他们在地方公共事务治理中提供一定的舞台，就可能将各种体制外资源积极整合到地方公共事务的治理过程中来，使之有效地参与地方的公共事务活动。

（4）探索建立多元化生态投入机制

地方政府应出台配套政策，按照"谁投资、谁经营、谁受益"的原则，鼓励不同经济成分和各类投资主体，以独资、合资、承包、租赁等多种形式参与生态环境建设，生态经济项目开发。大力开展村企联创活动，鼓励工商企业及民营企业捐助和建设农村基础设施。通过拍卖、租赁等方式，盘活集体闲置资产，创造条件引进项目和外来资金，支持生态文明建设。鼓励社会资金、民间资本以 BT、BOT 等形式，参与安全饮水、沼气、文化设施、村庄绿化等生态文明重点工程建设。鼓励社会捐赠，引导金融信贷等各类资金参与生态文明建设。探索经营性生态项目企业特许经营权、污水和垃圾处理收费权以及林地、矿山使用权等，作为抵押物进行抵押贷款。通过多元化投入机制，加快生态型城市建设。

（5）建立生态文明建设绩效评价体系

可以从行政效率、行政透明度和行政执行力 3 个维度来分析地方政府公共

行政绩效治理的影响因素。应尽快制订出台生态文明建设绩效评价办法，着重从生态经济发展、生态环境保护、生态文化建设 3 个方面，综合提出生态文明建设绩效评价体系。通过科学设定评价内容，逐级建立评价指标，着重突出绿色 GDP 概念，发挥生态文明建设对物质文明、精神文明、政治文明建设的重要支撑作用。完善现行干部政绩考核制度和评价标准，加大生态文明建设的考核比重，把生态文明建设工作实绩作为综合考核的重要内容，全面衡量干部的政绩。充分发挥政绩考核机制的"方向标"作用，引导领导干部正确处理经济社会发展与保护资源、保护环境的关系，以降低行政成本，减少施政代价，提高施政绩效，努力实现执政理念的根本性转变。进一步强化生态文明建设责任追究制，实行生态文明建设"一票否决制"，建立健全社会评价体系。充分发挥人大、政协及各社会组织的监督作用，定期向人大、政协和公众通报生态文明建设情况，并接受检查监督。扩大公众对推进生态文明建设的知情权、参与权和监督权，对涉及生态文明建设的重大规划项目和重大决策，要通过听证会、论证会和社会公示等形式，接受群众评议和监督；同时，借助第三方评价机构、专业人士等力量，进行专业评估。

（6）培育公民生态环保意识

公民的价值取向决定其行为方式。地方政府要切实担负起生态环保宣传的公共责任，大力倡导以清洁生产、爱护公物、文明办公为主要内容的职业道德，树立勤俭节约光荣、奢侈浪费可耻的社会新风尚，推进生态文明建设的道德规范。应建立公众参与机制，畅通投诉渠道，深入开展违法环境行为有奖举报活动。积极引导公民树立生态型发展的理念，选择低碳生活方式。在日常生活中，培育公民生态型生活习惯，鼓励废旧物品回收，并开展各种以生态为主题的寓教于乐的文体活动。地方政府还要支持和引导成立民间生态环保组织，监督环境保护工作，开展生态公益活动。进一步引导扶持生态环保志愿者团队，开展志愿宣讲、专项服务等活动，用志愿者的宣传和实际行动，唤起人们心中的生态环保意识。

（7）加强生态城市建设中的立法和执法，强化环境管理

生态城市建设涉及方方面面。在生态城市建设中，要保证政府功能和行为的合理化，一方面要加大法制建设，使生态城市的建设和城市生态经济发展具有法律保障；另一方面要加大公众参与力度，使城市居民成为实施和监督生态城市的主体力量。应制订生态城市建设和城市生态经济发展的各项战略性计划和指标，在生态城市的发展过程中，还应配套更多的优惠政策。对其建设规划和指标应给予高度的重视和保护，使其理念成为城市的执政理念。目前，在生态城市建设和执法中，无法可依和执法不严的现象比较突出。如土地资源的配置、公共产品的建设运营，城市管理和执法等方面，都存在法制不够健全，管理执法不够规范等问题。

三、政府环境管理的经济手段及其设计

城市环境管理是指根据国家的环境政策、环境法律、法规和标准，坚持宏观综合决策和微观执法监督相结合，从经济发展与环境保护综合决策入手，应用各种有效环境管理手段，调控人类的相关行为，协调经济和社会发展同环境保护之间的关系，维护城市区域内正常的环境秩序和环境安全，实现城市社会、经济、环境可持续发展的行为总体。

城市环境管理的基础理论对进行城市环境管理具有重要的指导意义。城市环境管理的基础理论主要包括封闭原理、分解原理、系统理论和反馈原理等4种。

① 封闭原理。现在城市环境管理系统按功能可分为决策机构、执行机构、监督机构和反馈机构。在这个系统中，每一个管理对象都是相对封闭的，其环境管理手段构成了一个连续封闭的回路（见图7-1），这就是城市环境管理的封闭原理。在封闭原理的指导下，城市环境管理的关键是城市环境管理制度的封闭，城市各级环境管理机构的封闭和城市环境各层次管理者的封闭。

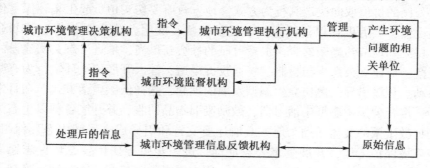

图7-1 城市环境管理的封闭原理图

② 分解原理。根据客观事物的要求，将事物由繁到简、化大为小就是分解原理的思维方式。城市环境管理的分解就是对城市环境管理机构和部门进行分解，同时还要对各级管理机构和部门的职能进行分解，通过职能分解，协作分工，才能提高城市环境管理的工作效率。

③ 系统理论。城市环境管理的系统理论就是应用系统论和系统工程方法进行城市环境管理。它具有整体性、相关性、动态性和目的性的基本特征。

④ 反馈原理。城市环境管理的反馈，就是从环境管理控制系统的输出端获取信息，经过处理后，通过一定的环节返回环境管理系统的输入端，将返回的信息与输入相比较，根据两者误差对控制信息进行适当调整，从而使输出达到最优化，以减少决策的失误，提高城市环境管理效率，实现城市环境的管理

目标。在城市环境管理过程中，面对不断变化的客观实际，能否进行有效的环境管理，关键在于是否有灵活、准确、有力的反馈机制。信息接收、分析处理和调整决策，是城市环境管理中反馈过程的3个步骤。

（一）城市环境管理的基本手段选择

城市环境管理手段是城市环境管理者行使环境管理职能和实现环境管理任务的手段和途径的总称。城市环境管理的基本手段主要包括：行政手段、经济手段、法律手段、技术手段、信息手段和宣教手段等。这些环境管理手段在不同层次的城市环境管理系统中得到了广泛应用。

1. 城市环境管理的非经济手段

相对于环境经济手段而言，非经济手段不是利用价值规律的调节作用，而是政府部门以法规条例或行政命令的形式，直接或间接地限制污染物排放，或通过运用技术和加强宣传教育，以达到改善环境的目的。

（1）行政手段

环境管理行政手段是指在国家法律监督之下，各级环保行政管理机构运用国家和地方政府授予的行政权限开展环境管理的方法。主要包括环境管理部门定期或不定期地向同级政府机关报告本地区的环保工作情况，对贯彻国家有关环保方针、政策提出具体意见和建议；组织制定国家和地方的环境保护政策、环境规划和环保工作计划；运用行政权力对某些区域采取特定措施，如划为自然保护区，重点污染防治区，环境保护特区等；对一些污染严重的企业要求限期治理，甚至勒令其关、停、并、转、迁；对易产生污染的工程设施和项目采取行政制约，如审批开发、建设项目的环境影响评价报告书，审批新建、扩建、改建项目的三同时设计方案，审批有毒化学品的生产、进口和使用，管理珍稀动植物物种及其产品的出口、贸易事宜等。

行政手段在环境管理中起着重要的保障和支持作用，国内外都很重视其应用。各国通过制定和执行法律法规、部门规章制度、行政命令、环境标准等手段，以达到保护环境的目的。

（2）法律手段

城市环境管理的法律手段是指管理者代表国家和政府，依据国家环境法律法规所赋予的权力，并受国家强制力保证实施的对人们的行为进行管理，以保护环境的手段。法律手段是城市环境管理的一种基本手段，是其他手段的保障和支撑。

环境法会因各国的不同国情而各具特色，但就各国环境法的目的、任务和功能来看，都具有兼顾社会、环境、经济效益等多个目标的相似性，强调在保护和改善环境资源的基础上，保护人体健康和保障社会经济的可持续发展。目前，我国已经初步形成了由国家宪法、环境保护法、环境保护单行法等法律法规组成的环境保护法律体系。国外尤其是发达国家的环境法律法规体系更为完善，而国际上的环境立法也在不断加强。

截至目前，我国已经制定了包括《环境保护法》《环境影响评价法》《清洁生产促进法》在内的 9 项环境保护法律，包括《水法》《草原法》在内的 13 项自然资源法，环境保护行政法规 47 项，国家环境标准 470 多项。初步建成了一个比较完整的环境保护法律体系。

（3）科技手段

城市环境管理的科技手段，是指环境监管部门为实现环境保护目标所采取的各种技术措施，主要包括环境预测、环境评价、环境决策分析等宏观管理技术，环境工程、污染预测、环境监测等微观管理技术。科技手段是奠定环境保护物质基础的重要工具。环境科技的进步，可以增强环境保护的生产力，加快环保进程，降低环保成本。科技手段有利于提高环境监测水平，合理分割环境资源，扩大环境经济手段应用范围。

制定环境质量标准和环境政策，组织开展环境影响评价，编写环境质量报告书，总结推广防治污染的先进经验，开展国际间的交流合作等，都涉及很多科学技术问题。没有先进的科学技术，就发现不了一些城市的环境问题，即使发现了也难以控制城市环境污染。为此，应强化科技手段，积极通过各种法规、标准和政策，促进环保科技的发展。将环保科技列为最优先的关键技术之一，注重发展生产全过程的污染控制技术，积极利用高新技术成果，提高污染防治、生态保护和资源综合利用水平。

（4）信息手段

环境管理的信息手段主要是以环境信息公开的方式实现的。环境信息公开是指通过社区和公众的舆论，使环境行为主体产生改善其环境行为的压力，从而达到环境保护的目的。环境信息公开能够有效地加强环境管理的公众参与和监督，促进政府重视环境质量的改善，促使污染者加强污染防治、改善其环境行为。根据公开的媒体不同，可将环境信息公开分为报纸、广播、电视、网站等；根据公开的内容不同，可分为环境质量公开、环境行为公开等；根据公开的对象不同，可以分为政府环境信息公开和企业环境信息公开等。

许多环境管理制度的有效实施与信息是否公开密切相关，要注意把信息公开应用到各种环境管理制度中。例如，环境影响评价制度，排污申报登记制度，环境污染限期治理制度，环境保护现场检查制度，环境污染及破坏事故报告制度，环境保护举报制度，环境监理政务公开制度，环境标志制度中的信息公开。企业环境信息公开，有利于环境行为良好的企业在公众中树立良好的形象，获得社会的赞誉和市场的回报；而对环境行为差的企业会形成一种强大的压力，从而迫使企业加强环境管理，提高污染治理水平，改善环境行为。在亚洲和拉丁美洲，当政府公布公司环境表现为良好时，这些公司的市场价值上升会超过20%，环境表现不好的公司市场价值则会减少4%～15%。

（5）宣教手段

环境宣传教育手段是指开展各种形式的环境保护宣传教育，以增强人们的自我环境保护意识和环境保护专业知识的手段。宣传教育是奠定环境保护思想基础的重要工具，没有全民环境意识的提高，其他环保手段的运用都将事倍功半，甚至无法进行。通过广播、电视、电影及各种文化形式的广泛宣传，使公众了解环境保护的重要意义，激发他们保护环境的热情和积极性，把保护环境、保护大自然变成自觉行动，形成强大的社会舆论和激发公众参与的氛围。具体说，环境教育又包括专业环境教育、基础环境教育、公众环境教育和成人环境教育。在经济发达国家，这4种环境教育的优先顺序为：公众环境教育、基础环境教育、成人环境教育、专业环境教育。而在经济相对落后的发展中国家，专业环境教育排在首位，其他3种则相对靠后。通过环境宣传教育使人们建立环境法制观念，依法保护环境，依法监督管理。

通过对上述城市环境管理的非经济手段分析可以看出，行政手段和法律手段在我国环境管理中一直处于主导地位，在当前所使用的城市环境管理手段中占绝对地位，技术手段仍有待于继续加强研发，宣传教育手段则只是一种辅助手段。但在新的形势下，环境管制手段呈现出这样的特点：在计划经济下制定的环境政策同市场经济体制发生冲突，传统的环境管制手段已经很难适应经济体制改革的速度，政策效力大大减弱。环境管制手段往往还会因为过分强调环境效果，而忽视了地区环境条件和企业治理成本的差异，从而导致社会经济效率不高和社会不公平。这不但要求在原有城市环境管理手段的基础上，加大城市环境管理经济手段的比重和力度，还要紧密结合当前国际和国内形势，顺应市场经济体制和全球化趋势，设计一套符合客观实际、具有可操作性的城市环境管理经济手段体系。

2. 城市环境管理的经济手段

城市环境管理的经济手段是为达到经济发展和环境保护相协调的目标，利用经济利益关系，对环境经济活动进行调节的政策措施。狭义的城市环境管理经济手段是指运用税收、价格、成本和利润等经济刺激形式，对城市环境经济活动进行调节的政策措施。广义的城市环境管理经济手段是指在所有有利于城市环境保护的政策和法规中，利用环境经济手段进行调节的措施，也可称为环境经济政策。按照作用机理，城市环境管理的经济手段可分为税费手段、价格手段、交易制度和其他环境经济手段。

OECD将环境经济手段定义为：从影响成本效益入手，引导经济当事人进行选择，以便最终有利于环境的一种手段。这种手段明显的表现是：要么在污染者和群体之间出现财政支付转移，如各种税收和收费、财政补贴、服务使用费和产品税，要么产生一个新的实际市场，如许可证交易。美国的布兰德把环境管理的环境经济手段定义为："为改善环境而向污染者自发的和非强迫的行为提供金钱刺激的方法"。一般来说，环境管理的经济手段是指管理者依据国家的环境经济政策和环境法规，运用价格、成本、利润、信贷、税收、收费和罚款等经济杠杆来调节各方面的利益关系，规范人们的宏观经济行为，培育环保市场以实现环境和经济协调发展的方法。它主要包括庇古手段和科斯手段（见图7-2）。OECD则将环境管理的经济手段分为5类：① 收费/税收，包括排污收费、产品收费和税费、管理收费；② 押金—退款制度；③ 市场创建，包括排污交易、市场干预、责任制；④（财政）执行鼓励金，包括违章费、执行债券；⑤ 补贴。

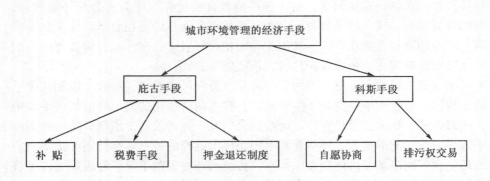

图7-2　城市环境管理的主要经济手段分类图

3. 环境经济管理手段的优势

环境经济管理手段与其他非经济手段相比，有其独特的优势。主要表现在以下几个方面。

（1）环境经济手段允许污染者根据自己的情况，来选择最适合自己的达标方式。也就是说，企业在规定的环境标准下，既可以选择添置环保设备，也可以选择缴纳排污费，或者购买排污交易许可证等。而环境管制手段则采用统一的标准和措施，不利于企业发挥主动性。对于一个经济主体来说，自主选择会比被动执行容易接受；自主选择的空间越大，社会福利改善的可能性也越大。

（2）环境经济手段主要从经济方面来刺激，而环境管制手段则注重环境效果。环境经济手段通过不断给企业提供经济刺激和经济动力，使污染者以尽可能小的成本将污染减少到所规定的标准之下。而在环境管制手段使用过程中，往往会出现"不惜一切代价"的现象。环境经济手段还可以促进新的污染控制技术、生产工艺和新的无污染产品的开发。

（3）环境经济手段基本不需要政府投入，而环境管制手段的执行成本会比较大。环境经济手段运行的前提是政府需要对环境资源产权进行界定，在大多数情况下，不需要政府投入什么。而环境管制手段的执行过程主要是在政府与各经济主体之间，会存在人情关系，从而可能导致各利益集团之间的争执和管制的低效率。

（4）环境经济手段较灵活，而环境管制手段比较死板。对政府来说，修改或者调整一种收费会比修改一项规章或者法律容易而迅速得多，所以环境经济手段可以提高政府政策的灵活性。环境管制手段一般是通过法律程序确定的，不能轻易更改，即使有时明知规则有问题，也要先按规则办理。

（5）环境经济手段靠市场机制发挥作用，而环境管制手段则需要大量的信息。在使用环境经济手段的条件下，企业通过市场机制获取价格信息，从而使经济发展和环境保护更有效，政府为此要做的仅仅是一次性的产权界定。环境管制手段发挥作用的前提是需要大量的信息，在信息不对称的情况下，政府不可能获得到各企业生产技术的完全或充分信息，也就导致环境管制手段难以发挥出理想的效果。

（二）城市环境管理的经济手段

（1）实行排污收费制度

① 积极推进排污收费标准体系改革。排污收费标准体系改革主要是实现以下 5 个转变：一是由单一浓度收费向总量控制收费转变；二是由超标收费向排污收费转变；三是由低于治理成本收费向高于治理成本收费转变；四是由静态收费向动态收费的转变；五是由单因子收费向多因子收费转变。

在实施排污收费中，要注意以下相关问题：一是在排污收费功能选择方面，考虑到刺激污染治理和筹集资金这两种功能通常是同时存在的，在实施中仅是侧重点的不同；二是为了简化收费方法和依据，新的收费标准中应在水污染和大气污染收费标准中引入污染当量；三是新排污收费标准中，要考虑地区调整、功能区调整和资金时间价值调整 3 类调整系数。

② 严格坚持排污收费的相关原则。在实施排污收费时，要重点坚持的原则有：其一，排污即收费原则，如果直接向环境排污，就必须依法履行缴纳排污费的义务；其二，征收时限固定原则，环境监管部门按固定时间向排污者征收排污费；其三，强制征收原则，排污者自接到排污费缴纳通知单 7 日内，须到指定的商业银行缴纳排污费，否则将被严厉处罚；其四，上级强制补缴追征原则，对于应征而未征或少征的排污费，上级环保部门强制其补缴并追征到上级财政的国库收费专户；其五，不免除其他法律责任的原则，即排污者缴纳排污费后，也不能免除其防治污染、赔偿污染损害的责任和法律法规规定的其他责任；其六，政务公开原则，排污费的确定以及减、免、缓缴，都必须实行公告制，接受社会监督；其七，征收程序法定化原则，即排污申报登记—排污申报登记核定—排污费征收—排污费缴纳—对不按期缴纳的强制征收，否则将视

为征收排污费程序违法。

③ 排污费资金管理和使用的改革。改革排污费资金管理的根本目的是合理配置排污费资金，最大限度地发挥排污收费资金的使用效率。基于当前排污费资金管理存在的问题以及预期的功能目标，排污费资金管理政策需要进行以下改革：一是尽快取消排污收费资金先收后用的传统做法，将排污费资金纳入预算管理；二是建立环境保护专项基金，将上缴的排污费集中后，由财政部门依据环保部门提出的意见统一安排使用；三是合理划分中央财政参与排污费资金的分成比例，集中一定比例的排污费资金，以增强国家对宏观环境城市生态化演进中，环境管理的经济手段和调控能力。

要尽快制定合理的排污费资金使用政策，以实现排污费资金使用的 3 个调整：一是将排污费资金的部分有偿使用调整为全部有偿使用；二是取消豁免本金政策，真正体现排污费资金属国家所有的原则，破除"返还"的错误观念；三是进行利率市场化改革的同时，对环境效益明确的项目实行适当优息和贴息。

（2）逐步开展排污许可证交易

排污许可证交易的主要思想是在满足环境管理要求的条件下，通过明晰排污者的排污权，允许排污者在市场上像商品一样交易排污许可证，实现环境容量资源的优化配置。排污许可证交易要与总量控制结合使用，并为达到总量控制目标服务。只要污染源之间存在边际治理成本差异，排污许可证交易就可能使交易双方都受益：治理成本低的企业可以削减污染，把剩余的排污权用于出售；治理成本高的排污企业，通过购买排污权来多排放污染物。通过排污许可证的市场交易，排污权从治理成本低的排污者流向治理成本高的排污者，结果是社会以最低成本达到污染物减排，环境容量资源实现高效率的配置。应从以下几个方面对排污许可证交易的实施给予法律保障。

① 排污许可证交易的法律法规保障。排污许可证交易是基于科斯理论的一种环境管理经济手段，它主要依靠市场来发挥其应有的作用。我国正处于经济转轨阶段，市场机制还不够健全。因此，要实施排污许可证交易，政府必须制订相应的法律法规给予保障。为确保排污许可证交易的顺利进行，必须得到法律法规的支持，以确定排污许可证交易的合法性。同时，还要制订具体的实施细则和管理规定。

② 制订排污许可证交易的市场规则。为了实现经济效率和环境效果这两个目标，排污许可证交易的市场规则至少要包括两类内容：一类是确保环境质量目标而做出的专门规定；另一类是要维护常规的市场秩序，如竞争、公平等。

③ 排污权的初始分配。排污权的初始分配是排污许可证交易的起点和基础。政府要对排污总量和配额的分配做出指导，确保公平合理地分配排污权。

违规惩罚为引导排污者选择守法，对于排污者的违规行为，要从严从重处罚，使当事人因违规受到的惩罚所带来的损失远大于其违规获得的收益。

（3）稳妥推广补贴手段

补贴手段实施的目的是实现环境与资源的可持续利用和发展。为此，要基于可持续发展来考虑补贴手段的使用，也就是将环境、社会和经济三方面内容，与城市生态化演进中环境管理的经济手段综合起来考虑。

补贴手段也是城市环境管理的经济手段之一。我国除了某些地区实施过退耕还草、退耕还林等实践外，补贴手段在我国城市环境管理中基本没有应用，但补贴手段和征税手段一样，对城市环境管理具有重要的意义。所以，在以后的城市环境管理中，要逐步推广这种环境经济手段。

① 补贴手段中补贴的对象。在生态建设及环境保护中，补贴手段涉及三类不同的补贴对象：第一类是为生态环境建设做出贡献者，如城市绿地的建设者，政府对他们给予经济补贴，可以激励他们的积极性。第二类是在生态环境问题中的受害者，给受害者适当的补偿，符合一般的经济原则和伦理原则。第三类是生态破坏者和环境污染者，这类补贴的对象是迫于生计而破坏生态的，属于"贫穷污染"。在这种情况下，如果不从外部注入一种资金和机制，就不能改善生态环境，因此对生态环境的破坏者也不得不给予补贴。在城市环境管理中，这三类对象都能涉及到，但主要是第一类和第二类。

② 补贴手段的主要形式。真正有意义的补贴手段是刺激企业减少负外部性的产出。就是政府为了促使排污者减少污染物的排放，以补贴的形式资助排污企业进行技术改造，改进城市生态化演进中环境管理的经济手段，研究生产工艺、安装治污设施等。

城市环境管理的补贴手段主要有3种方式：一是补助金，即排污者采取一定措施去降低环境污染水平，或者生态破坏者停止生态破坏，而从政府那里得到的不必返还的财政补贴；二是减免税，指通过加快折旧、免征或抵扣税金或费用等形式，对那些采取防治污染措施的企业给予支持；三是低息贷款，指排污者采用一定的防治污染的措施，而提供给他们低于市场均衡利率的贷款。

（4）建立押金—退款制度

随着经济的发展，一些不易回收的废物（如塑料包装物等）日益影响着环境的改善，并形成视觉污染；一些潜在的污染问题（如废旧电视、灯管、电池及破损的车辆等）已初步显现。国外的押金—退款制度的应用实践，为我们治理这些环境问题提供了有益的借鉴和启示。

为解决这类城市环境问题，应借鉴国外押金—退款制度的实施经验。建议先行对不能降解物（如塑料）、有毒物（如电池），以及交通硬件（车辆）和废旧物（电视、电脑）实行押金—退款制度，然后将押金—退款制度逐步拓展到生态保护领域和污染防治领域，由自然资源开发者和新建工业项目者向环境管理部门交纳一定数额的押金，以此来保证其在自然资源开发过程中和开发后对生态环境的恢复，以及对新建项目"三同时"制度的执行。为保证押金——退款制度的顺利实施，要合理地设计押金的标准以及退款手续，使押金——退款手段方便易行。

（5）健全税收手段

税收手段也是城市环境管理的重要环境经济手段。税收手段的使用趋势是实行绿色税收制度。绿色税收制度是为了保护环境，合理使用资源，实行清洁生产，实现绿色消费，将环境因素整合于税收体系的设计之中。实施绿色化税收手段主要有两种方式：一是提高绿色税收在现行税制结构中的比例，二是引入新的环境税。在我国的税制中，与城市环境管理有关的税种主要有资源税、消费税、车船使用税、固定资产投资方向调节税等。从环境税收手段的发展趋势来看，我国税制绿色化的重点是完善现行的税制结构，改革的方向是尽可能把环境成本纳入到有关的税目和税率中，改革的重点是资源税、消费税和车船使用税。

① 改革资源税。现行资源税主要强调调节级差收入的作用，没有充分考虑资源税对节约资源和降低污染的功能。资源税的一个明显缺陷是没有考虑对水资源这样一个大宗资源征税。因此建议资源税进行3个方面的改革：第一，确定水资源的全成本价格，尝试市场化改革，以理顺水资源的价格体系；第二，增加水资源税目，具体税额根据各地区的水资源稀缺性和经济发展水平来确定；第三，对高硫煤（硫含量大于2%）实行高税额，从而限制高硫煤的开采和使用。

② 完善消费税的科目。没有把煤炭这一中国能源消费主体和主要大气污染源纳入征收范围。现行消费税主要是对在中国能源消费中占较低份额的石油产品或其互补产品（摩托车、小轿车），以消费税手段予以调控，建议消费税进行下列改革：第一，尽快增设煤炭资源消费税税目，根据煤炭的污染品质确定消费税税额。煤炭消费税征收采取低征收额、大征收面的方针；第二，对低标号汽油和含铅汽油征收环境税和消费税附加，利用差别税收鼓励使用高标号汽油和无铅汽油；第三，对小轿车、摩托车和助力车征收消费税。

③ 增加车船使用税的内容。现行的车船使用税基本上是固定税额或根据车船的吨位数征收，而与车船使用的强度无关。因此，车船使用税的改革内容主要有：一是将现行的车辆使用税和车船牌照使用税统一为车船税，使之成为环境税的一个组成部分；二是车船税原税负偏低，加之通货膨胀的因素，起不到应有的刺激作用，所以要适当提高车船税税额标准；三是为减少汽车尾气排放和交通噪声，应该设立并征收车船使用污染附加税。

④ 加强投资方向调节税的征收。投资方向调节税是国家实现产业政策的一个有力的调控手段，能够起到引导投资方向的重要作用。为此建议：第一，

根据国家宏观环境状况，适时调整各档税率的适用范围；第二，进一步提高对长线产品以及高污染和高能耗等受限制投资项目的税率；第三，对生产规模小、能源效率低和污染严重的更新改造投资项目，应当征收重税。

⑤ 对环保产业实施税收优惠政策。环保产业具有较强的社会公益性，当前我国对环保产业的税收优惠措施有：一是对保护环境、治理污染、节能和资源综合利用项目，实行零税率的固定资产投资方向调节税；二是对部分资源综合利用产品免征增值税，对废旧物资回收经营企业的增值税，实行先征后返70%的税收优惠。

为促进环保产业的发展，要进一步完善环保税收优惠政策：第一，界定环保产业的范围，在规定期限内对环保企业实行税收优惠政策。第二，对经营环境公共设施的企业，在征收营业税、增值税和城市维护建设税方面给予优惠。第三，扩大固定资产投资方向调节税零税率政策的适用范围，准确界定零税率在城市生态化演进中环境管理的经济手段，研究节税的适用项目类型。第四，允许清洁能源企业、污染治理企业、环境公用事业以及环保示范工程项目加速投资折旧。第五，对清洁汽车、清洁能源以及获得环境标志和能源效率标志的家电产品和汽车减征消费税。第六，对国内目前不能生产的污染治理设备、环境监测和研究仪器以及环境无害化技术等进口产品减征进口关税。

在健全税收手段的过程中，要尽早对一些新的环境税收进行全面的研究，如煤炭税、水资源税、能源税、含铅汽油税和污染税等。应在现有的资源税的基础上，设立环境资源税。在引入环境税的过程中，应处理好税收与收费的关系，并探讨将排放收费逐步过渡到环境税之中。

（6）实施激励机制

采用环境经济手段进行城市环境管理的最终目的是，使当事人对环境的态度和行为转向可持续发展的方向，促进人们对资源的合理利用和对生态环境的保护。为此，要对那些积极开发高新技术和环保技术，提高资源能源的利用率和循环利用率，采用清洁生产工艺的单位或个人，给予奖励或优惠政策，以提高公民采取措施治理污染和环境保护的积极性。在城市环境管理中，应该采取的激励机制有：第一，企业利用废气、废渣、废水等废弃物为主要原料进行生产的，要减征或免征所得税。第二，对于主要用于清洁生产技术和高新技术的企业，要给予税收优惠政策。第三，对于投资环保产业的企业，要制订相关标准，以便进行信贷支持、利率优惠以及政府资助等措施。第四，对于主动治理污染并能够产生外部正效应的经济主体，要给予与之相当的经济补偿。

参考文献

［1］ E. F. 舒马赫. 小的是美好的［M］. 虞鸿钧，等译. 北京：商务印书馆，1984.

［2］ International Centre for the Prevelition of Crime（ICPC）. Urban Policies and Erime Pevention［J］. Paper Preseted to the IX UN Congress for the Prevention of Crime Montreal，1995.

［3］ 费德里科·马约尔. 城市、市民和文明［J］. 信使，1999（9）.

［4］ 沙里宁. 城市：它的发展、衰败与未来［M］. 顾启源，译. 北京：中国建筑工业出版社，1986.

［5］ 联合国人居中心. 城市化的世界［M］. 沈建国，等译. 北京：中国建筑工业出版社，1999.

［6］ Pinheiro. Refleetion on urban volenee［J］. Lirban Age，1993，1（4）.

［7］ 欧阳志远. 生态化：第三次产业革命的实质与方向［M］. 北京：中国人民大学出版社，1994.

［8］ 钱穆. 中国文化对人类未来可有的贡献［J］. 中国文化，1991（4）.

［9］ 诸子集成·管子［M］. 第5卷. 上海：上海书店，1986.

［10］ 清·阮元校刻《十三经注疏》上卷［M］. 南京：江苏广陵古籍刻印社，1995.

［11］ 国际建协. 北京宪章［J］. 世界建筑，2000（1）.

［12］ 孟德拉斯. 农民的终给［M］. 李培林，译. 北京：中国社会科学出版社，1991.

［13］ 霍华德. 明日的田园城市［M］. 金经元，译. 北京：商务印书馆，2010.

［14］ 欧·奥尔特曼，等. 文化与环境［M］. 骆林生，等译. 北京：东方出版社，1991.

［15］ 吴良镛. 探索面向地区实际的建筑理论：广义建筑学［M］//吴良镛城市研究论文集1986—1955. 北京：中国建筑工业出版社，1996.

［16］ 吴良镛. 关于人居环境科学［J］. 山水城市与建筑科学［M］. 北京：中国建筑工业出版社，1999.

［17］ 安德鲁·韦伯斯特. 发展社会学［M］. 陈一迁筠，译. 北京：华夏出版社，1987.

［18］ 苏伦·埃尔克曼. 工业生态学：怎样实施超工业化社会的可持续发展

［M］. 徐兴元，译. 北京：经济日报出版社，1999.

［19］普里高津，阿林，赫尔曼. 复杂性的进化和自然界的定律［M］//普里高津与耗散结构理论. 西安：陕西科学技术出版社，1998.

［20］迪尔凯姆. 社会学研究方法论［M］. 胡伟，译. 北京：华夏出版社，1988.

［21］中国环境报社. 迈向21世纪［M］. 北京：中国环境科学出版社，1992.

［22］彼得·G. 罗伊. 市民社会与市民空间设计［J］. 世界建筑，2000.

［23］黄宗智. 中国的"公共领域"与"市民社会"：国家与社会间的第三领域［M］//国家与市民社会：一种社会理论的研究路径. 程农，译. 北京：中央编译出版社，1999.

［24］汉娜·阿伦特. 公共领域和私人领域［M］. 刘锋，译. 北京：生活·读书·新知三联书店，1998.

［25］21世纪城市规划师宣言（草案）［J］. 规划师，1998（1）.

［26］马克思，恩格斯. 马克思恩格斯选集［M］. 第1-4卷. 北京：人民出版社，1995.

［27］布罗代尔. 15至18世纪的物质文明、经济和资本主义［M］. 第1卷. 顾良，译. 北京：生活·读书. 新知三联书店，1992.

［28］奥·斯宾格勒. 西方的没落［M］. 陈晓林，译. 哈尔滨：黑龙江教育出版社，1988.

［29］弗里德里希·李斯特. 政治经济学的国民体系［M］. 北京：商务印书馆，1981.

［30］鲍世行，等. 山水城市与建筑［M］. 北京：中国建筑工业出版社，1999.

［31］周干峙. 城市及其区域：一个开放的特殊复杂的巨系统［J］. 城市规划，1997.

［32］J·K·加尔布雷思. 好社会：人道的记事本［M］. 胡利平，译. 北京：译林出版社，1999.

［33］蔺海明. 河西走廊绿洲农业区生态足迹和环境资产负债研究［D］. 兰州：甘肃农业大学，2003.

［34］张肃斌. 河西走廊生态系统退化特征与恢复策略研究［D］. 咸阳：西北农林科技大学，2007.

［35］王明博. 多元与边缘［D］. 兰州：兰州大学，2011.

［36］程弘毅. 河西地区历史时期沙漠化研究［D］. 兰州：兰州大学，2007.

［37］王以兵. 西北干旱内陆河流域水资源战略安全研究［D］. 兰州：甘肃农业大学，2008.

［38］高鑫，张世强，叶柏生，等. 河西内陆河流域冰川融水近期变化［J］.

水科学进展，2011，(3).

[39] 王乃昂，等. 近50年河西走廊及毗邻地区沙漠化的过程及原因 [J].
海南师范学院学报：自然科学版，2002 (3/4).

[40] 杜虎林，高前兆，李福兴，等. 河西地区内陆河流域地表水资源及动态
趋势分析 [J]. 自然资源，1996 (2)：44－54.

[41] 李世明，等. 河西走廊水资源合理利用与生态环境保护 [M]. 郑州：
黄河水利出版社，2002.

[42] 常后春. 民勤县水利志 [M]. 兰州：兰州大学出版社，1994.

[43] 谢继忠. 河西走廊的水资源问题与节水对策 [J]. 中国沙漠，2004，24
(6)：802－808.

[44] 陈志强. 甘肃省河西走廊城镇体系发展条件研究 [D]. 西安：西安建筑
科技大学，2003.

[45] 于光建. 清代河西走廊城镇体系及规模空间结构演化 [D]. 兰州：西北
师范大学，2008.

[46] 马国霞. 水资源约束下的张掖绿洲城镇发展模式初步研究 [J]. 中国沙
漠，2010 (3).

[47] 韩志文，白永平. 水资源短缺背景下西北干旱区城市可持续发展研究：
以甘肃省武威市为例 [J]. 开发研究，2009 (5).

[48] 邵俊. 中国典型生态城市建设反思 [D]. 武汉：华中科技大学，2010.

[49] 张余. 国内外生态城市建设比较研究 [D]. 天津：南开大学，2008.

[50] 虞震. 我国产业生态化路径研究 [D]. 上海：上海社会科学院，2007.

[51] 钱勇. 资源型城市产业转型的路径与机制 [D]. 大连：东北财经大学，
2011.

[52] 高丽敏. 资源型城市循环经济发展的可持续性研究 [D]. 兰州：兰州大
学，2007.

[53] 夏龙河. 城市生态化演进中环境管理的经济手段研究 [D]. 青岛：中国
海洋大学，2006.

[54] 曾祥旭，高坤. 论生态城市建设中政府职能定位 [J]. 科协论坛，2007
(3).

[55] 周富宝. 生态型城市建设过程中的地方政府治理研究 [J]. 中国城市经
济，2011 (27).

[56] 龙爱华. 河西走廊绿洲城市化及可持续对策 [J]. 中国人口·资源与环
境，2001 (5).

[57] 吴建民. 甘肃河西走廊水资源供需分析及耕作节水研究 [J]. 农业工程
学报，2006 (3).

[58] 刘庆广. 甘肃循环经济发展模式研究 [D]. 兰州：兰州大学，2007.

［59］董宪军. 生态城市研究［D］. 北京：中国社会科学院，2000.

［60］胡兆星，等. 地理环境概述［M］. 北京：科学出版社，1994.

［61］胡兆星. 中国区域发展导论［M］. 北京：北京大学出版社，1999.

［62］胡序威. 区域与城市研究［M］. 北京：科学出版社，1998.

［63］胡序威. 中国海岸带社会经济［M］. 北京：海洋出版社，1992.

［64］金经元. 社会、人和城市规划的理性思维［M］. 北京：中国城市出版社，1993.

［65］金磊. 城市灾害学原理［M］. 北京：气象出版社，1997.

［66］康幕谊. 城市生态学与城市环境［M］. 北京：中国计量出版社，1997.

［67］《可持续发展指标体系》课题组. 中国城市环境可持续发展指标体系研究手册［M］. 北京：中国环境科学出版社，1999.

［68］李汉林. 中国单位现象与城市社区的整合机制［J］. 社会学研究，1993（5）.

［69］李敏. 城市绿地系统与人居环境规划［M］. 北京：中国建筑工业出版社，1999.

［70］李培超. 环境伦理［M］. 北京：作家出版社，1998.

［71］李培林. 新社会结构的生长点［M］. 济南：山东人民出版社，1993.

［72］李培林. 现代西方社会的观念变革：巴黎读书记［M］. 济南：山东人民出版社，1993.

［73］李铁映. 关于加速我国城化的几个问题［J］. 中国城市经济，1999（1）.

［74］刘大椿，岩佐茂. 环境思想研究［M］. 北京：中国人民大学出版社，1998.

［75］刘健. 转变认识观念，促进人居环境的可持续发展［J］. 城市规划，1997（5）.

［76］刘思华. 可持续发展经济学［M］. 武汉：湖北人民出版社，1997.

［77］刘维新. 城市可持续发展的支撑点及应注意的问题［J］. 城市，1999（2）.

［78］刘再兴. 区域经济理论与方法［M］. 北京：中国物价出版社，1996.

［79］柳树滋. 春风吹又生：通向二十一世纪的绿色道路［M］. 哈尔滨：东北林业大学出版社，1996.

［80］陆大道. 区域发展及其空间结构［M］. 北京：科学出版社，1995.

［81］陆学艺. 社会学［M］. 北京：知识出版社，1996.

［82］马传栋. 城市生态经济学［M］. 北京：经济日报出版社，1989.

［83］孟宪忠. 中国经济发展与社会发展战略［M］. 长春：吉林大学出版社，1996.

[84] 宁越敏，等. 中国城市发展史［M］. 合肥：安徽科学技术出版社，1994.

[85] 欧阳志远. 生态化：第二次产业革命的实质与方向［M］. 北京：中国人民大学出版社，1994.

[86] 阮仪三. 城市建设与规划基础理论［M］. 天津：天津科学技术出版社，1994.

[87] 沈清基. 城市生态与城市环境［M］. 上海：同济大学出版社，1998.

[88] 孙志刚. 城市功能论［M］. 北京：经济管理出版社，1998.

[89] 孙志东. 可持续发展战略导论［M］. 广州：中山大学出版社，1997.

[90] 谢觉民. 人文地理笔谈：自然·文化·人地关系［M］. 北京：科学出版社，1999.

[91] 徐嵩龄. 环境伦理学进展：评论与阐释［M］. 北京：社会科学文献出版社，1999.

[92] 杨重光. 城市流通中心论［M］. 北京：中国财政经济出版社，1988.

[93] 杨吾扬，梁进社. 高等经济地理学［M］. 北京：北京大学出版社，1997.

[94] 于洪俊，宁越敏. 城市地理概论［M］. 合肥：安徽科学技术出版社，1983.

[95] 余谋昌. 创造美好的生态环境［M］. 北京：中国社会科学出版社，1997.

[96] 余正容. 生态智慧论［M］. 北京：中国社会科学出版社，1996.

[97] 张宇星. 城镇生态空间理论［M］. 北京：中国建筑工业出版社，1998.

[98] 赵和生. 城市规划与城市发展［M］. 南京：东南大学出版社，1999.

[99] 刘薇. 中国生态城市建设实践模式及对北京的启示［J］. 环境科学与管理，2010（2）.

[100] 刘琰. 中国生态城市整体发展与典型案例［J］. 建设科技，2011（13）.